1+X 职业技能等级证书（建筑工程施工工艺实施与管理）配套教材

建筑工程施工工艺实施与管理实践（初级）

主　编　任少强　姚　琦　张　巍

副主编　谢江胜　张永鸿　刘豫黔

　　　　黄喜华　杨小春　张　丹

参　编　李小军　任双宏　令　剑　卜　伟　杨　益

　　　　许锡骏　阳　明　王　健　万　健　宋丹露

　　　　孙智慧　姜爱玲　陈映海　王　帅

机械工业出版社

本书是1+X职业技能等级证书（建筑工程施工工艺实施与管理）配套教材。本书内容立足于土建类专业学生和行业人员实际需求，以培养“创新型、复合型、综合型”人才需求为导向，以“立足实用，突出特色”为宗旨编写，职业定位匹配建设生产、施工技术、监理、建设管理等岗位。

本书共设计7个学习情境、36个工作任务，每一个工作任务均充分提炼行业职业能力点，学习内容和企业生产实践紧密结合，主要针对建筑工程施工工艺实施与管理职业技能等级证书考取学生及相关行业人员培训所需，工作任务力求达到以点盖面，内容力求通俗易懂、深入浅出、操作性强。

图书在版编目（CIP）数据

建筑工程施工工艺实施与管理实践：初级/任少强，姚琦，张巍主编. —北京：机械工业出版社，2022.8（2024.8重印）
1+X职业技能等级证书（建筑工程施工工艺实施与管理）配套教材
ISBN 978-7-111-71381-4

Ⅰ.①建… Ⅱ.①任…②姚…③张… Ⅲ.①建筑工程-工程施工-职业技能-鉴定-教材 Ⅳ.①TU74

中国版本图书馆CIP数据核字（2022）第141149号

机械工业出版社（北京市百万庄大街22号 邮政编码100037）
策划编辑：常金锋　　责任编辑：常金锋　王靖辉
责任校对：李　杉　张　征　封面设计：鞠　杨
责任印制：刘　媛
涿州市般润文化传播有限公司印刷
2024年8月第1版第2次印刷
184mm×260mm・18.5印张・1插页・457千字
标准书号：ISBN 978-7-111-71381-4
定价：66.00元

电话服务　　网络服务
客服电话：010-88361066　　机　工　官　网：www.cmpbook.com
010-88379833　　机　工　官　博：weibo.com/cmp1952
010-68326294　　金　书　网：www.golden-book.com
封底无防伪标均为盗版　　机工教育服务网：www.cmpedu.com

1+X职业技能等级证书
（建筑工程施工工艺实施与管理）配套教材
编审委员会

1+X职业技能等级证书
（建筑工程施工工艺实施与管理）配套教材
联合建设单位（排名不分先后）

中铁二十局集团有限公司
中铁二十局集团第六工程有限公司
中铁四局集团第四工程有限公司
中铁隧道局集团有限公司
陕西土木建筑学会
西安建筑科技大学
中天西北建设投资集团有限公司
陕西煤业化工建设（集团）有限公司
四川建筑职业技术学院
陕西建工集团有限公司
河北工程大学
西南林业大学
大连民族大学
安阳师范学院
西北农林科技大学
贵州建设职业技术学院
江苏建筑职业技术学院
湖北城市建设职业技术学院
吉林省城市建设学校
山西徐特立高级职业中学
绍兴市中等专业学校
中铁建安工程设计院有限公司
中铁一局集团有限公司
中铁十七局集团有限公司
中铁二十一局集团有限公司
西安三好软件技术股份有限公司
长安大学
杨凌职业技术学院
广西建设职业技术学院
日照职业技术学院
陕西铁路工程职业技术学院
河北科技工程职业技术大学
沈阳建筑大学
中原工学院
宁夏大学
西安职业技术学院
浙江建设职业技术学院
宜宾职业技术学院
成都市建筑职业中专校
玉林市第一职业中等专业学校
广州市城市建设职业学校
石家庄城市建设学校

中铁二十局集团有限公司1+X项目办公室

2022年6月

序

2019 年 2 月，国务院印发《国家职业教育改革实施方案》（以下简称《方案》）。这是对 2018 年全国教育大会精神的落实性文件，也是新时代职业教育深化改革和创新的集结令，具有重要的里程碑意义。依据方案，2019 年 4 月，教育部、国家发展改革委、财政部、市场监管总局联合印发了《关于在院校实施“学历证书 + 若干职业技能等级证书”制度试点方案》，部署启动“学历证书 + 若干职业技能等级证书”（简称 1 + X 证书）制度试点工作。1 + X 证书制度是国家职业教育制度设计的重大创新，是我国职业教育面向新时代、实现创新发展的重要举措，也是推动人才培养模式改革的重要制度设计。

2022 年 4 月 20 日通过修订的《中华人民共和国职业教育法》，2022 年 5 月 1 日起施行。新修订的职业教育法以习近平新时代中国特色社会主义思想为指导，贯彻落实党的十九大精神，积极进行制度创新，紧紧围绕职业教育是类型教育的定位，统筹设计法律制度体系；紧紧围绕职业教育领域热点难点问题，增强制度针对性；紧紧围绕职业教育改革发展实践，及时将实践成果转化为法律规范。

中铁二十局集团有限公司作为教育部第四批职业教育培训评价组织之一，以大型央企责任使命担当，履行社会责任义务，积极适应职业教育迅速发展的需要，服务建筑业发展，以 1 + X 建筑工程施工工艺实施与管理职业技能等级证书专业内涵为依据，通过机械工业出版社高标准、严要求出版 1 + X 建筑工程施工工艺实施与管理职业技能等级证书配套系列新型活页式教材，形成 4 + N 体系、专业覆盖广、多层次齐全、教学实训配套资源丰富的教材产品体系，服务于广大职业院校师生，为建设行业高素质人才培养做出贡献。

为进一步推动全国建设类院校信息化教学实践的发展，大力推进 1 + X 证书制度的实施，特别成立了由全国多所土建类重点院校组成的教材编委会，选聘了一批长期从事职业教育的“双师型”优秀教师，同时以中铁二十局集团土建施工专家为基础，并邀请来自全国多家大型施工企业实践经验丰富的专家、高校教学专家及教育科技企业专家，启动了建筑工程施工工艺实施与管理系列教材的编写工作。本系列教材把理论教学和实践教学两个体系相互结合，是专业建设成果的总结和升华，在内容和形式上均体现了示范性、创新性和适用性；同时配套了丰富的教学实训资源，采用中铁二十局集团实际项目案例，可以为教学及实训提供全面的服务。

此系列教材的出版是为促进我国职业教育内涵建设，进一步提升人才培养质量，促进土建类专业发展和课程建设所做的一次开拓性尝试。相信本系列教材将为职业教育土建类专业建设和课程教学的改革发展起到积极的推动作用。

编审委员会

2022 年 6 月

导　言

本套丛书为 1 + X 职业技能等级证书（建筑工程施工工艺实施与管理）的配套教材，包括导论和实践的初级、中级、高级，适用院校及专业如下：

◆ 中等职业学校：建筑工程施工、建筑装饰技术、装配式建筑施工、古建筑修缮、城镇建设、建筑工程造价、市政工程施工、道路与桥梁工程施工、工程测量技术、建筑工程检测、建设项目材料管理、铁道桥梁隧道施工与维护等专业。

◆ 高等职业学校：建筑工程技术、建筑钢结构工程技术、建筑设备工程技术、建筑智能化工程技术、装配式建筑构件智能制造技术、装配式建筑工程技术、建设工程管理、工程造价、建筑经济信息化管理、建设工程监理、建筑材料工程技术、建筑材料检测技术、建筑装饰材料技术、新型建筑材料技术、建筑设计、建筑装饰工程技术、古建筑工程技术、建筑动画技术、地下与隧道工程技术、土木工程检测技术、市政工程技术、水利工程、水利水电工程技术、水利水电工程智能管理、水利水电建筑工程、铁道桥梁隧道工程技术、铁道工程技术、道路与桥梁工程技术等专业。

◆ 高等职业本科专业：建筑工程、智能建造工程、城市地下工程、建筑智能检测与修复、工程造价、建设工程管理、水利水电工程、农业水利工程、高速铁路工程、道路与桥梁工程等专业。

◆ 应用型本科学校：土木工程、工程管理、工程造价、建筑学、智慧建筑与建造、城市地下空间工程、道路桥梁与渡河工程、铁道工程、智能建造、测绘工程、历史建筑保护工程、房地产开发与管理、水利水电工程、港口航道与海岸工程、土木水利与海洋工程、土木水利与交通工程等专业。

一、关于对应课程的说明

1. 课程性质描述

与 1 + X 职业技能等级证书（建筑工程施工工艺实施与管理）相对应的课程是一门综合性较强的专业学习领域课程，其主要介绍职业岗位培训、鉴定、考试的核心内容，课程立足于土建类学生和行业人员的实际需求，以培养“创新型、复合型、综合型”人才需求为导向，以“立足实用、突出特色”为宗旨。其职业定位匹配建设生产、施工技术、监理、建设管理等岗位，是基于工作过程开发的理论学习领域课程。

2. 课程学习目标

（1）能力目标

1）能够正确识读建筑施工图、结构施工图。

2）能够进行施工图绘制与模型创建，具备施工图审核及优化设计能力。

3）能够依据设计图纸，根据给定的施工任务进行施工前条件准备，做好施工现场的平面管理。

4）能够根据指定的施工方案组织施工过程，具备建筑工程施工管理能力。

5）能够根据给定的施工图进行建筑主要分部分项工程的定位放样测量，并监督施工工艺流程符合工艺标准。

6）能按照指定的施工任务编制建筑主要分部分项工程的施工技术交底，控制工程施工进度计划并进行质量检查，达到质量验收规范要求。

7）能根据给定的施工任务对建筑主要分部分项工程进行质量创优施工指导，编制工程施工方案，组织相关责任单位进行工程项目验收工作并对施工组织方案进行审核评定。

（2）知识目标

1）熟悉建筑构造原理，掌握专业基础识图、BIM课程知识，学会图纸识读，并能结合专业拓展知识应用工程图集、平法图集识读图纸。

2）掌握专业基础识图课程知识，学会CAD制图技能，可进行创优、协同、设计工作。

3）熟悉建筑工程施工组织过程，了解BIM信息化管理，掌握建筑工程施工信息资料管理方法，可对项目建设中的成本、进度、质量、安全、环境等项目进行综合组织、管理、应用。

4）熟悉《建筑施工手册》，掌握建筑主要分部分项工程的工艺流程并在项目实施中应用、指导和监督。

5）掌握建筑主要分部分项工程有关施工技术交底、施工进度、施工方案的编制方法。

6）熟悉建筑主要分部分项工程施工方案的审核评定标准，掌握施工验收程序，可对项目建设中的施工工艺进行综合管理、技术创新、质量验收、评审评价等。

（3）素质目标

1）培养较好的职业道德、社会公德。

2）培养现代的文化模式——主体意识、超越意识、契约意识。

3）培养较强的学习能力、动手能力、合作能力、创业能力。

4）养成科学的工作模式，工作有思想性、建设性、整体性。

二、关于本套丛书的内容设置

1. 典型工作任务描述

每一个工作任务均充分提炼了行业职业能力点，课程学习内容和企业生产实践紧密结合，主要针对建筑工程施工工艺实施与管理职业技能等级证书考试人员及相关行业人员，工作任务力求达到以点盖面，人才培养针对性强，内容力求通俗易懂、深入浅出、操作性强。本书在培养专业能力的同时，还注重培养方法能力、社会能力、创新能力、职业精神和职业素养，特别是培养行业人员自主分析问题、解决问题的能力以及团队协作的能力，不断提升行业人员的职业素养和综合就业能力。

2. 学习情境设计

序号	学习任务	载体	学习任务简介
1	施工图识读与制图	某建筑工程施工图	依据施工图及工程资料，对建筑施工图、结构施工图进行识读绘制；进行施工图绘制与模型创建；进行施工图审核及优化设计
2	工程施工组织与管理	某工程施工组织与管理	依据建筑工程施工组织过程，利用BIM信息化管理，进行项目建设中成本、进度、质量、安全、环境的综合组织、管理、应用

（续）

序号	学习任务	载体	学习任务简介
3	地基与基础施工	某地基与基础工程	利用地基与基础工程项目进行定位放样测量，做好施工机械、人力的准备；进行施工技术交底，编制施工进度计划，进行质量检查；进行地基与基础工程质量验收、质量评审
4	砌体工程施工	某砌体工程	利用砌体工程项目进行放样测量，做好施工机械、人力的准备；进行施工技术交底，编制施工进度计划，进行质量检查；进行砌体工程质量验收、质量评审
5	钢筋混凝土工程施工	某钢筋混凝土工程	利用钢筋混凝土工程项目进行放样测量，做好施工机械、人力的准备；进行施工技术交底，编制施工进度计划，进行质量检查；进行钢筋混凝土工程质量验收、质量评审
6	装配式混凝土结构工程施工	某装配式混凝土结构工程	利用装配式建筑工程项目进行放样测量，做好施工机械、人力的准备；进行施工技术交底，编制施工进度计划，进行质量检查；进行装配式混凝土结构工程质量验收、质量评审
7	钢结构工程施工	某钢结构工程	利用钢结构工程项目进行放样测量，做好施工机械、人力的准备；进行施工技术交底，编制施工进度计划，进行质量检查；进行钢结构工程质量验收、质量评审
8	屋面及防水工程施工	某屋面及防水工程	利用屋面及防水工程项目进行放样测量，做好施工机械、人力的准备；进行施工技术交底，编制施工进度计划，进行质量检查；进行屋面及防水工程质量验收、质量评审
9	装饰装修工程施工	某装饰装修工程	利用装饰装修工程项目进行放样测量，做好施工机械、人力的准备；进行施工技术交底，编制施工进度计划，进行质量检查；进行装饰装修工程质量验收、质量评审

3. 学习组织形式与方法

序号	学习任务	教学组织形式	教学学时	教学方法
1	施工图识读与制图	小组教学、机房教学	6 课时	信息化教学法、讨论法、启发引导法、总结归纳法
2	工程施工组织与管理	小组教学、现场教学、线上教学	6 课时	项目教学法、案例教学法、启发引导法、信息化教学法
3	地基与基础施工	小组教学、现场教学、线上教学	6 课时	项目教学法、案例教学法、信息化教学法
4	砌体工程施工	小组教学、现场教学、线上教学	8 课时	项目教学法、案例教学法、信息化教学法
5	钢筋混凝土工程施工	小组教学、现场教学、线上教学	6 课时	项目教学法、案例教学法、信息化教学法
6	装配式混凝土结构工程施工	小组教学、现场教学、线上教学	6 课时	项目教学法、案例教学法、信息化教学法
7	钢结构工程施工	小组教学、现场教学、线上教学	6 课时	项目教学法、案例教学法、信息化教学法
8	屋面及防水工程施工	小组教学、现场教学、线上教学	6 课时	项目教学法、案例教学法、信息化教学法
9	装饰装修工程施工	小组教学、现场教学、线上教学	6 课时	项目教学法、案例教学法、信息化教学法

三、考核说明

本课程知识结合各个项目对应的现行规范标准，能力与技能标准满足“1＋X”证书上岗要求，考核方式注重学生职业能力考核，分初级、中级、高级三个级别进行线上平台测试。

1. 初级考核内容

（1）初级专业技能理论考核

序号	考核模块	考核内容	分值分配	考核方式
1	施工图识读与制图	建筑物主要构造、建筑施工图专业知识内容、结构施工图专业知识内容	10	机考
2	工程施工组织与管理	考核建筑施工人工、机械、材料、工艺方法等专业基础知识	20	
3	建筑工程施工工艺	地基与基础、砌体工程、钢筋混凝土工程、装配式混凝土结构工程、钢结构工程、屋面及防水工程、装饰装修工程等的施工工艺流程、机械、材料专业知识	70	

（2）初级技能操作能力考核

序号	考核模块	考核内容	分值分配	考核方式
1	地基与基础施工	根据给定施工工程项目，完成该项目的人材机选择，按照标准工艺流程进行技能模拟操作考核	15	机考
2	砌体工程施工	根据给定砌体工程施工项目，完成该项目的人材机选择，按照标准工艺流程进行技能模拟操作考核	10	
3	钢筋混凝土工程施工	根据给定钢筋混凝土工程施工项目，完成该项目的人材机选择，按照标准工艺流程进行技能模拟操作考核	20	
4	装配式混凝土结构工程施工	根据给定装配式混凝土结构工程施工项目，完成该项目的人材机选择，按照标准工艺流程进行技能模拟操作考核	20	
5	钢结构工程施工	根据给定钢结构工程施工项目，完成该项目的人材机选择，按照标准工艺流程进行技能模拟操作考核	10	
6	屋面及防水工程施工	根据给定屋面及防水工程施工项目，完成该项目的人材机选择，按照标准工艺流程进行技能模拟操作考核	10	
7	装饰装修工程施工	根据给定装饰装修工程施工项目，完成该项目的人材机选择，按照标准工艺流程进行技能模拟操作考核	15	

2. 中级考核内容

（1）中级专业技能理论考核

序号	考核模块	考核内容	分值分配	考核方式
1	施工图识读与制图	建筑物主要构造、建筑施工图制图专业知识内容、结构施工图制图专业知识内容，以及图集应用	10	机考
2	工程施工组织与管理	考核建筑施工人工、机械、材料、工艺方法等专业知识	20	
3	建筑工程施工工艺	地基与基础、砌体工程、钢筋混凝土工程、装配式混凝土结构工程、钢结构工程、屋面及防水工程、装饰装修工程等分项工程施工中有关测量、工艺、流程、质量要求、施工要点等知识	70	

（2）中级技能操作能力考核

序号	考核模块	考核项目	考核内容	分值分配	考核方式
1	建筑工程施工工艺实施	地基与基础工程、砌体工程、钢筋混凝土工程、装配式混凝土结构工程、钢结构工程、屋面及防水工程、装饰装修工程工艺实施技能操作考核	根据给定施工工艺项目，完成该项目的人材机选择，按照标准工艺流程进行技能模拟操作考核	40	机考
2	建筑工程施工工艺组织管理	地基与基础工程、砌体工程、钢筋混凝土工程、装配式混凝土结构工程、钢结构工程、屋面及防水工程、装饰装修工程施工组织管理技能操作考核	根据给定施工工艺案例项目信息，完成该项目的工艺交底、施工方案、质量验收内容填写等施工组织管理技能应用案例考核	60	

3. 高级考核内容

（1）高级专业技能理论考核

序号	考核模块	考核内容	分值分配	考核方式
1	施工图识读与制图	建筑物主要构造、建筑设计图、结构设计图等设计、优化设计、施工图审查、BIM 技术应用等专业基础知识及应用	10	机考
2	工程施工组织与管理	项目管理、法律法规、施工组织设计、工艺创新等专业知识及应用	20	
3	建筑工程施工工艺	建筑工程规范标准、项目创优、项目竣工、项目评估、工艺工法创新、项目策划、采购、生产与施工管理等专业知识应用	70	

（2）高级技能操作能力考核

序号	考核模块	考核项目	考核内容	分值分配	考核方式
1	建筑工程施工工艺实施	地基与基础工程、砌体工程、钢筋混凝土工程、装配式混凝土结构工程、钢结构工程、屋面及防水工程、装饰装修工程工艺实施技能操作考核	根据给定施工工艺项目，完成该项目的人材机选择，按照标准工艺流程进行技能模拟操作考核	30	机考
2	建筑工程施工工艺组织管理	地基与基础工程、砌体工程、钢筋混凝土工程、装配式混凝土结构工程、钢结构工程、屋面及防水工程、装饰装修工程施工组织管理技能操作考核	根据给定项目信息，完成该项目的施工组织设计、工程质量竣工验收报告、工艺工法创优方案、施工组织管理等应用案例考核	70	

本套丛书包括建筑工程施工工艺实施与管理导论和建筑工程施工工艺实施与管理实践（初级、中级、高级），导论和实践（初级、中级、高级）配套使用。

建筑工程施工工艺实施与管理实践（初级、中级、高级）分别对应建筑工程施工工艺实施与管理职业技能等级的初级、中级、高级。

目　录

学习情境一　地基与基础工程

案例引入

工程名称：某中学教学楼。

主体结构：本工程主体采用框架结构，框架柱钢筋锚入桩承台。

基础形式：本工程基础采用桩＋承台，桩为端承摩擦桩，桩基础嵌入中风化泥岩层≥1D（桩径），桩顶嵌入承台100mm。共有基桩40根，其中ZJ1桩径为1000mm、共8根，ZJ2桩径为800mm、共32根，平均桩长约30m。基础平面布置图如图1-1所示。

承台顶标高－0.7m；承台高度分别为700mm和1500mm。承台大样图如图1-2所示。根据地质情况，为满足工期和质量要求，桩基采用旋挖钻孔灌注桩；桩基钢筋笼采用在钢筋加工场集中分节加工制作，现场吊装拼接，桩基C35混凝土采用导管法水下灌注，混凝土采用商品混凝土，混凝土运输车运至施工现场，泵车或起重机配合灌注，桩身混凝土超灌高度0.8m。

典型任务1　地基与基础工程定位放样测量工作

知识点：

1. 地基与基础类型和构造。
2. 基础构件、部位定位放样流程。
3. 基础构件、部位测量方法。

能力（技能）点：

1. 能根据给定施工图，进行地基与基础构件、部位定位放样测量工作。
2. 能够用图样、图集对基础构件部品位置、尺寸等参数进行核对。

实践目的

1）理解并系统掌握地基与基础工程定位放样测量工作的主要内容及工作流程。

2）通过现场具体操作训练，培养地基与基础工程定位放样测量工作实际操作能力。

实践分解任务

1）根据基础平面图完成基坑开挖边线的定位放样工作。

2）根据基础平面图完成柱下独立基础的定位放样工作。

3）根据预埋锚栓图完成柱脚预埋螺栓的放样定位工作。

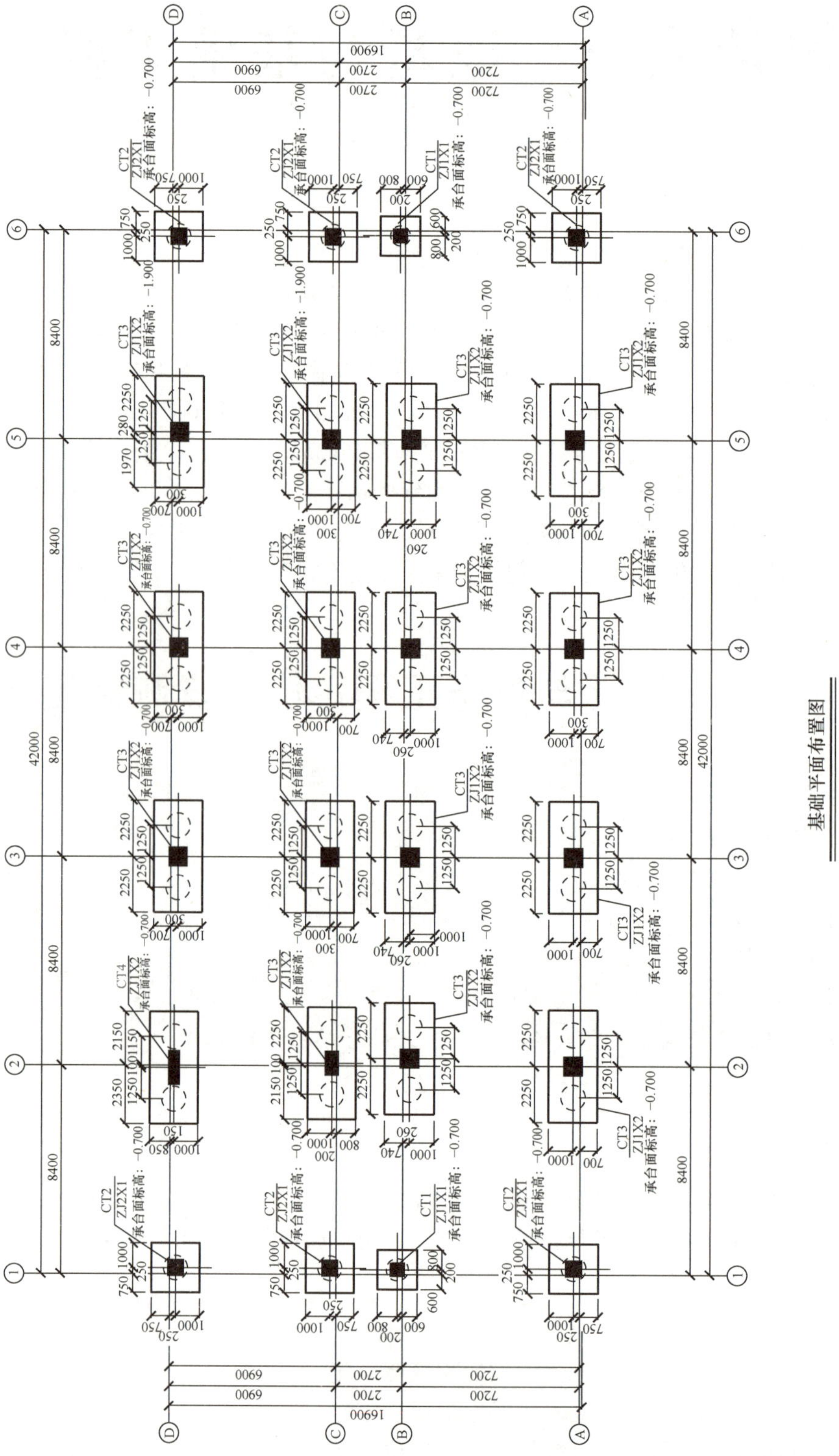
基础平面布置图
CT1
CT2
CT3
CT4
ZJ1X1
ZJ1X2
ZJ2X1
承台面标高：-0.700
承台面标高：-1.900
16900
6900
2700
7200
42000
8400

图 1-1 基础平面布置图

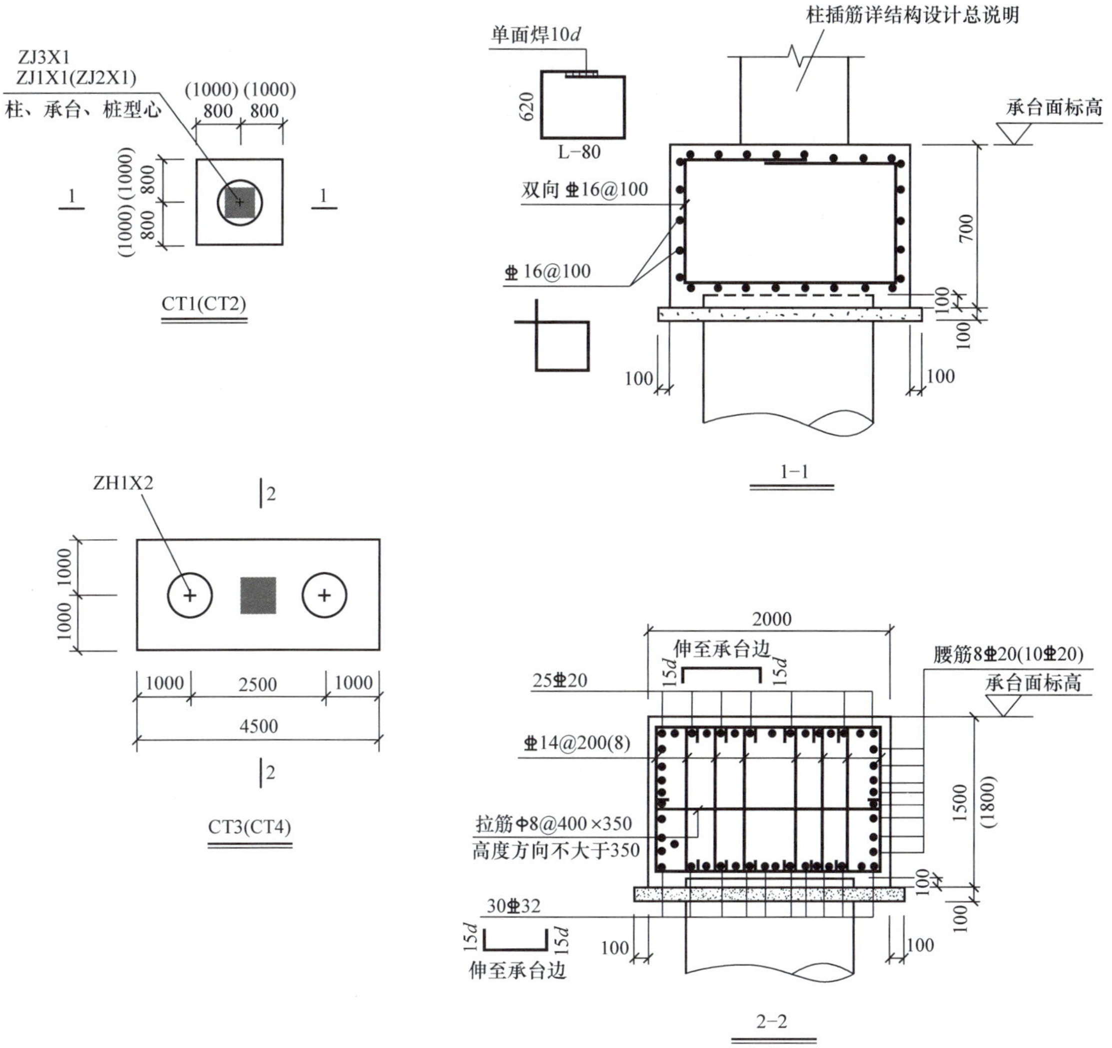

图 1-2　承台大样图

实践分组

以小组为单位（6～8 人为一组），在规定时间内完成以上任务。

实践场地

实训室、机房。

实践实施过程

一、每个学生提出自己的工作计划和方案并进行小组讨论

引导问题 1：本工程基础类型及其尺寸是什么？

运用知识：识读基础平面图，本工程采用的基础类型为独立柱基。

引导问题2：地基与基础工程定位放样测量工作内容及流程是什么？

运用知识：建筑定位、放轴线控制桩→放开挖边线→基坑（槽）开挖→校核基坑（槽）轴线、标高→基础各构件定位放线测量。

1. 建筑定位、放控制桩

用水准仪、经纬仪或全站仪或GPS等测量仪器与定位测设技术，按规划部门确认的“建筑红线图”定位出建筑外轮廓线和±0.000标高；本工程①~⑥轴长度为42m，Ⓐ~Ⓓ轴宽度为16.9m，本工程的±0.000相对应的绝对高程为44.050m。

在建筑物四角（①轴与Ⓐ轴相交处，①轴与Ⓓ轴相交处，⑥轴与Ⓐ轴相交处，⑥轴与Ⓓ轴相交处）打木桩（在木桩顶部钉小圆钉指示点位）定位，拉轴线，并在四边轴线延长线上距离基坑上口边缘0.5~1.0m处天然地面上设置“龙门板”或“控制桩”，保证基坑土方开挖时不会被破坏。用小圆钉标志好“控制轴线”；龙门板顶面标高通常是“ ±0.000标高”（控制桩顶小钉的顶部标高通常是“ ±0.000标高”）；为防止土方开挖损坏定位标志，确定土方开挖边线后，需将控制桩和控制标高设置在距离基坑开挖边线一定距离外，在施工场地附近的视线良好稳固处设立建筑轴线控制桩和±0.000或+0.500标高控制桩。建筑物定位、放控制轴线如图1-3所示。

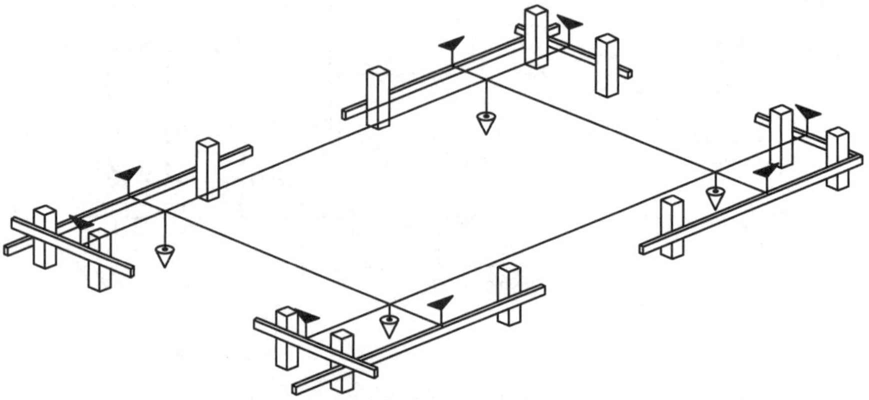

图1-3 建筑物定位、放控制轴线

2. 放开挖边线

开挖前，根据控制轴线、开挖深度、边坡系数、施工作业面宽度等因素确定挖土边线位置，放出基础上口挖土灰线，如图1-4所示标出挖土范围。同时在四周设置龙门板，以便施工时复核轴线位置。本工程采用全面开挖基坑的方式开挖土方，根据土层性质，边坡系数K取0.7。

3. 基坑（槽）开挖

按开挖边线、边坡系数进行基坑（槽）开挖，开挖过程中注意控制开挖深度。如有基础垫层，坑底（槽）标高应为图上标注的基底标高－垫层厚度。

4. 校核基坑（槽）轴线、标高

本工程基础采用灌注桩、承台，基坑土方开挖分为两个施工阶段，第一阶段开挖至桩顶混凝土浇筑标高（按桩顶设计标高 + 桩混凝土超灌高度），第一阶段开挖完成后，从建筑物定位在地面控制桩和控制标高，用水准仪或全站仪或采用其他测量手段，测定基坑底标高。

第二阶段待灌注桩混凝土浇筑施工完成，混凝土达到一定强度后，再次开挖桩间土至各个承台的混凝土垫层底标高。第二阶段开挖完成后，从建筑物定位在地面的控制桩和控制标高，用水准仪或全站仪或采用其他测量手段，测定承台底标高。

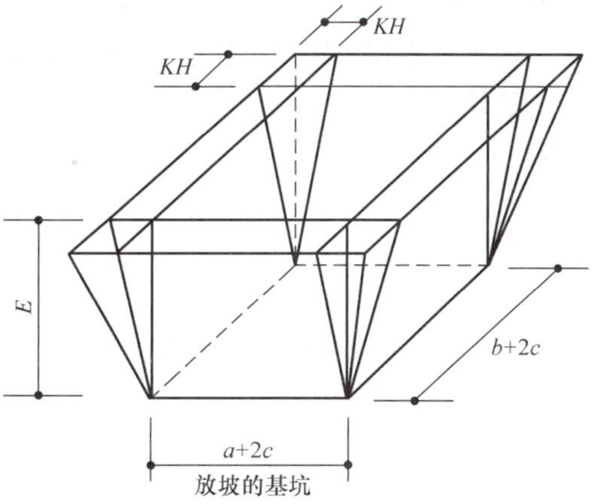

图 1-4　放基坑上口开挖边线

5. 基础各构件定位放线测量

（1）桩基础定位放线测量　识读桩基础平面布置图，读出每根桩与建筑物各个轴线的相对位置，基坑土方开挖至桩顶混凝土浇筑标高（按桩顶设计标高 + 桩混凝土超灌高度）后，使用经纬仪或全站仪把控制轴线引测到基坑底，拉通长线，校核总长度和宽度无误后，用钢卷尺在两个方向的控制轴线上分出中间轴线，两个方向拉线定出轴线交叉点，控制轴线的交点即承台中心。对于单桩承台，轴线交点即为桩中心点，同时也是承台中心点；对于双桩承台，轴线交点是承台中心点。在两个轴线上分别量出偏心尺寸，定出每根桩的中线点，在地面打木桩，木桩定钉定出每根桩的中心点，再按图样上每根桩的尺寸在地面用石灰洒出桩的边线，如图 1-5 所示。

图 1-5　桩基础定位放线

（2）承台定位放线测量　破桩头后，打承台混凝土垫层，使用经纬仪或全站仪，把控制轴线引测到承台混凝土垫层上，复核桩位，在垫层上弹出承台两个方向上的轴线，两个方向上分别量出承台长度和宽度，弹出承台位置控制线。

（3）柱子定位放线测量　柱子钢筋锚入承台，锚固长度不小于 $35d$，须在承台垫层混凝土面上弹出柱子轴线以便于固定柱子插筋。

二、教师审查每个小组的工作方案并提出整改建议

整改建议记录：

三、各小组进一步优化方案并确定最终工作方案

最终工作方案记录：

实践成果

1）实践作业。

2）工作情境模拟操作。

典型任务 2　地基与基础工程施工机械、人力、运输协调工作

知识点：

1. 地基与基础工程施工施工机械的选择和配备。
2. 地基与基础工程施工人力的选择和配备。
3. 地基与基础工程施工运输条件的选择。

能力（技能）点：

1. 能够根据施工交底协调施工机械进行地基与基础工程施工。
2. 能够根据施工交底协调人力进行地基与基础工程施工。
3. 能够根据施工交底协调运输进行地基与基础工程施工。

实践目的

通过现场具体操作训练，认知地基与基础工程施工所涉及和使用的各种材料、机械，了解地基与基础工程施工中可能使用到的工种。

实践分解任务

具备对地基与基础工程施工所涉及和使用的各种材料、机械、工种的认知能力。

实践分组

以小组为单位（6～8 人为一组），在规定时间内完成以上任务。

实践场地

实训室、机房。

实践实施过程

一、每个学生提出自己的工作计划和方案并进行小组讨论

引导问题 1：地基与基础施工测量定位常用仪器器具有哪些？

运用知识：地基与基础施工测量定位常用仪器器具如图 1-6 所示。

测量定位用小木桩、小圆钢钉、吊锤、棉线、墨斗。

引导问题 2：土方开挖常用工具及机械有哪些？

运用知识：

1. 人工挖土修平修坡工具

铁锹、镐头、撬棍、斗车。

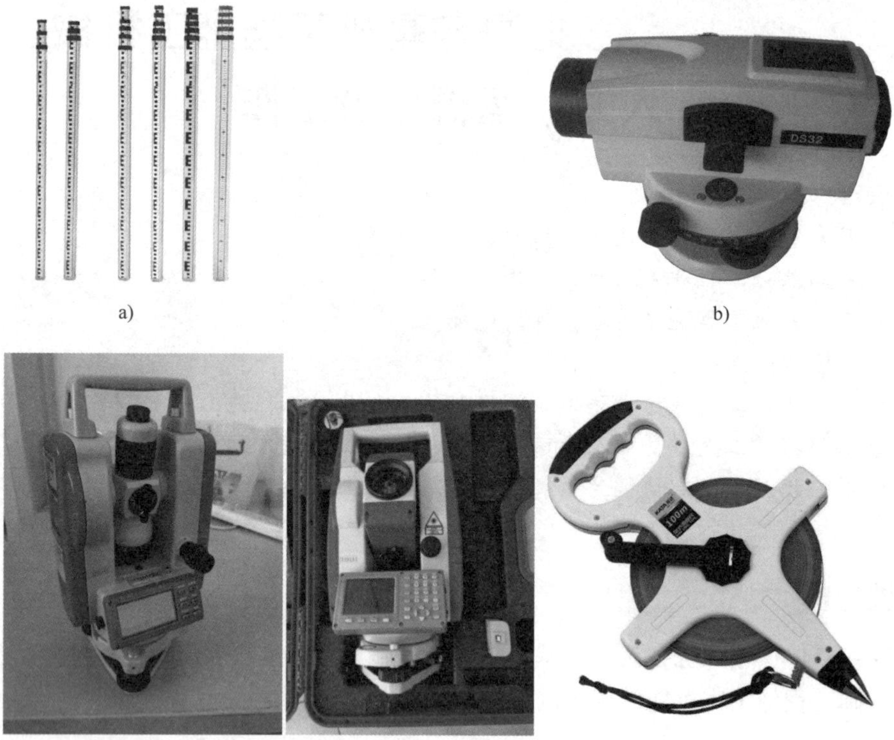

a) b) c) d) e)

图 1-6　地基与基础施工测量定位常用仪器器具

a）塔尺　b）水准仪　c）经纬仪　d）全站仪　e）钢卷尺

2. 土方开挖常用机械

1）反铲挖掘机（俗称钩机），根据开挖工作量及开挖工作面大小选用不同斗容量的机械，必要时可以几台不同斗容量的机械配合作业。

2）自卸车（俗称泥头车），根据土方开挖工程量、挖掘机的数量及台班效率，确定所需车辆型号及其数量。

引导问题 3：基础工程施工常用的工器具、设备有哪些？

运用知识：

1. 桩基础施工

1）长螺旋钻机（图 1-7）。

2）旋挖钻机（图 1-8）。

3）冲孔钻机（图 1-9）。

4）起重机（图 1-10）。

5）挖掘机（图 1-11）。

6）钢护筒（图 1-12）。

7）潜水/泥浆泵（图 1-13）。

8）泥浆搅拌器（图 1-14）。

9）水下浇筑混凝土用料斗及支架（图 1-15）。

图 1-7　长螺旋钻机

图 1-8　旋挖钻机

图 1-9　冲孔钻机

图 1-10　起重机

图 1-11　挖掘机

图 1-12　钢护筒

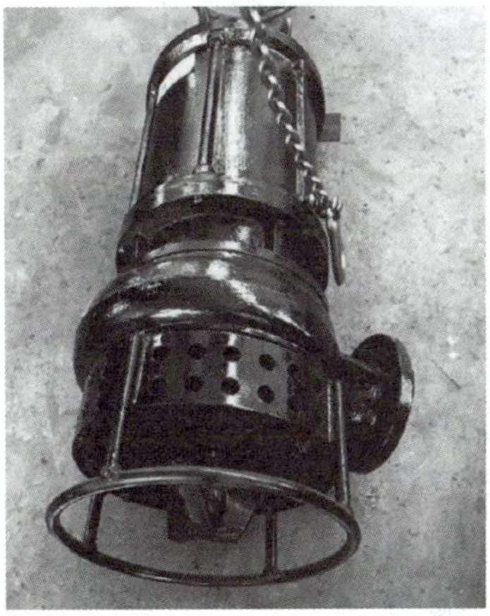

图 1-13　潜水/泥浆泵

图 1-14　泥浆搅拌器

图 1-15　水下浇筑混凝土用料斗及支架

10）水下浇筑混凝土用串筒（图 1-16）。

11）泥浆脱水机（图 1-17）。

图 1-16　水下浇筑混凝土用串筒

图 1-17　泥浆脱水机

12）沉渣厚度检测设备（图 1-18）。

2. 钢筋混凝土施工机械设备

1）木模板加工用圆盘锯（图 1-19）。

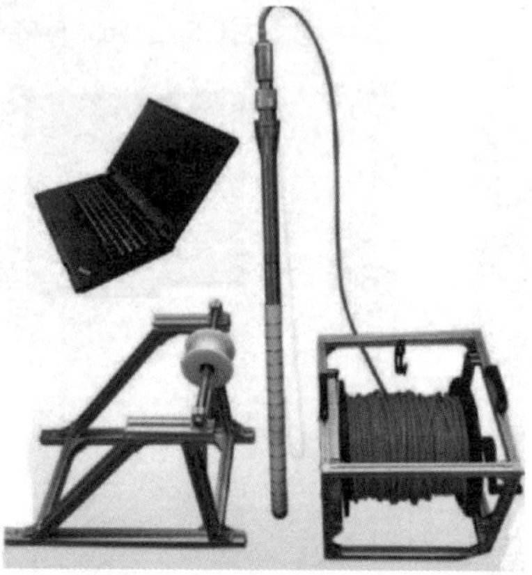

图 1-18　沉渣厚度检测设备

图 1-19　木模板加工用圆盘锯

2）钢筋调直切断一体机（图 1-20）。

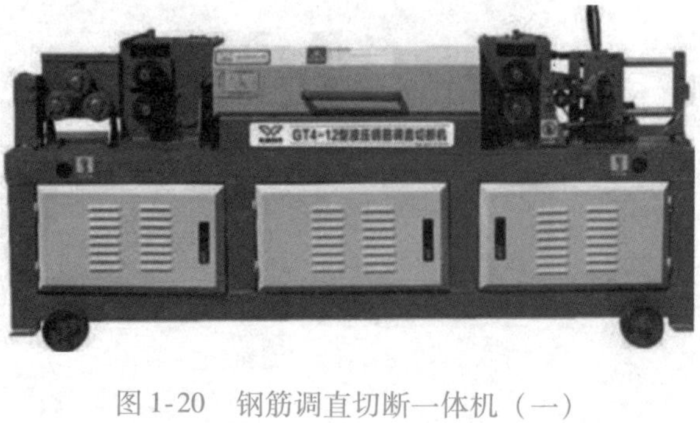

图 1-20　钢筋调直切断一体机（一）

3）钢筋切断机（图 1-21）。

4）钢筋调直切断一体机（图 1-22）。

图 1-21　钢筋切断机

图 1-22　钢筋调直切断一体机（二）

5）钢筋弯曲机（图 1-23）。

6）混凝土泵车（图 1-24）。

图 1-23　钢筋弯曲机

图 1-24　混凝土泵车

7）拖式泵（图 1-25）。

8）料斗（图 1-26）。

9）混凝土振捣棒（图 1-27）。

图 1-25　拖式泵

图 1-26　料斗

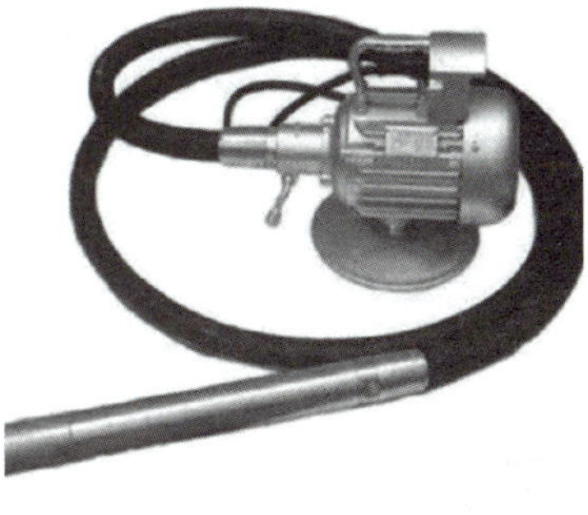

图 1-27　混凝土振捣棒

引导问题4：地基基础施工可能需要哪些工种？

运用知识：模板工、钢筋工、混凝土工、电工、电焊工、起重吊装作业及指挥人员等。

二、教师审查每个小组的工作方案并提出整改建议

整改建议记录：

三、各小组进一步优化方案并确定最终工作方案

最终工作方案记录：

实践成果

1）实践作业。

2）工作情境模拟操作。

典型任务3　地基与基础（灌注桩+承台）工程尺寸参数核对工作

知识点：

1. 基础构件施工图样、图集尺寸识读。
2. 基础构件位置参数核对。
3. 基础构件尺寸参数核对。

能力（技能）点

1. 能够用图样、图集对基础构件部品位置等参数进行核对。
2. 能够用图样、图集对基础构件部品尺寸等参数进行核对。

实践目的

通过现场具体操作训练，获得生产技能和施工方面实际知识，能够识读基础构件图，用图样、图集对基础构件部品位置、基础构件部品尺寸等参数进行核对。

实践分解任务

1）能够根据图样、图集对灌注桩标高位置尺寸等参数进行核对。

2）能够用图样、图集对承台标高位置尺寸等参数进行核对。

实践分组

以小组为单位（6~8人为一组），在规定时间内完成以上任务。

实践场地

实训室、机房。

实践实施过程

一、每个学生提出自己的工作计划和方案并进行小组讨论

引导问题1：灌注桩和承台的标高位置可以从哪张施工图上找到？

运用知识：会识读建筑工程的施工图设计文件，从基础平面布置图上识读基础部分的标高位置尺寸，从基础大样图中识读基础部分的具体尺寸。

引导问题2：怎么核对本工程的基础（灌注桩+承台）的标高是否正确？

运用知识：

1. 识读图样，查找本工程基础各个部位标高

本工程采用的基础类型为灌注桩+承台，承台面标高为-0.7m；要求桩进入承台100mm，为保证桩头混凝土质量，桩混凝土超灌800mm。

本工程①轴和⑥轴上各 4 个单桩承台，8 个单桩承台高度均为 700mm，承台底标高为 －1.4m，桩顶设计标高为 －1.3m，超灌混凝土标高为 －0.5m。

本工程②轴与Ⓐ～Ⓓ轴相交处两桩承台 CT4 高度为 1800mm，承台底标高为 －2.5m，桩顶设计标高为 －2.4m，超灌混凝土标高为 －1.6m；其他两桩承台 CT3 高度为 1500mm，承台底标高为 －2.2m，桩顶设计标高为 －2.1m，超灌混凝土标高为 －1.3m。

2. 设置的龙门板标高为 ±0.000（绝对高程为 44.050）

土方开挖至桩超灌混凝土标高处，如图 1-28 所示架设全站仪核对标高是否正确。

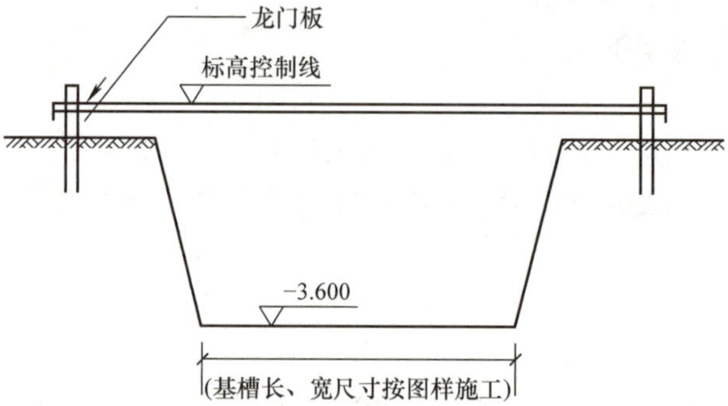

图 1-28　基坑剖面图

灌注桩施工完成后，二次土方开挖至承台垫层底标高，破桩头，架设全站仪核对标高无误后，浇筑混凝土垫层，架设水准仪或全站仪核对承台底标高与桩顶标高。

承台施工完成后，架设水准仪或全站仪核对承台顶标高。

引导问题 3：如何核对本工程的基础（灌注桩 + 承台）的平面位置是否正确？

运用知识：

1）识读基础平面图，本工程①～⑥轴，各轴间距为 8400mm，Ⓐ～Ⓑ轴间距为 7200mm，Ⓑ～Ⓒ轴间距为 2700mm，Ⓒ～Ⓓ轴间距为 6900mm。

2）在建筑物四角设轴线控制点：①轴与Ⓐ轴交点处设轴线控制点 1，①轴与Ⓓ轴交点处设轴线控制点 2，⑥轴与Ⓐ轴交点处设轴线控制点 3，⑥轴与Ⓓ轴交点处设轴线控制点 4。在轴线控制点间拉通长线，从轴线控制点（龙门桩）用长钢卷尺量测各条轴线与控制轴线的间距尺寸，放出轴线控制网，如图 1-29 所示。核对轴线间距尺寸是否正确。

图 1-29　基础放线

3）核对桩和承台的位置。逐一核对承台与桩的中心线与轴线间的间距是否正确。

以①轴与Ⓐ轴相交处为例：承台与桩的中心线偏离轴线250mm，与图样对照，核对承台与桩位置是否正确，如图1-30所示。

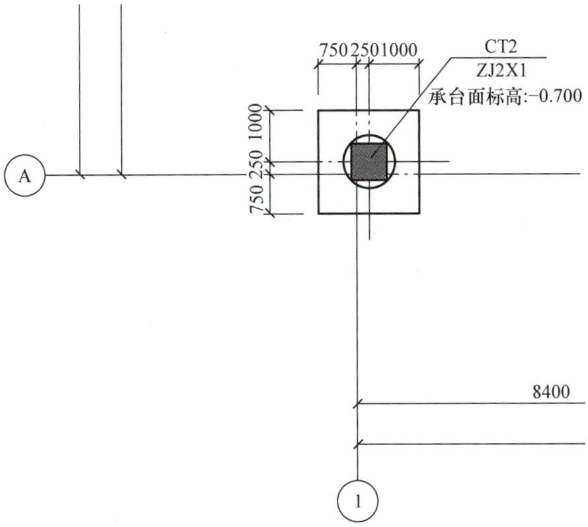

图1-30　桩位详图

引导问题4：如何检查本工程的基础（灌注桩+承台）的构件尺寸是否正确？

运用知识：

1）识读桩说明及桩和承台大样图，桩基础平面图，本工程共有基桩40根，其中ZJ1桩径为1000mm、共32根，ZJ2桩径为800mm、共8根，单桩承台8个，承台尺寸为2000mm×2000mm×700mm。两桩承台16个，承台尺寸为4500mm×2000mm×700mm。

2）桩机钻孔，逐一用钢卷尺量测，检查核对桩孔尺寸与桩径是否一致，砌筑承台砖胎膜，逐一用钢卷尺量测，检查核对与承台尺寸是否一致。

二、教师审查每个小组的工作方案并提出整改建议

整改建议记录：

三、各小组进一步优化方案并确定最终工作方案

最终工作方案记录：

实践成果

1）实践作业。

2）工作情境模拟操作。

典型任务4 地基与基础（灌注桩＋承台）工程施工和质量监督工作

知识点：

1. 灌注桩施工工艺流程。
2. 灌注桩施工工艺标准。
3. 灌注桩施工质量监督。
4. 承台施工工艺流程。

能力（技能）点：

1. 能够监督灌注桩＋承台施工工艺流程是否符合工艺标准。
2. 能够填写灌注桩＋承台质量验收记录。

实践目的

1）理解并系统掌握灌注桩＋承台的施工工艺流程。

2）理解并系统掌握灌注桩＋承台施工工艺流程中各个步骤的施工要点。

实践分解任务

1）能够正确选择灌注桩的施工工艺流程。

2）能够掌握灌注桩＋承台施工工艺流程中各个步骤的施工要点。

3）会填写灌注施工记录。

实践分组

以小组为单位（6～8人为一组），在规定时间内完成以上任务。

实践场地

实训室、机房。

实践实施过程

一、每个学生提出自己的工作计划和方案并进行小组讨论

引导问题1：灌注桩的施工工艺流程包含哪些工序？

运用知识：灌注桩施工工艺流程如图1-31所示。

引导问题2：简述灌注桩施工工艺各个步骤的施工要点。

运用知识：

1. 埋设护筒（图1-32）

平整场地，土方开挖，ZJ1承台面标高－0.7m，承台高700mm，承台底标高－1.4m，

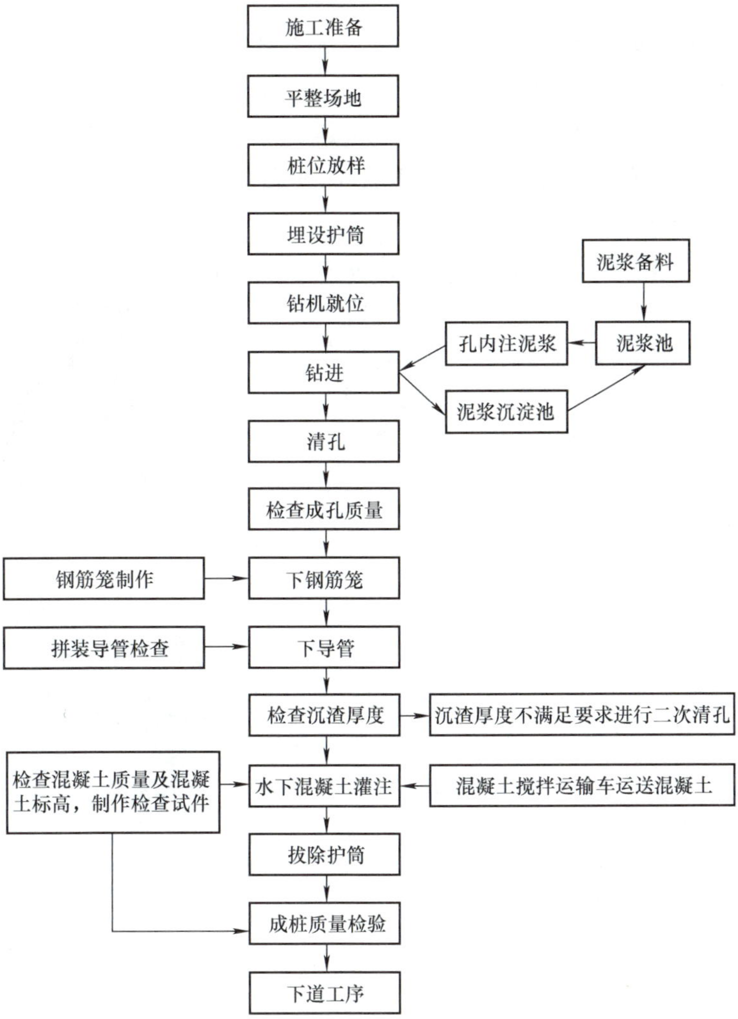

图 1-31　灌注桩施工工艺流程

图 1-32　埋设护筒

桩进入承台100mm，设计桩顶标高 -1.3m，桩超灌混凝土 800mm，故桩混凝土灌至标高 -0.5m，ZJ1 位置土方开挖至 -0.5m；ZJ2 承台面标高 -0.7m，承台高 1500mm，承台底标高 -2.2m，桩进入承台 100mm，设计桩顶标高 -2.1m，桩超灌混凝土 800mm，故桩混凝土灌至标高 -1.3m，ZJ2 位置土方开挖至 -1.3m。

钢板护筒的作用是保护孔口、定位导向、保持泥浆面高度，防止孔口塌方。

旋挖钻的护筒采用壁厚10mm的钢护筒，护筒内径大于钻头直径10cm。钢护筒长2m，护筒顶高出施工地面0.5m，便于灌桩后取出，护筒的埋设深度不小于1.5m。护筒埋置需垂直平整，护筒的中心必须同桩位中心重合，其偏差不大于20mm，保证成孔质量。

钢护筒对正桩位中心后用旋挖机或挖掘机压入桩孔内。

2. 钻机就位（图1-33）

本工程采用旋挖钻，钻机整机重量大、高度大，对场地平整度和承载力均有比较高的要求，钻机就位前，应先平整场地，局部软弱土层应进行加固处理，确保钻机在行走和钻进过程中平稳、牢固，不发生倾斜和不均匀沉降。

图1-33 钻机就位

钻机就位，钻头中心对准桩孔中心点，靠人工控制钻头底中心的突出点与桩孔中心点对正，对好后，利用控制室的计算机将桩位锁住，保证桩孔位置正确，为了确保桩孔垂直度，机械就位后检查钻杆垂直度。

3. 钻进

（1）泥浆备料（图1-34）

图1-34 泥浆备料

1）旋挖钻机采用动态泥浆护壁，根据现场土壤、土质情况，选用黏土或膨胀土人工造浆，满足造浆要求，即随着钻孔深度的增加及时向孔内补充配备好的泥浆，灌注混凝土时泥浆排出孔外，经处理后循环使用。

2）在砂类土、碎石土或黏土夹层中钻孔，宜适当加大泥浆比重。为提高泥浆粘度和胶体率，须选用优质膨润土，填入孔内，钻机缓慢转动进行泥浆搅拌，钻机转速控制在40r/min，保证孔壁稳定，使孔壁形成坚实的泥皮。

3）造浆后应试验全部性能指标，钻孔过程中应随时检验泥浆比重（泥浆比重：1.1～1.25）、含砂率（不大于8%）及黏度（18～28s），并填写泥浆试验记录表。施工前应在施工孔位周边准备适当土方，如遇坍孔立即停钻，并用备用土回填夯实，待孔壁稳定后二次开钻成孔。

4）为保证不因泥浆的数量和质量影响成孔速度和成孔质量，每个旋挖钻机组一般隔一定距离配备一至两个泥浆池，主要应现场情况而定。泥浆池根据现场条件开挖，同时设置储浆池、沉淀池并用循环槽连接，用于泥浆的循环净化。为保护当地的环境，清除的废浆和钻渣利用泥浆罐车运送到指定的弃土区丢弃，禁止泥浆乱倒或乱流，造成环境污染。

5）钻进时，从泥浆制备池由循环槽或泥浆泵经护筒孔流入井孔，待灌注混凝土时将泥浆抽回到泥浆沉淀池中，经沉淀除砂后排至泥浆制备池，在泥浆制备池中对泥浆各项指标进行检测，指标不合格，进行处理合格后方可使用。

6）施工中，严禁采用未经处理的废浆、混入混凝土的泥浆、含砂率过大的泥浆、回旋钻机产生的泥浆。

（2）钻孔（图1-35）

1）旋挖钻机采用全计算机控制系统，在操作室即可监控主桅杆、钻杆垂直度和进尺深度。钻孔时钻机可自行至桩位处，把钻机的钻头对准桩位，并调整钻机底盘水平。

图 1-35　钻孔

2）对好桩孔中心点后，即可破土开挖。旋挖成孔首先是通过底部带有活门的筒式钻头回转破碎岩土，并直接将其装入钻斗内，然后再由钻机提升装置和伸缩钻杆将钻斗提出孔外卸土，这样循环往复，不断地取土卸土，直至钻至设计深度。

3）成孔中，按试施工确定的参数进行施工，设专职记录员记录成孔过程的各种参数，如钻进深度、地质特征、机械设备损坏、障碍物等情况。

4）利用旋挖钻机配备的电子控制系统显示并调整钻杆的垂直度，通过电子控制和人工观察两个方面来保证钻杆的垂直度，从而保证成孔的垂直度。

5）钻孔过程中应观察主机所在地面和支脚支撑地面处的变化情况，发现沉降现象及时停机处理。因故停机时间较长时，应将套管口保险钩挂牢。

6）依据钻进排渣情况和参考勘查报告与设计桩底标高参数，当认为已钻进至持力层（中风化泥岩）顶面时始，根据进尺深度进行取样，样品送交现场监理检验，监理认为已达到持力层后，再按设计入岩深度要求［本工程要求≥1D（D 为桩径）］钻进到入岩深度后即可终孔，终孔前持力层样品需保留样品待查。

4. 清孔验收

钻孔深度达到设计要求后，应立即进行清孔，清孔方法有真空吸泥渣法、射水抽渣法、换浆法和掏渣法；目的是清除孔底沉渣以减少桩基的沉降量，提高承载能力，确保桩基质量。回旋钻采用泥浆泵吸反循环清孔。清孔后用测绳挂 0.5kg 扁铁测量检查孔深，自检合格后向监理工程师报验。

5. 检查成孔质量

清理沉渣后进行桩孔质量检验。

要求桩孔允许偏差符合下列规定：

持力层：中风化岩层（检查钻出的岩样）；

进入持力层深度：不少于设计值（本工程为 1.5m 或 1～2D）；

桩孔直径偏差：±50mm；

桩孔深度偏差：+300mm；

桩孔垂直度：<1%；

沉渣厚度：<50mm。

6. 钢筋笼制作、下钢筋笼

（1）钢筋笼制作　钢筋笼配筋见桩说明及桩和承台大样图，如图1-36所示。

桩配筋表

桩编号	桩身直径 d/mm	纵筋①	箍筋②
ZJ1	800	13Φ14	Φ8@200
ZJ2	1000	17Φ14	Φ8@200

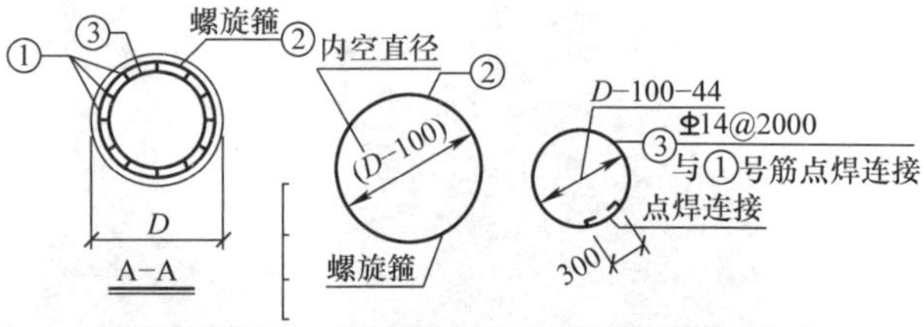

图1-36　钢筋笼大样图

1）钢筋笼主筋采用HRB400钢筋，螺旋箍筋采用HPB300钢筋，加劲箍采用HRB400钢筋，钢筋笼使用的所有钢筋应具有出厂日期和质量证明书，检验合格后才能使用。制作前先将主筋调直，清除钢筋表面油污和杂物等。钢筋下料要准确控制下料长度。

2）钢筋笼纵向受力钢筋均匀分布，箍筋间距为20cm，加劲箍每1.5m一道，钢筋笼主筋与箍筋、主筋与加劲箍采用焊接连接，钢筋笼分节制作，12m一节；对于长度大于12m的钢筋笼分节时，应考虑主筋接头按规范要求错开。两节钢筋笼对接的一端宜预留1~2m箍筋不绑扎，以便于主筋在孔口连接时施工方便。

3）桩基钢筋笼加工时主筋接头采用电弧搭接焊，安装时搭接单面焊，每一截面上接头数量不超过50%。单面焊时，焊缝长度大于$10d$，双面焊时，焊缝长度大于$5d$，要求焊缝饱满，焊缝深度和宽度满足规范要求。搭接焊时，注意接头两侧主筋中心必须位于同一直线上。所有加固箍和主筋的连接点必须满焊。

4）加强筋弯制成形后点焊待加强筋和主筋连接成一个整体后再施焊，加强筋点焊后必须用扳手消除弹性变形，焊工必须持证上岗。加强箍筋与主筋连接全部焊接。

5）钢筋骨架的保护层用“混凝土垫块”或“耳筋”来保证，按竖向每隔2m设一道，每一道沿圆周布置4个。

（2）下钢筋笼　桩孔验收后应立即吊入钢筋笼，如图1-37所示。

1）将加工验收好的钢筋笼用起重机吊入桩孔内。

2）钢筋笼下放前，须捆扎好水泥扶正块或混凝土保护层垫块，扶正块或垫块应沿圆周均匀分布，一组3~4块，隔5m捆扎一组。

图 1-37　吊入钢筋笼

3）钢筋笼入孔应吊直扶稳，缓缓下放，在吊放过程中，应逐节验收钢筋笼的连接质量，要注意钢筋笼能否顺利下放，沉放时不能碰撞孔壁，当吊放受阻时，不能加压强行下放，应停止吊放并寻找原因，如因钢筋笼没有垂直吊放，应提出后重新垂直吊放，如果是成孔偏斜而造成的，则进行复钻纠偏，并在重新验收桩孔质量后再吊钢筋笼。

4）根据设计图确定钢筋笼顶标高，使钢筋笼下放至设计位置，将钢筋笼固定在孔口钢板护筒顶。如有必要可用钢管向下顶住钢筋笼，保证钢筋笼在浇筑混凝土过程中不向上浮起，也不下沉。

7. 拼装导管、下导管（图 1-38）

图 1-38　安放导管

钢筋笼就位后应立即下导管，浇筑混凝土，以防泥浆沉淀和坍孔。

导管直径为 200mm，壁厚 3mm，每节长度有 1m，导管底部离孔底 300 ~ 500mm ，根据桩孔深度确定配管总长度。

导管接头必须放防水胶垫，连接法兰盘必须对好上紧，使用前先进行水密性、承压与接头抗拔试验，经试验合格后投入使用，严防导管漏水和操作过程中发生折断事故，从而造成断桩。

用起重机把混凝土导管吊放入桩孔，导管放在桩心位置且与钢筋最小保持 100mm 距离，导管底距桩孔底 300 ~ 500mm，用测绳测量确保导管放置深度正确。混凝土导管放好后用起重机吊住，直到浇好桩身混凝土，如图 1-39 所示。

8. 检查沉渣厚度

再次检查沉渣厚度，保证沉渣厚度小于50mm，如果大于50mm，需进行二次清孔。

9. 灌注水下混凝土（图1-40）

1）混凝土开始灌注时，漏斗下的封水塞可采用预制混凝土塞、木塞或充气球胆。

2）混凝土运至灌注地点时，应检查其均匀性和坍落度，如不符合要求应进行第二次拌和，二次拌和后仍不符合要求时不得使用。

3）第二次清孔完毕，检查合格后应立即进行水下混凝土灌注，其时间间隔不宜大于30min。

4）混凝土应连续灌注，严禁中途停止。

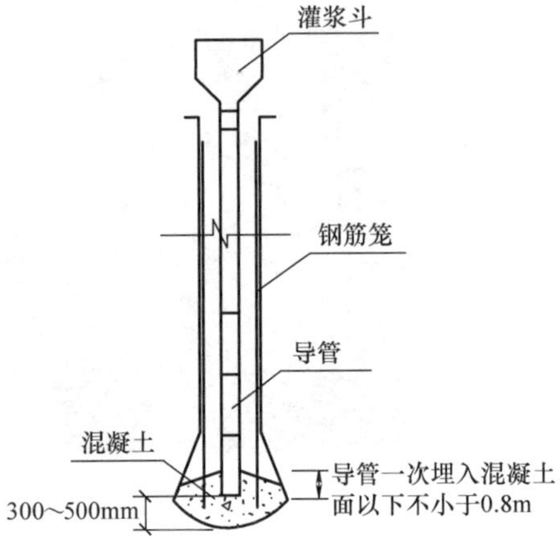

图1-39 导管位置正确

图1-40 灌注水下混凝土

5）在灌注过程中，应经常测探井孔内混凝土面的位置，及时调整导管埋深，导管埋深宜控制在1~1.5m。严禁导管提出混凝土面，应有专人测量导管埋深及管内外混凝土面的高差，填写水下混凝土灌注记录。

6）在灌注过程中，应时刻注意观测孔内泥浆返出情况，倾听导管内混凝土下落声音，如有异常必须采取相应处理措施。

7）在灌注过程中宜使导管在一定范围内上下振动，防止混凝土凝固，增加灌注速度。

8）为防止钢筋笼上浮，当灌注的混凝土顶面距钢筋笼底部1m左右时，应降低混凝土的灌注速度，当混凝土拌合物上升到钢筋笼底部4m以上时，提升导管，导管底高于钢筋笼底部2m以上，即可恢复正常灌注速度。

9）为保证桩头混凝土强度，桩灌注混凝土时一般要比桩顶设计标高超灌一定高度，一般为0.5~1.0m，本工程要求超灌高度为0.8m，超灌部分截桩前必须凿除，桩头应无松散层。

10）在灌注将近结束时，应核对混凝土的灌入数量，混凝土灌注充盈系数不得小于1；一般土质为1.1，软土、松散土可达1.2~1.3。

10. 拔除钢板护筒

当混凝土灌注至桩顶后在混凝土初凝之前拔除护筒。拔除护筒的方法是用钻机护筒驱动器与护筒上端连接，然后先缓慢旋转，护筒松动后，边旋转边缓慢提升，直至把护筒拔出地面，然后旋转臂杆，吊离孔位，行车至下一孔位下护筒。

引导问题3：灌注桩的质量验收项目有哪些？

运用知识：

1. 主控项目

（1）桩位

检查方法：施工前检查钢板护筒，灌注桩施工完成后，开挖桩间土后量桩中心。

检查数量：全数检查。

（2）孔深　+300mm

检查方法：只深不浅，用重锤测，或测钻杆、套管长度，检查岩样，确保嵌岩桩符合设计要求的嵌岩深度。

检查数量：全数检查。

（3）桩体质量检验

检查方法：低应变法、钻芯法（取芯观察、单轴抗压试验）声波透射法（超声波，3～4根金属管，其中1根放发射器，其余放接收器），查检测报告。

（4）混凝土强度

检查方法：检查试件报告或钻芯取样送检。

检查数量：每浇捣50m^3必须有1组试件，小于50m^3的桩，每根桩或每个台班必须有1组试件。

（5）承载力　与静压桩相同。

2. 一般项目

（1）垂直度

检查方法：测套管或钻杆，或用超声波探测，干施工时吊垂球。

检查数量：全数检查。

（2）桩径

检查方法：井径仪或超声波检测。

检查数量：全数检查。

（3）泥浆比重（黏土或砂性土）　1.15～1.20

检查方法：用比重计测，清孔后在距孔底50cm处取样。

检查数量：全数检查。

（4）泥浆面标高（高于地下水位）　0.5～1.0m

检查方法：目测或量测。

检查数量：全数检查。

（5）沉渣厚度　端承桩≤50mm，摩擦桩≤150mm

检查方法：用沉渣仪或重锤测量（二次清孔后测）。

检查数量：全数检查。

（6）混凝土坍落度　水下灌注160～220mm

检查方法：坍落度仪。

检查数量：每50m^3或一根桩或一个台班不少于一次。

（7）钢筋笼安装深度　±100mm

检查方法：现场量测。

检查数量：全数检查。

（8）混凝土充盈系数　>1

检查方法：检查每根桩的实际灌注量，查施工记录。

检查数量：全数检查。

（9）桩顶标高　+30mm，－50mm

检查方法：水准仪，需扣除桩顶超灌的混凝土。

检查数量：全数检查。

备注：本工程超灌混凝土桩顶标高要比设计标高高出 0.8m。

引导问题 4：灌注桩和承台怎么连接?

运用知识：灌注桩进入承台不少于 10cm，桩顶设计标高为承台底标高 +10cm，破除超灌的混凝土后露出桩钢筋，桩钢筋锚入承台混凝土 35d，具体做法如图 1-41 所示。

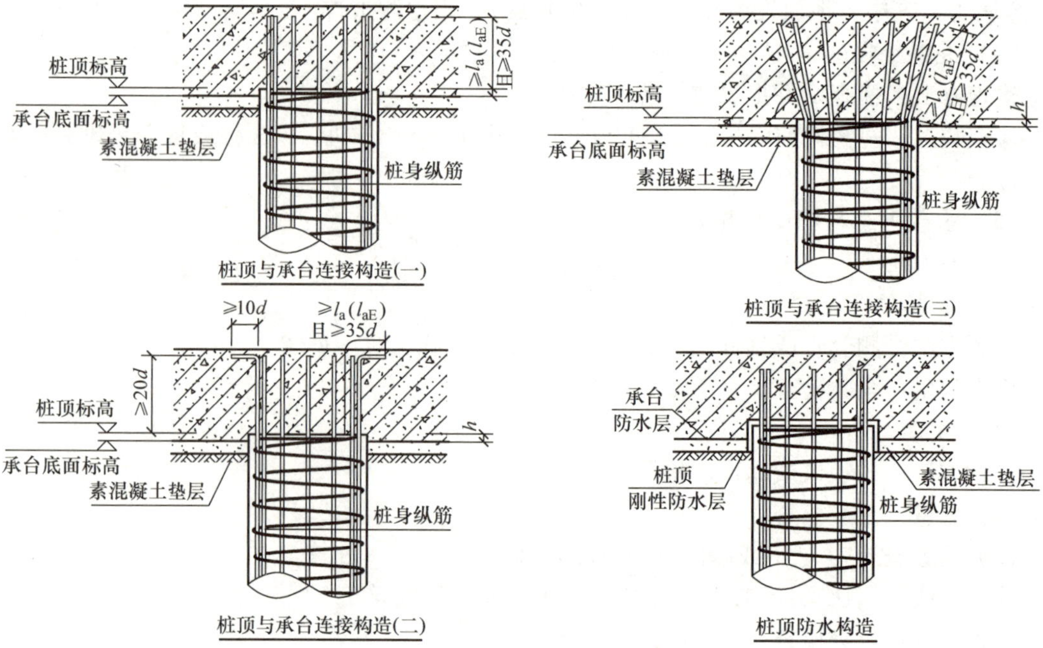

图 1-41　桩与承台连接

引导问题 5：承台的施工工艺流程包含哪些施工步骤?

运用知识：承台的施工工艺流程：土方开挖→破桩头→浇筑垫层混凝土→抄平弹线→承台侧面砌 240mm 砖胎模→承台钢筋绑扎及柱插筋→承台混凝土浇筑→混凝土养护，土方回填。

引导问题 6：简述承台施工工艺各个步骤的施工要点。

运用知识：

1. 开挖桩间土（图 1-42）

灌注桩混凝土浇筑完成后，待混凝土有一定强度后，即可在桩承台的位置进行桩间土方开挖，桩间土方开挖先用小型钩机开挖土方至距承台底标高约 20cm，开挖过程中注意不要碰伤桩身，然后人工修平至垫层底标高（承台底标高 -10cm）。

2. 破桩头（图 1-43）

本工程超灌混凝土 0.8m，在超灌的桩身上用石笔或红油漆标出桩顶设计标高，破除超灌的（0.8m）混凝土桩头到桩顶设计标高，碎渣外运。

图 1-42　开挖桩间土

图 1-43　破桩头

3. 浇筑垫层混凝土

按设计要求，浇筑 10cm 厚混凝土垫层（混凝土强度等级为 C15），如图 1-44 所示。

4. 抄平弹线

待混凝土垫层有一定强度后，在垫层上弹出桩轴线再次复核桩位偏差，弹出承台轴线和边线，弹出柱子轴线和边线。

5. 砌砖胎膜

按弹出的承台边线砌 240mm 砖胎膜作为浇筑承台混凝土的侧模板，如图 1-45 所示。

图 1-44　浇筑承台混凝土垫层

图 1-45　砌砖胎膜

6. 承台钢筋绑扎及柱插筋

钢筋进场检查验收，按设计图要求的尺寸绑扎承台钢筋，检查钢筋规格、数量、间距与尺寸。钢筋骨架尺寸误差及钢筋间距误差为 ±10mm，如图 1-46 所示。

7. 承台混凝土浇筑

用混凝土泵车浇筑承台混凝土，停车位置平整坚实，混凝土自由倾落高度不大于 3m。

8. 混凝土养护，土方回填

浇水养护混凝土，待混凝土强度达到 75% 以上后进行土方回填。

图 1-46　绑扎承台钢筋

引导问题7：承台的质量验收项目有哪些？

运用知识： 承台是钢筋混凝土构件，与其他钢筋混凝土构件一样要检查钢筋原材料、钢筋加工和安装质量、混凝土原材料、混凝土施工质量和尺寸偏差。

二、教师审查每个小组的工作方案并提出整改建议

整改建议记录：

三、各小组进一步优化方案并确定最终工作方案

最终工作方案记录：

实践成果

1）实践作业。

2）工作情境模拟操作。

典型任务5　地基与基础工程施工记录填写工作

知识点：

1. 地基与基础工程竣工验收标准、规范。
2. 地基与基础工程施工记录。

能力（技能）点：

能够按照《建筑工程竣工验收资料标准》填写地基与基础工程施工记录。

实践目的

掌握地基与基础工程竣工验收标准、规范所要求的地基与基础工程施工中需要记录的检查项目。

实践分解任务

能够按照《建筑工程竣工验收资料标准》填写地基与基础工程施工记录。

实践分组

以小组为单位（6～8人为一组），在规定时间内完成以上任务。

实践场地

实训室、机房。

实践实施过程

一、每个学生提出自己的工作计划和方案并进行小组讨论

引导问题1：本工程地基与基础包含哪些施工内容？

运用知识：本工程施工内容包含了：土方开挖、泥浆护壁混凝土灌注桩＋桩承台（混凝土基础）。

引导问题2：土方开挖需要记录的检查项目有哪些？

运用知识：土方开挖需要记录的检查项目见表1-1。

表 1-1　桩基、基坑、基槽土方开挖工程的质量检验标准

检查项目			允许值或允许偏差		检查方法
			单位	数值	
主控项目	1	标高	mm	0 -50	水准测量
	2	长度、宽度（由设计中心线向两边量）	mm	+200 -50	全站仪或用钢尺量
	3	坡率	设计值		目测法或用坡度尺检查
一般项目	1	表面平整度	mm	±20	用 2m 靠尺
	2	基底土性	设计要求		目测法或土样分析

引导问题 3：泥浆护壁混凝土灌注桩施工中需要填写的施工及检查的项目有哪些？

运用知识：

1. 钻孔

灌注桩桩孔施工及质量检查记录见表 1-2。

表 1-2　灌注桩桩孔施工及质量检查记录

施工执行标准名称及编号						《建筑地基基础工程施工质量验收标准》（GB 50202—2018）		
检 查 项 目						施工单位检查评定记录		
主控项目	1	桩端进入持力层						
						实测值	实测偏差	图　例
	2	桩径及桩身垂直度	桩径	允许偏差	+50mm -20mm			
			桩身垂直度		<0.5%			
	3	桩位	独立桩双向		50mm			
	4		垂直于条形桩基纵轴方向					
	5		平行于条形桩基纵轴方向		150mm			
	6							
	7	进入持力层深度			±50mm			
	8	扩大头最大直径 D			±20mm			
	9	桩孔全深 H/m		—				
	10	扩大头高度 h/mm		允许值	h: b≥2			
	11	扩大头肩宽 b/mm						
	12	锅底矢高 f/m			250≤f≤350			

2. 钢筋笼加工制作安装

灌注桩钢筋笼制作质量检查记录见表 1-3。

表 1-3　灌注桩钢筋笼制作质量检查记录

施工执行标准名称及编号					《建筑地基基础工程施工质量验收标准》（GB 50202—2018）	
质 量 要 求					检查方法和数量	施工单位检查评定记录
主控项目	1	主筋、箍筋规格数量符合设计要求			观察方法全数检查	
	2	焊接接头力学性能检验质量符合有关规程的规定			全数检查试验报告	
一般项目	1	焊接接头	外观质量检查		按 JGJ18 观察方法全数检查	
			在同一截面内错开设置		按总量的 20% 抽查	
			符合设计要求			
	2	制作允许偏差	主筋间距	±10mm		
			箍筋间距	±20mm		
			钢筋笼直径	±10mm		
			钢筋笼长度	±50mm		

3. 混凝土施工记录

灌注桩混凝土施工记录见表 1-4。

表 1-4　灌注桩混凝土施工记录

混凝土强度等级		配合比报告编号		本桩浇捣量			
水泥种类、标号、生产厂家、生产日期			每　盘材料用量/kg	水泥____，砂____石____ 外加剂____，掺合料____			
商品混凝土生产厂名称							
本桩开始浇注时间	年　月　日　时　分		本桩终止浇注时间	年　月　日　时　分			
原材料是否已验收，验收表格编号		钢筋笼是否已验收，验收表格编号		桩孔验收	桩孔是否已经验收		
					是否已达到持力层		
					验收表格编号		
标准养护试块	编号		浇注当天天气情况		浇注当天气温		
	试块 28 天强度/MPa						

引导问题4：桩承台（混凝土基础）施工中需要填写的施工及检查的项目有哪些？

运用知识：现浇基础外观质量及尺寸偏差施工质量检查记录见表1-5。

表1-5　现浇基础外观质量及尺寸偏差施工质量检查记录

检查项目					检查方法和数量	施工单位检查评定记录									
主控项目	1	尺寸偏差	不应影响结构性能和使用功能		量测，主数										
		过大尺寸偏差处理及验收	影响结构性能和安装使用功能的，由施工单位提出技术处理方案，经监理（建设）单位认可后进行处理		检查测量，检查技术处理方案										
			经处理部位重新验收		量测										
一般项目	2 现浇结构尺寸允许偏差/mm	轴线位置	基础	15	钢尺检查										
			独立基础	10											
			墙	8											
			柱	8											
			梁	8											
			剪力墙	5											
		层高垂直度	≤5m	8	经纬仪或吊线、钢尺检										
			>5m	10											
		层高标高		±10	水准仪或拉线、钢尺检查										
		截面尺寸		+8，-5											
		电梯井井筒长、宽对定位中心线		+25，0	钢尺检查										
		表面平整度		8	2m塞尺和塞尺检查	3	8	4	3	4	9	2	7	8	7
		预埋设施中心线位置	预埋件	10	钢尺检查										
			预埋螺栓	5											
			预埋管	5											
		预留洞中心线位置		15											

引导问题5：除了施工及质量检查记录之外，还应填写哪些记录表？

运用知识：应填写的其他施工记录还有：测量放线检验记录、过程中的隐蔽工程验收记录（包括验槽记录等）。

地基验槽记录见表1-6、表1-7。

表 1-6　地基验槽（复验）记录（一）

共 1 页　第 1 页

工程名称	某中学教学楼	施工单位	××建筑工程公司	
验槽部位	①~⑥轴		验槽日期	×年×月×日
地基土质情况	地基土质均匀密致状态			
基槽尺寸标高	采用满堂开挖，基槽尺寸符合施工组织设计要求			
持力层设计要求	持力土层质为砂土层，设计承载力为 300kPa			

附图或说明：

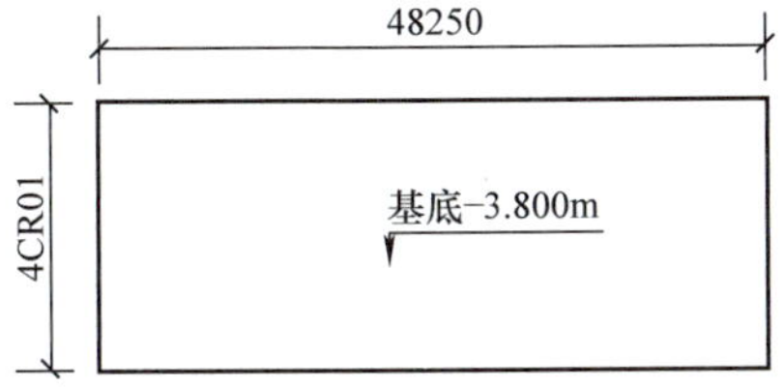

施工单位初验结论	基槽长宽尺寸，基底标高和持力层土质等符合设计图和施工规范要求		
验情结论（复验）	基槽质量符合设计图要求和施工规范规定，同意进入下道工序施工		
勘察单位	设计单位	施工单位	监理单位
项目负责人： 叶××	项目专业负责人： 庄××	项目技术负责人： 黄××	专业监理工程师： 游××

表 1-7　地基验槽（复验）记录（二）

共 1 页　第 1 页

工程名称	某中学教学楼	施工单位	××建筑工程公司	
验槽部位	①~⑥轴		验槽日期	×年×月×日
地基土质情况	地基土质基本均匀、密致状态			
基槽尺寸标高	采用满堂开挖，基槽尺寸符合施工组织设计要求			
持力层设计要求	持力层土质为砂砾石层，设计承载力为 300kPa			

附图或说明：

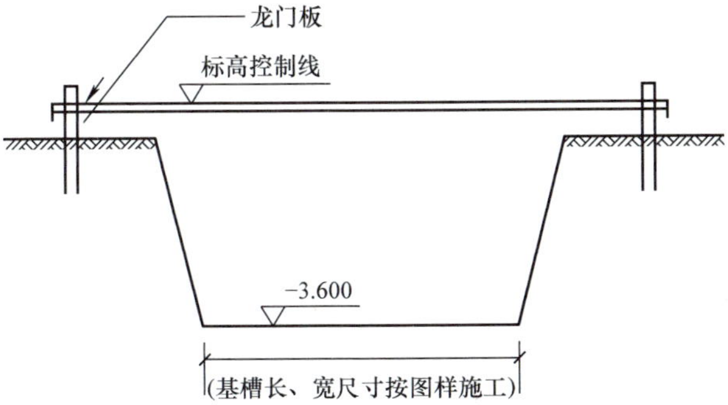

施工单位初验结论	符合要求		
验情结论（复验）	同意验收		
勘察单位	设计单位	施工单位	监理单位
项目负责人： 叶××	项目专业负责人： 庄××	项目技术负责人： 黄××	专业监理工程师： 游××

二、教师审查每个小组的工作方案并提出整改建议

整改建议记录：

三、各小组进一步优化方案并确定最终工作方案

最终工作方案记录：

实践成果

1）实践作业。

2）工作情境模拟操作。

学习情境二　砌 体 工 程

案例引入

工程概况：

墙体材料：本工程砌筑墙体均采用蒸压加气混凝土砌块，砌块强度等级为 A5.0，砌块干容重不大于 8.0kN/m^3，砌筑砂浆用 Mb5 干混砂浆。干混砂浆采用专业砂浆罐储存及搅拌，砂浆罐设置出料口，由斗车转运。蒸压加气混凝土砌块尺寸规格为 600mm × 240mm × 240mm、600mm × 240mm × 150mm、600mm × 240mm × 100mm，还需准备定制尺寸型号 240mm × 195mm × 53mm、240mm × 145mm × 53mm、240mm × 95mm × 53mm 的灰砂砖，用于砌筑墙体底部 150mm 高的墙垫及墙体顶部与梁板之间斜顶砖。

墙体厚度：除图中注明外，外墙、梯间墙、分户墙、公共建筑内分隔墙、各专业设备房隔墙均为 240mm 厚，其他内隔墙为 240mm 厚；除图中特别注明外，门垛均为 120mm 宽。

根据图 2-1 ~ 图 2-7，进行砌体构筑物、部品、构件定位放样测量工作。

典型任务 1　砌体工程定位放样测量工作

知识点：

1. 砌体构筑物、部品、构件定位放样流程。
2. 砌体构筑物、部品、构件测量方法。

能力（技能）点：

1. 能根据给定施工图，进行砌体构筑物、部品、构件定位放样工作。
2. 能根据给定施工图，进行砌体构筑物、部品、构件测量工作。

实践目的

1）以实际应用为主，培养实际操作能力，提高动手能力。

2）通过现场具体操作训练，获得生产技能和施工方面实际知识，理解并系统掌握砌体工程测量放线工艺流程、尺寸检查的主要内容。

实践分解任务

1）根据施工实际情况确定砌体工程定位放样的施工流程。

2）根据施工实际情况进行砌体工程定位放样施工。

3）对砌体工程放线尺寸进行检查。

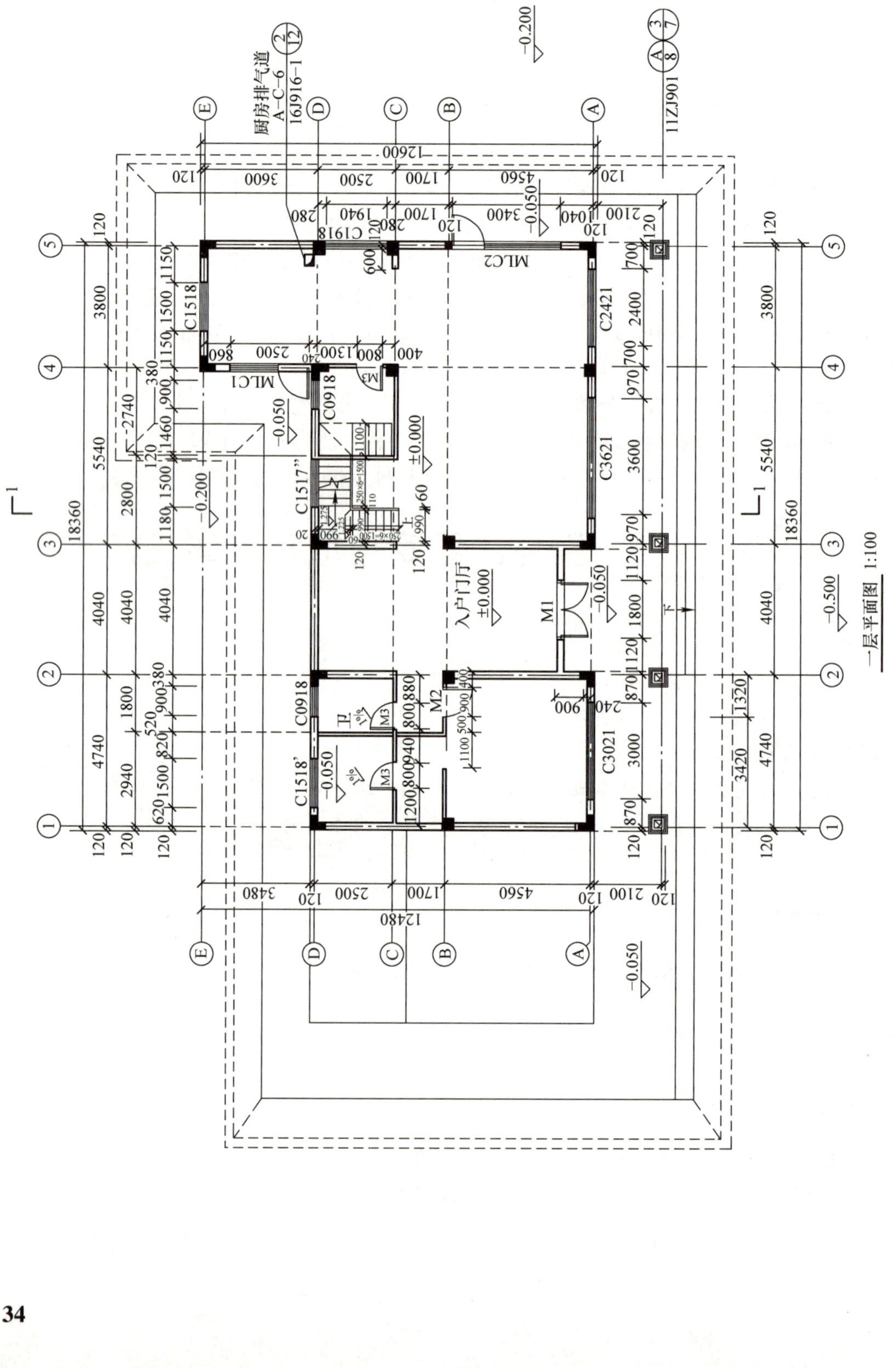

图 2-1　一层平面图

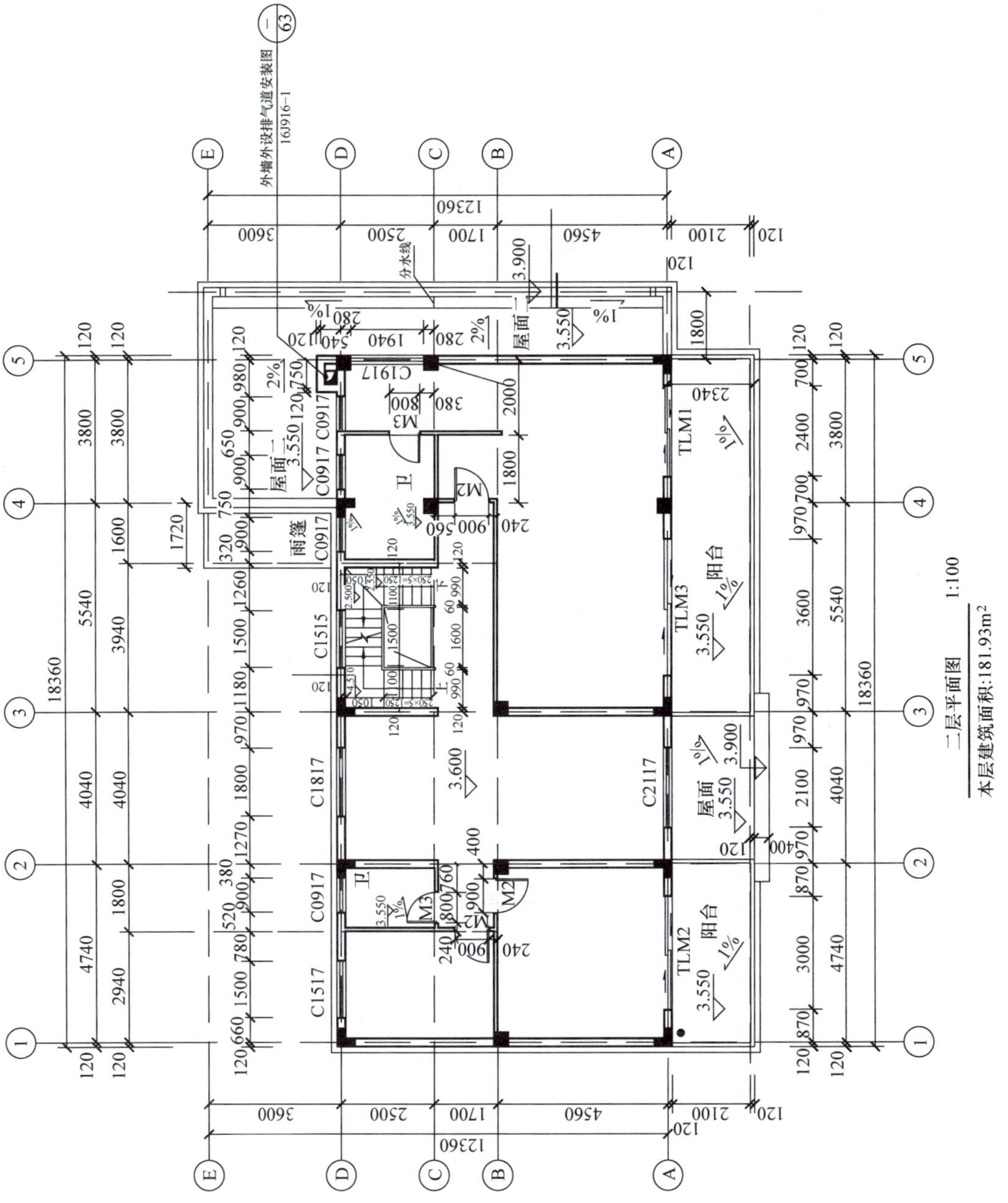

图 2-2 二层平面图

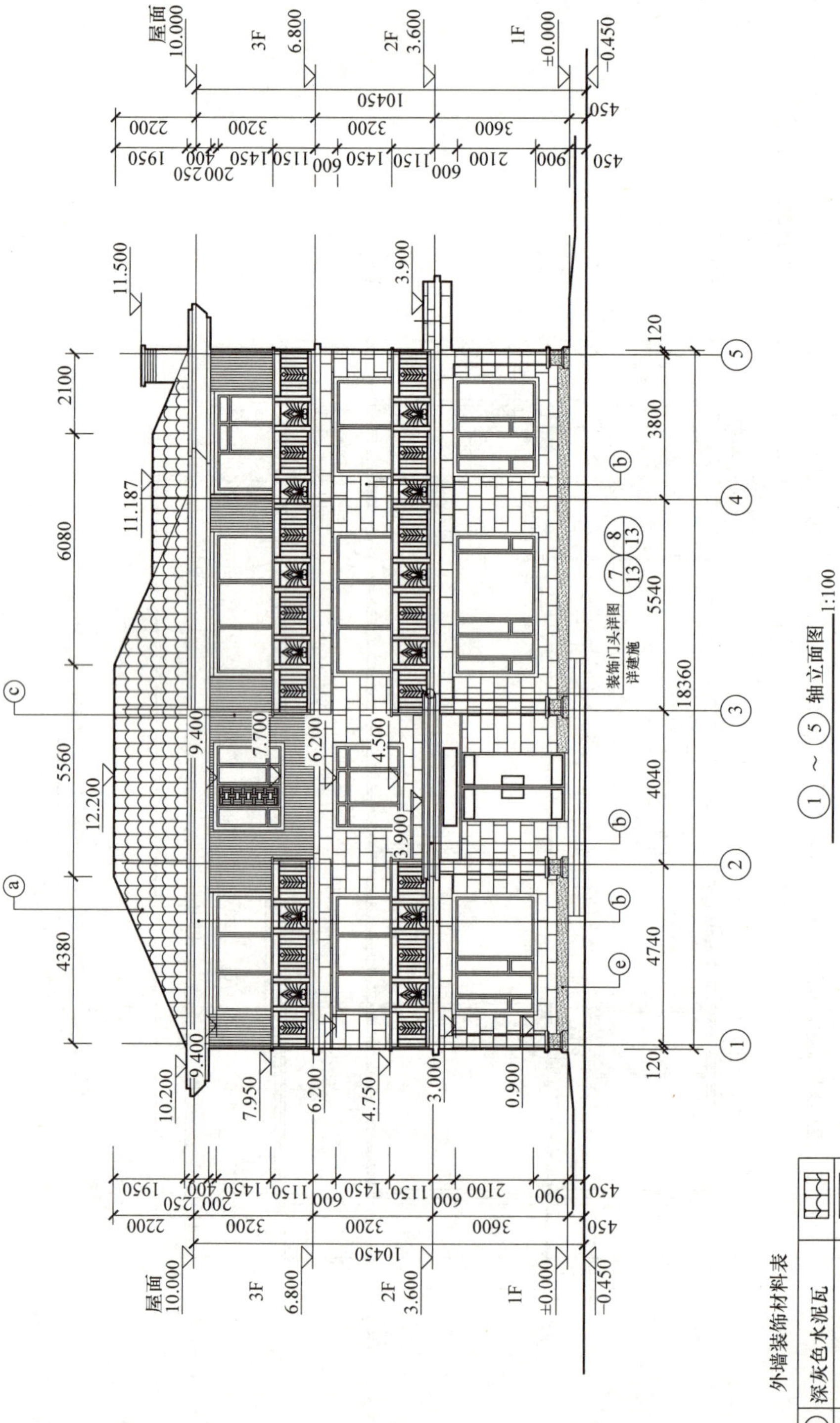

图 2-3 ①～⑤轴立面图

外墙装饰材料表

ⓐ 深灰色水泥瓦	
ⓑ 米白色真石漆涂料	
ⓒ 棕褐色真石漆涂料	
ⓑ 深褐色真石漆涂料	
ⓔ 深灰色大理石	

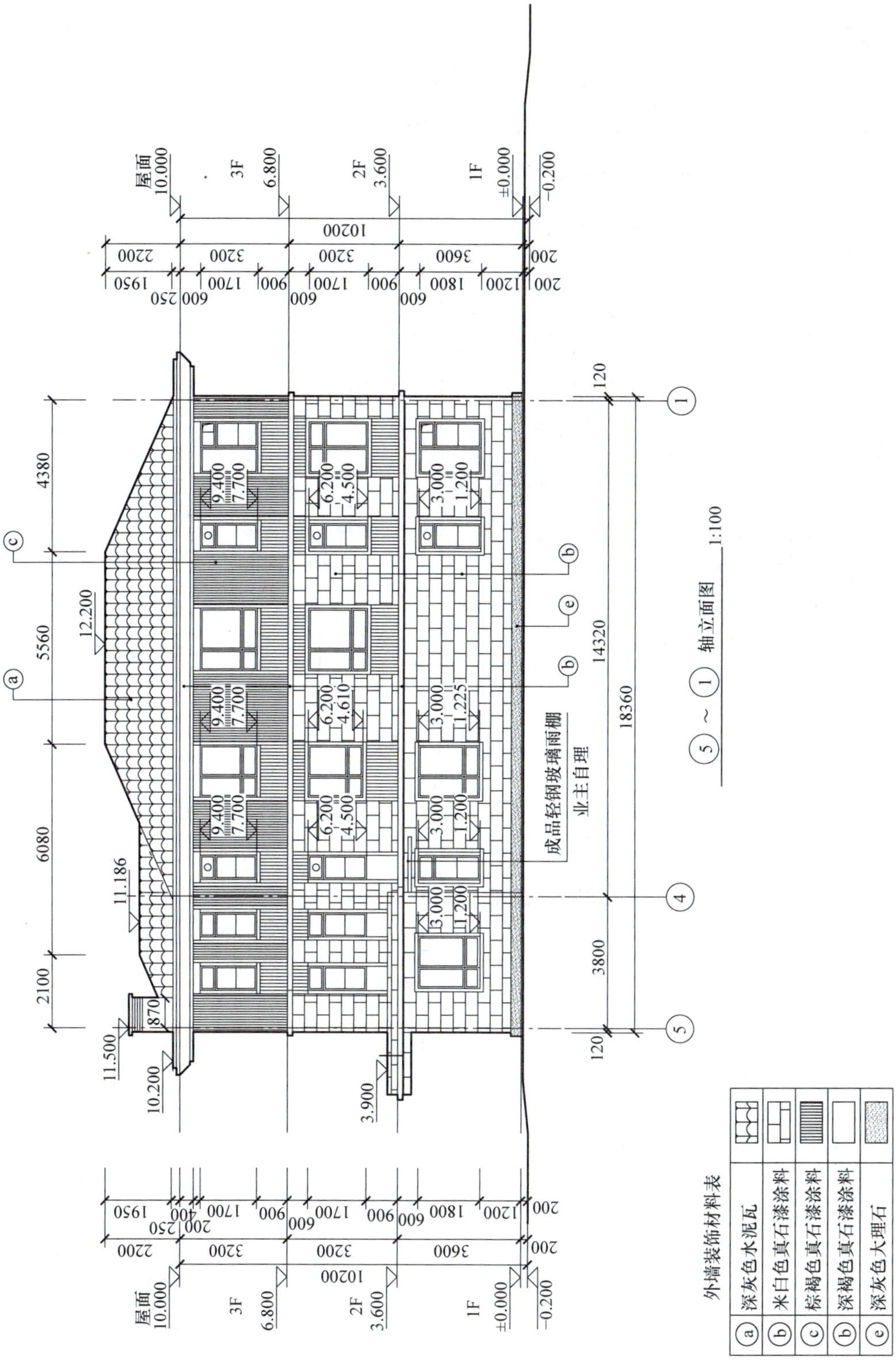

⑤~①轴立面图 1:100
成品轻钢玻璃雨棚
业主自理
屋面
3F
2F
1F
外墙装饰材料表
ⓐ 深灰色水泥瓦
ⓑ 米白色真石漆涂料
ⓒ 棕褐色真石漆涂料
ⓑ 深褐色真石漆涂料
ⓔ 深灰色大理石

图 2-4 ⑤~①轴立面图

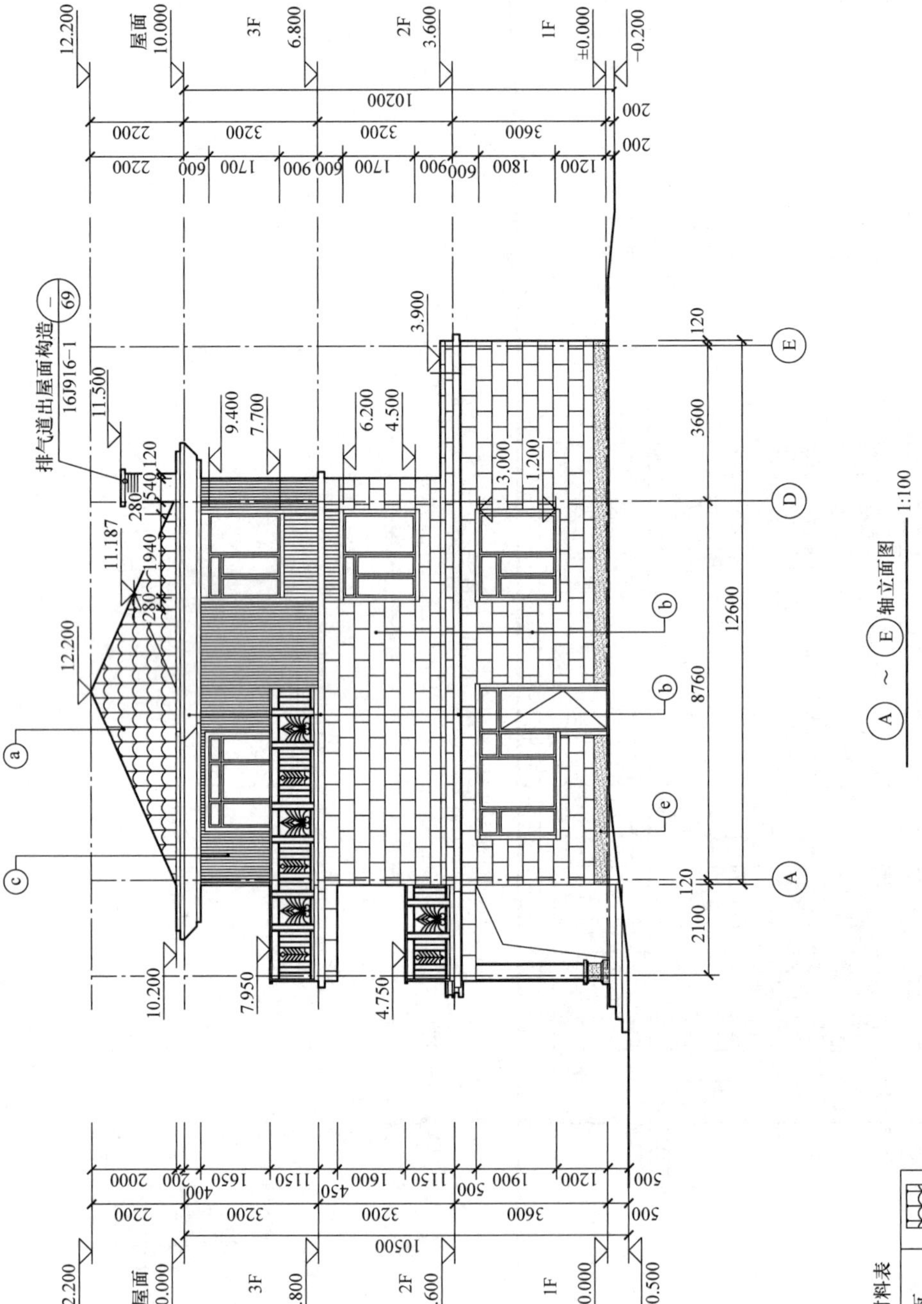

外墙装饰材料表

ⓐ	深灰色水泥瓦	
ⓑ	米白色真石漆涂料	
ⓒ	棕褐色真石漆涂料	
ⓑ	深褐色真石漆涂料	
ⓔ	深灰色大理石	

图 2-5 Ⓐ～Ⓔ轴立面图

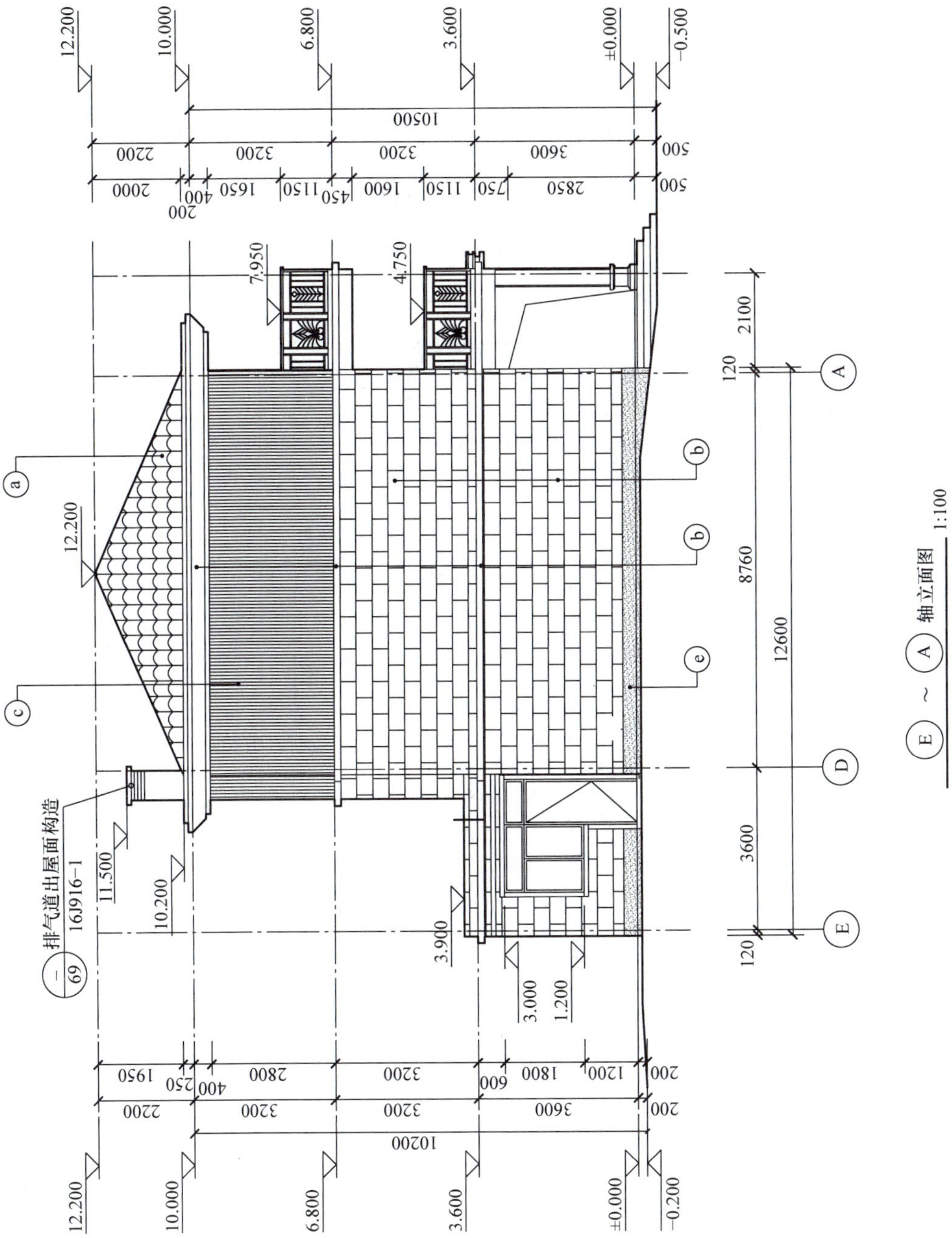
Ⓔ～Ⓐ轴立面图 1:100
排气道出屋面构造
16J916-1
12.200
10.000
6.800
3.600
±0.000
-0.500
-0.200
10500
10200
8760
12600
3600
2100
120
7.950
4.750
11.500
10.200
3.900
3.000
1.200

图 2-6　Ⓔ～Ⓐ轴立面图

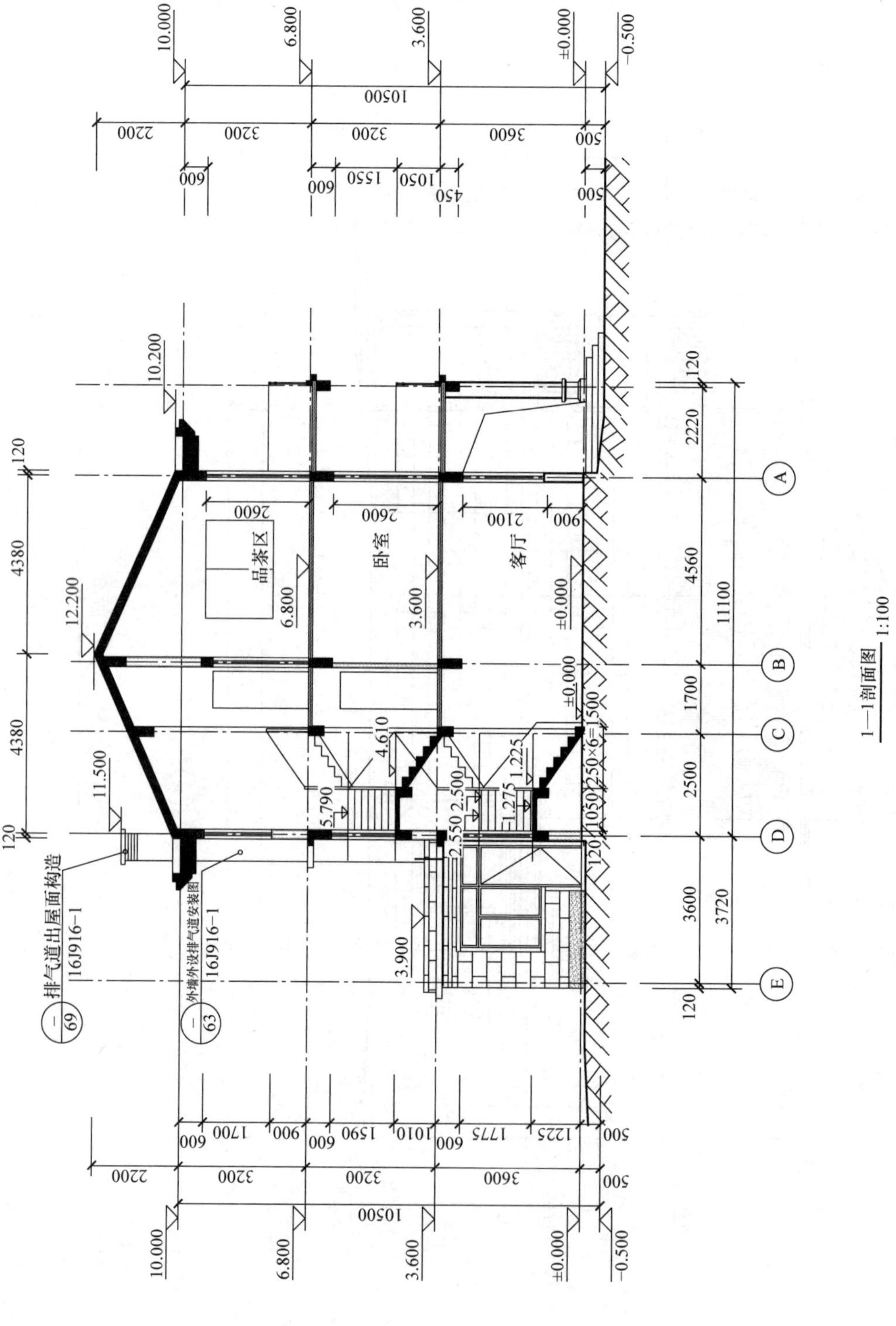

品茶区
卧室
客厅
排气道出屋面构造
16J916-1
外墙外设排气道安装图
16J916-1
10.000
6.800
3.600
±0.000
-0.500
12.200
11.500
10.200
10500
4380
11100
4560
1700
2500
3600
3720
A
B
C
D
E
1—1剖面图 1:100

图 2-7 1—1 剖面图

实践分组

以小组为单位（6～8 人为一组），在规定时间内完成以上任务。

实践场地

实训室、机房。

实践实施过程

一、每个学生提出自己的工作计划和方案并进行小组讨论

引导问题 1：砌体工程放线测量前准备工作有哪些？

运用知识：

1）组建专职的测量放线班子，负责完成整个工程的测量放线工作。

2）准备测量工具：水准仪（图 2-8）、激光水准仪（图 2-9）、线坠（图 2-10）、线绳、墨斗（图 2-11）、皮数杆（图 2-12）、卷尺、蓝红铅笔、扫帚（图 2-13）等，并检查测量仪器是否有年检合格证。

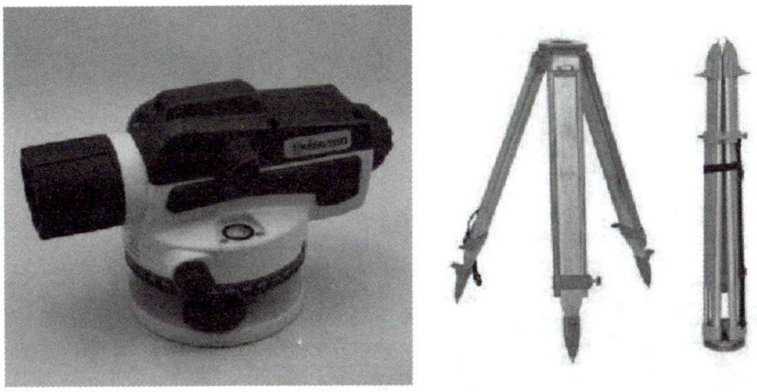

图 2-8 水准仪

图 2-9 激光水准仪

图 2-10 线坠

图 2-11 墨斗

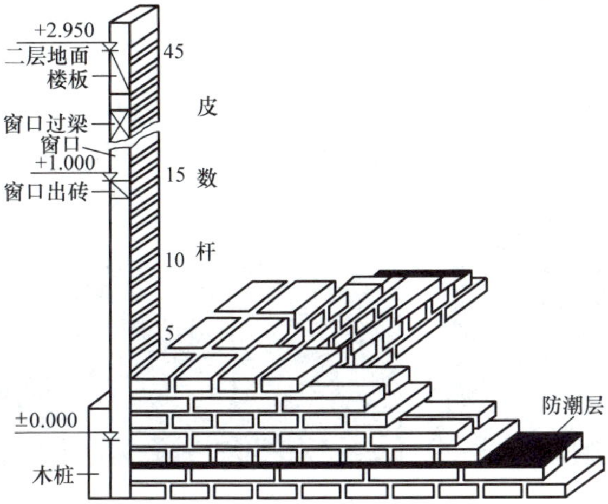

图 2-12 皮数杆

图 2-13 扫帚

3）熟悉图样及相关资料，掌握外墙、内墙、隔墙的位置关系，包括轴线尺寸、标高，门窗洞口、水电设备预留洞口尺寸。

4）清理原有主轴线，并校核。

5）开始砌筑前，应进行基层清理、清除杂物，表面打扫干净。

引导问题 2：砌体工程施工测量流程是什么？

运用知识：基层清理→测设标高控制线并标记→测设墙轴线、边线→引出方正控制线，并标记→确定门窗洞口、水电设备预留洞口、构造柱等控制线设置→立皮数杆确定灰缝线、门窗洞口标高→复核。

1）根据施工现场设置的基准控制点和结构施工预留的放线洞口，对各楼层预留的基准点和主轴线位置校核，保证后续测量准确性。对楼层进行清理，将基层上的浮灰、垃圾清扫干净并浇水湿润，以保证粘结牢固，如图 2-14 所示。

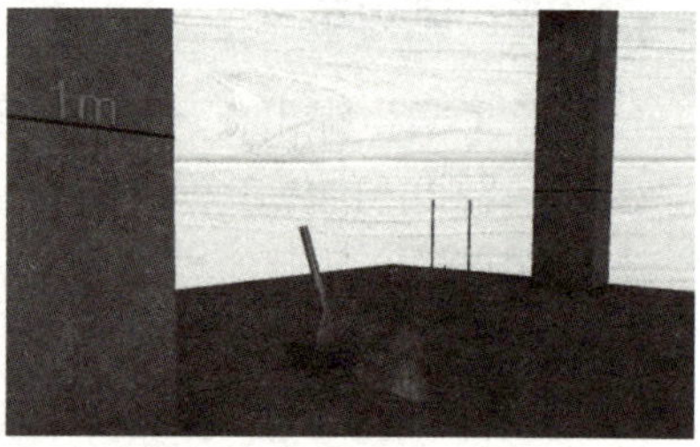

图 2-14　基层清理

2）在四个墙角已完成的混凝土墙柱面测放出 1m 线并标记，如图 2-15 所示，并在砌体达到一定高度及时弹出作为砌筑施工水平控制线，以便控制水平标高。

图 2-15　标记 1m 线

3）砌筑定位放线采用双控线（定位线、控制线），依据主轴线、图样标注的墙体尺寸要求，从主轴线引出砌筑轴线、边线。使用钢卷尺测量墙体宽度，墙宽 240mm，由轴线测量 120mm，确定边线控制点，并用铅笔标记，用墨斗弹出墙边线，如图 2-16 所示。

图 2-16　弹墙轴线、边线

4）用钢卷尺测量距离墙体边线700mm 的砌筑控制线，用墨斗弹出。经复核无误后用红色油漆在控制线位置做好三角形控制标志，以防破坏，如图 2-17 所示。

5）引测门窗洞口、水电设备预留洞口的位置线，门窗洞口采用对角线表示，并弹出门洞中线，同时标明门窗尺寸和标高，如图 2-18 所示。

6）根据排砖图样，并通过立皮数杆在墙柱上弹出灰缝线、门窗洞口标高等，确定植筋位置，如图 2-19、图 2-20 所示。

引导问题 3：砌体工程放线尺寸允许偏差是多少？

运用知识： 砌筑前应校核放线尺寸，用卷尺测量主轴线和砌体定位线、控制线（墙轴线、边线）之间的距离，如图 2-21 所示。同时与设计值进行比较，看是否符合要求。轴线尺寸的允许偏差应符合表 2-1。

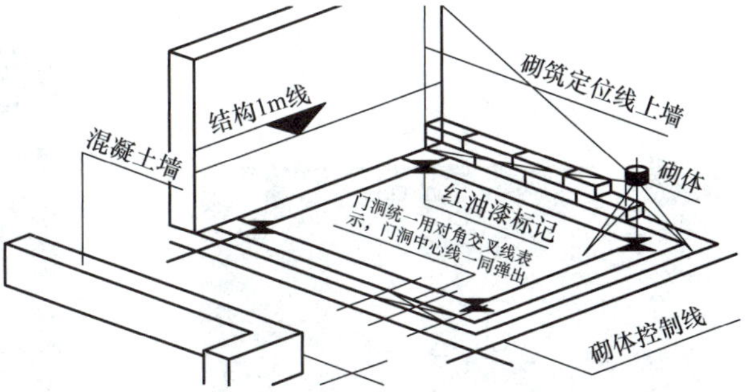

图 2-17 砌筑控制线

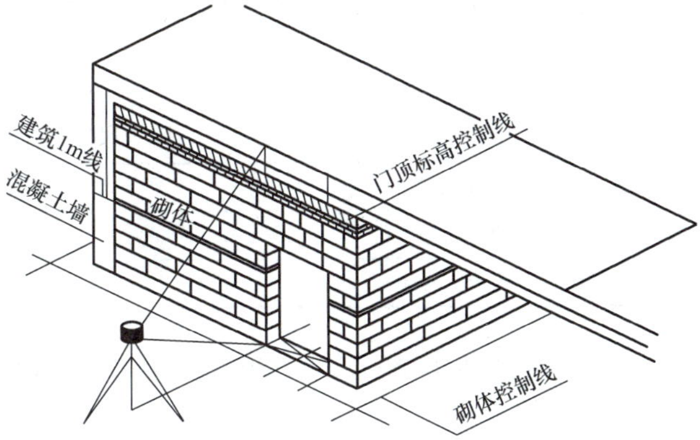

图 2-18 门窗、洞口位置线

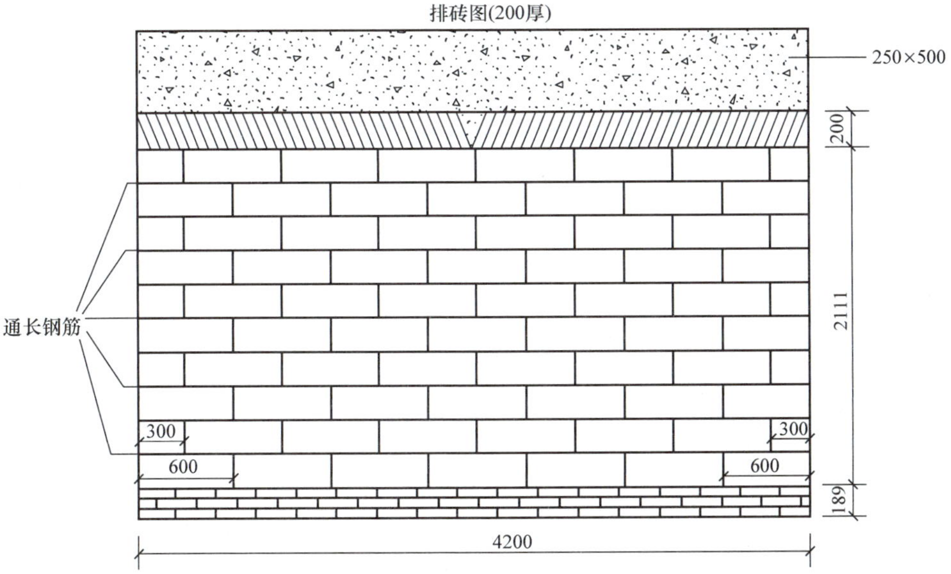

图 2-19 排砖图

图 2-20　确定竖向标高

图 2-21　轴线复核检查

表 2-1　轴线尺寸的允许偏差

长度 L、宽度 B/m	允许偏差/mm
L（或 B）≤30	±5
30 < L（或 B）≤60	±10

二、教师审查每个小组的工作方案并提出整改建议

整改建议记录：

三、各小组进一步优化方案并确定最终工作方案

最终工作方案记录：

实践成果

1）实践作业。

2）工作情境模拟操作。

典型任务2 砌体工程尺寸参数核对工作

知识点：

1. 砌体工程施工图样、图集尺寸识读。
2. 砌体施工位置参数核对。
3. 砌体施工尺寸参数核对。

能力（技能）点：

能够用图样、图集对砌体工程施工尺寸等参数进行核对。

实践目的

1）以实际应用为主，培养实际操作能力，提高动手能力。

2）通过现场具体操作训练，获得生产技能和施工方面实际知识，掌握砌体工程尺寸参数的具体要求及标准。

实践分解任务

1）根据施工实际情况完成砌体材料检查。

2）根据建筑工程质量验收方法及验收规范进行常规砌体工程的施工尺寸参数核对。

实践分组

以小组为单位（6～8人为一组），在规定时间内完成以上任务。

实践场地

实训室、机房。

实践实施过程

一、每个学生提出自己的工作计划和方案并进行小组讨论

引导问题1：砌体材料的检查应注意哪些具体内容？

运用知识：本工程砌筑墙体均采用蒸压加气混凝土砌块，砌块强度等级为A5.0，砌块尺寸规格为600mm×200mm×200mm、600mm×200mm×150mm、600mm×200mm×100mm。砌块进场后应进行抽样复检，抽样应在现场监理工程师监督下进行。砌体材料的品种、规格、强度等级必须符合设计要求，同时还应满足尺寸偏差、外观质量要求。同品种、规格、等级的砌块，以10000块为一批，不足10000块也为一批，随机抽取50块砌块，进行尺寸偏差、外观检验。

检验方法：用钢卷尺测量，长度、高度、宽度分别在两个对应面的端部测量，共量六个尺寸。测量值大于规格尺寸的取最大值，测量值小于规格尺寸的取最小值，如图2-22所示。

缺棱掉角：目测缺棱或掉角个数；用角尺或钢直尺测量砌块破坏部分对砌块长、高、宽三个方向的投影面积尺寸，如图 2-23 所示。

裂纹：裂纹条数，目测；长度以所在面最大的投影尺寸为准，如图 2-24 中 l。若裂纹从一面延伸至另一面，则以两个面上的投影尺寸之和为准，如图 2-24 中的 $(b+h)$ 和 $(l+h)$。

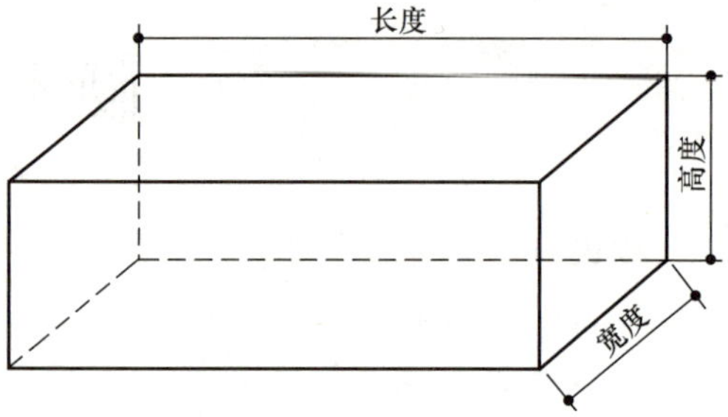

图 2-22　尺寸测量示意图

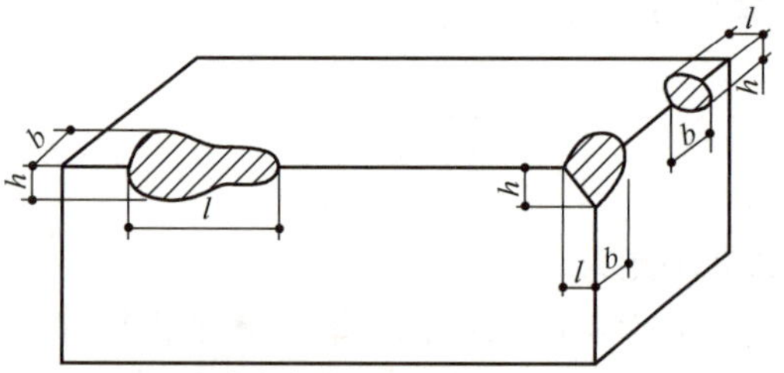

l—长度方向的投影尺寸；
h—高度方向的投影尺寸；
b—宽度方向的投影尺寸。

图 2-23　缺棱掉角测量示意图

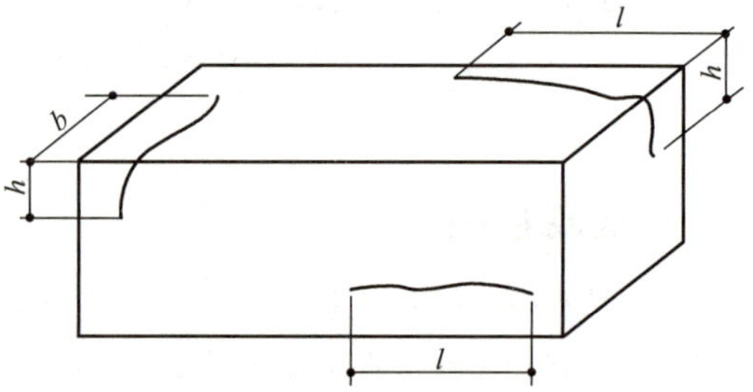

l—长度方向的投影尺寸；
h—高度方向的投影尺寸；
b—宽度方向的投影尺寸。

图 2-24　裂纹长度测量示意图

填写蒸压加气砌块尺寸偏差与外观自查记录表，见表 2-2。

表 2-2　蒸压加气砌块尺寸偏差与外观自查记录

项目			指标		实测数据								
			优等品（A）	合格品（B）	1	2	3	4	5	6	7	8	9
尺寸允许偏差/mm	长	L	±3	±4									
	宽	B	±1	±2									
	高	H	±1	±2									
缺棱掉角	最小尺寸不得大于/mm		0	30									
	最大尺寸不得大于/mm		0	70									
	大于以上尺寸的缺棱掉角个数，不得多于/个		0	2									
裂纹长度	贯穿一棱二面的裂纹长度不得大于裂纹所在面的裂纹方向的尺寸总和		0	1/3									
	任一面上的裂纹长度不得大于裂纹方向尺寸		0	1/2									
	大于以上尺寸的裂纹条数，不多于/条		0	1/2									
爆裂、粘模和损坏深度不得大于/mm			10	30									
平面弯曲			不允许										
表面疏松、层裂			不允许										
表面油污			不允许										

检查人：　　　　记录人：

引导问题2：砌体工程施工尺寸参数核对的具体内容有哪些？

运用知识：为了保证施工顺利进行，确保按照图样及设计意图进行砌筑施工，应结合设计图、技术标准、规范对砌体工程施工尺寸参数进行核对。

1. 平面尺寸核对

通过平面尺寸核对，了解纵横定位轴线及编号、房屋平面形状和总尺寸，了解房间开间、进深、细部尺寸、门窗的布置及其数量。

（1）外部尺寸核对

1）第一道尺寸核对：核对房屋外轮廓的总尺寸，即从一端的外墙边到另一端外墙边的总长和宽度。其可用于计算建筑面积和占地面积。本工程一层外轮廓尺寸为18.36m×12.6m。

2）第二道尺寸核对：核对房屋定位轴线间尺寸，一般横向轴线间的尺寸为开间尺寸，纵向轴线间的尺寸为进深尺寸。本工程一层开间为：4740mm、4040mm、5540mm、3800mm；进深为：4560mm、1700mm、2500mm、3600mm。

3）第三道尺寸核对：核对分段尺寸，主要核对门窗洞口宽度和位置，墙垛分段以及细部构造等。本工程一层外墙墙厚均为240mm；C2021、C3621、C2421窗台标高为0.9m，窗顶标高为3m；C1918、C1518、C0918窗台标高为1.2m，窗顶标高为3m；C1517窗台标高为1.225m，窗顶标高为3m；M1尺寸为1800mm×3000mm，门顶标高3m；MLC1窗尺寸为1800mm×1500mm，门尺寸为1000mm×3000mm，窗台标高1.2m，顶标高为3m；MLC2窗尺寸为1800mm×2400mm，门尺寸为1000mm×3000mm，窗台标高1.2m，顶标高为3m。

（2）内部尺寸核对　外墙以内的全部尺寸，主要核对内墙门窗洞口的位置及其宽度、墙体厚度、构造柱尺寸及位置、圈梁尺寸及其位置。本工程内隔墙为120mm厚；M2尺寸为900mm×2400mm，M3尺寸为800mm×2400mm，门垛均为120mm。

2. 立面尺寸核对

通过立面尺寸核对，了解房屋在垂直方向上的关系。主要核对各层层高、门窗洞口标高、圈梁标高。本工程一层层高为3.6m，门洞口顶高度为3m，窗洞顶标高为3m，窗台高度为0.9m、1.2m。

二、教师审查每个小组的工作方案并提出整改建议

整改建议记录：

三、各小组进一步优化方案并确定最终工作方案

最终工作方案记录：

实践成果

1）实践作业。

2）工作情境模拟操作。

典型任务3 砌体工程施工机械、人力、运输协调工作

知识点：

1. 砌体工程施工机械的选择和配备。
2. 砌体工程施工人力的选择和配备。
3. 砌体工程施工运输条件的选择。

能力（技能）点：

1. 能够根据施工交底协调施工机械进行砌体工程施工。
2. 能够根据施工交底协调人力进行砌体工程施工。
3. 能够根据施工交底协调运输进行砌体工程施工。

实践目的

1）以实际应用为主，培养实际操作能力，提高动手能力。

2）通过现场具体操作训练，获得生产技能和施工方面实际知识，理解并系统掌握砌体工程人力、材料、机械的准备和部署。

实践分解任务

1）根据施工实际情况进行材料、机械设备准备。

2）填写人力安排计划。

实践分组

以小组为单位（6～8 人为一组），在规定时间内完成以上任务。

实践场地

实训室、机房。

实践实施过程

一、每个学生提出自己的工作计划和方案并进行小组讨论

引导问题1：砌体工程施工材料的准备有哪些？

运用知识：

1. 砌筑砂浆（图 2-25）

本工程砌筑砂浆采用 Mb5 干混砂浆。干混砂浆采用专业砂浆罐储存及搅拌，砂浆罐设置出料口，由斗车转运。散装的专用砂浆应存储在散装移动筒仓中，筒仓应密闭，且防雨、防潮，保质期自生产日起为 3 个月。

砌筑砂浆应采用机械搅拌，搅拌时间除应符合产品说明书的要求外，尚应符合下列规

定：采用连续式搅拌器搅拌时，应搅拌均匀，并应使砂浆拌合物均匀稳定；采用手持式电动机搅拌器搅拌时，应先在容器中加入规定量的水或配套液体，再加入干混砂浆搅拌，搅拌时间宜为 3 ~ 5min，且应按产品说明书的要求静停后搅拌均匀。

现场拌制的砂浆应随拌随用，拌制的砂浆应 3h 内使用完毕；当施工期间最高温度超过 30℃ 时，应在 2h 内使用完毕。

图 2-25　砂浆

同一类别的 100t 砂浆为一批，不足 100t 的按一批计，每批随机抽取 40kg 样品进行检验。抽取样品等分为两份：一份试验，一份备用。没检验批应至少留置 1 组抗压强度试块，每组 3 块，试块尺寸为 70.7mm × 70.7mm × 70.7mm，如图 2-26、图 2-27 所示。

图 2-26　试块

图 2-27　试模

2. 蒸压加气混凝土砌块（图 2-28）

图 2-28　蒸压加气混凝土砌块

蒸压加气混凝土砌块在运输、装卸过程中严禁抛掷和倾倒，进场后应按品种、规格堆放整齐，堆置高度不宜超过 2m。在运输与堆放过程应防止雨淋。

砌筑填充墙时，砌块的产品龄期不应小于 28d；应清除砌块表面污物，含水率大于 30%

的砌块应待其晾干后才能使用。采用薄灰砌筑法施工，砌筑前不应对砌块浇（喷）水浸润；采用蒸压加气混凝土砌筑砂浆或普通砌筑砂浆砌筑时，砌筑当天应对砌块砌筑面进行喷水湿润，块体相对含水率宜控制在40% ~50%。

蒸压加气混凝土砌块不应与其他砌体混砌，不同强度等级的同类砌块也不得混砌。窗台处，以及因安装门窗需要在门窗洞口处两侧填充墙上、中、下部，可采用其他块体局部嵌砌；填充墙与承重主体结构间的空（缝）隙部位施工，应在填充砌筑14d后进行，可采用其他块体填塞。

引导问题2：砌体工程施工机械设备的准备有哪些？

运用知识：施工机械的选择应考虑先进、经济、合理的要求，同时根据工程规模大小、结构形式及现场进度情况，选择合适的机械，从而提高生产效率、质量，降低施工成本，加快进度。

常用砌筑用施工机具：手推车（图2-29）、大铲（图2-30）、铁锹、手锤、电动切割机、线坠（图2-31）、拖线板、砖刀（图2-32）、白线、料斗、灰桶（图2-33）、砖夹（图2-34）、砖笼（图2-35）、皮数杆。

图2-29 手推车

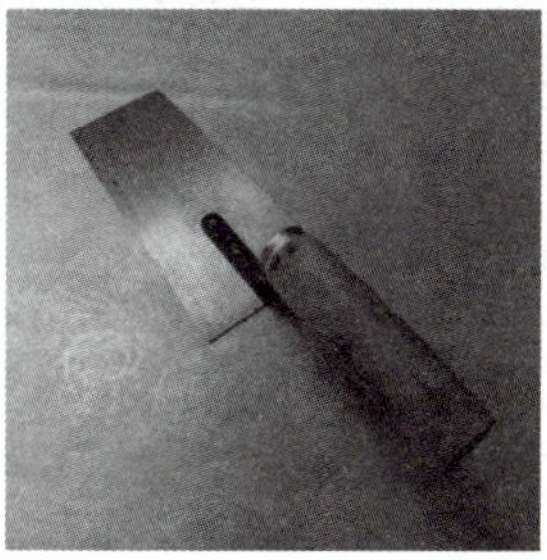

图2-30 大铲

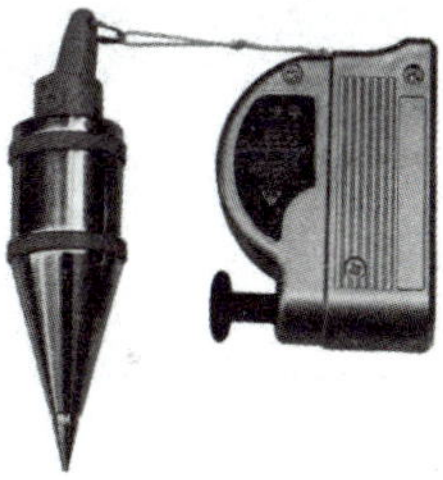

图2-31 线坠

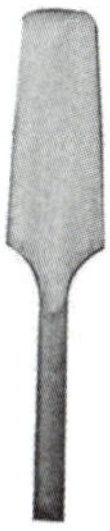

图2-32 砖刀

图2-33 灰桶

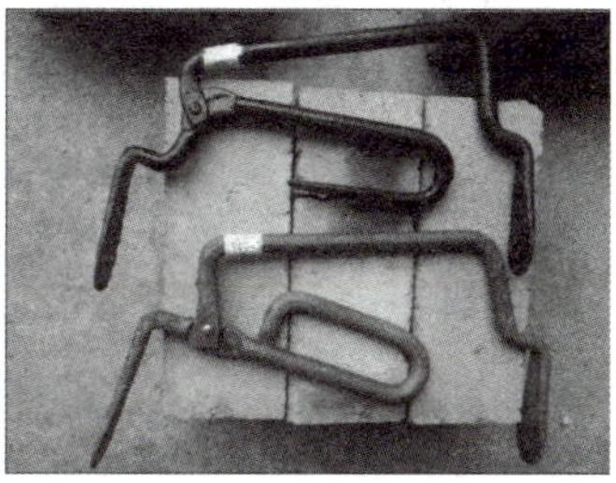

图2-34 砖夹

图2-35 砖笼

常用砌筑施工机械有：搅拌机（图2-36）、塔式起重机（图2-37）、建筑施工电梯（图2-38）、井字架（图2-39）、门字架（图2-40）等。

施工机械设备的选择可结合施工方法、质量要求、施工进度、安全措施、工程特点及班组人数等要素综合考虑。在制定相关机械设备配置计划的过程中可以用表格的形式来展示，见表2-3。

图 2-36　搅拌机

图 2-37　塔式起重机

图 2-38　建筑施工电梯

图 2-39　井字架

图 2-40　门字架

表 2-3　砌体工程机械设备配置表

序号	机械名称	型号	性能	数量
1	塔式起重机	QZ40	160～400kN · M	每一单位工程一台为宜或根据工程需要设置
2	井字架	SSDB100	载重量 1000kg	每一单位工程一座或两座或根据工程需要设置
3	建筑施工电梯	SC200	载重量 2000kg	每一单位工程一部
4	搅拌机	JW750	容量 750L	根据工期要求及工程量大小确定
5	砌块夹具			根据班组人数及其组成确定
6	手推车			根据班组人数及其组成确定
7	砖刀			根据班组人数及其组成确定
8	大铲			根据班组人数及其组成确定
9	木槌			根据班组人数及其组成确定
10	拖线板			根据班组人数及其组成确定
11	线锤			根据班组人数及其组成确定
12	灰桶			根据班组人数及其组成确定

引导问题 3：如何进行劳动力的配置？

运用知识：蒸压加气混凝土砌块砌体的施工人员配备应以砌体技术工人为主，同时配备试验员、材料员、计量员、搅拌机操作人员等。健全现场各项管理制度，专业技术人员需持证上岗。班组进场到位后须进行质量、技术、安全、环境交底。项目管理人员及各工种用人安排表见表2-4。

1）砌筑工长：负责现场全面施工管理。做好本专业的劳动力、材料、机具使用计划，做好班组工人作业技术交底和安全交底，做好本专业施工过程中的质量控制、进度控制。

2）试验员：须持证上岗，在监理工程师的监督下开展见证取样工作，并及时填写见证取样单。要求熟知材料及砂浆试块的取样规定，熟知砂浆试块的制作、养护规定，操作熟练。

3）材料员：须持证上岗，要求熟知材料、工具等进场、验收、入库和发放规定。

4）安全员：须持证上岗，要求熟悉相关安全生产法规、规程、制度，参与安全技术交底，组织施工班组开展安全生产检查。

5）计量员：应熟知计量器具的校检周期、计量精度、使用方法等规定。

6）搅拌机操作人员：须持证上岗，要求熟知操作规程和搅拌制度，操作熟练。

7）砌体技术工人：应由20%高级技工、50%中级技工和30%一般技工组合成砌体作业班组，并应具有同类工程的施工经验。

表2-4 项目管理人员及各工种用人安排表

序号	岗位	人数	管理范围
1	砌筑工长	1	负责本专业现场全面施工管理
2	试验员	1	负责试样抽样、试件制作
3	材料员	1	负责材料进场、验收、入库、发放
4	安全员	1	开展安全生产检查
5	计量员	1	负责砂浆材料计量器具校检
6	搅拌机操作人员	1	操作搅拌机
7	砌体技术工人	10	负责砌体砌筑

二、教师审查每个小组的工作方案并提出整改建议

整改建议记录：

三、各小组进一步优化方案并确定最终工作方案

最终工作方案记录：

实践成果

1）实践作业。

2）工作情境模拟操作。

典型任务4 砌体工程施工和质量监督工作

知识点：

1. 砌体工程施工工艺流程。
2. 砌体工程施工工艺标准。
3. 砌体工程施工质量监督。

能力（技能）点：

1. 能够按照《建筑施工手册》，监督砌体工程施工工艺流程符合工艺标准。
2. 能够填写砌体工程质量验收记录。

实践目的

1）以实际应用为主，培养实际操作能力，提高动手能力。

2）通过现场具体操作训练，获得生产技能和施工方面实际知识，理解并系统掌握砌体工程工艺流程、质量检验的主要内容。

实践分解任务

1）根据施工实际情况选择砌体工程合理的施工流程。

2）根据建筑工程质量验收方法及验收规范进行常规砌体工程的质量检验。

3）填写砌筑工程质量验收记录。

实践分组

以小组为单位（6 ~ 8 人为一组），在规定时间内完成以上任务。

实践场地

实训室、机房。

实践实施过程

一、每个学生提出自己的工作计划和方案并进行小组讨论

引导问题1：砌体工程施工流程是什么？

运用知识：清理基层→施工放线→绘制砌块排列图、交底→拉结钢筋施工→墙底坎台施工→选砌块→立皮数杆→预摆砌块→满铺砂浆或粘接剂→（局部细石混凝土）→砌筑→（圈梁或配筋带施工）→安装门窗预制混凝土块→砌筑安装门窗过梁→浇筑构造柱→技术间歇 14d→砌筑顶部斜砖（砌块）→安装预制混凝土块补洞。

引导问题2：主要工序控制是什么？

运用知识：

1. 设置基准控制线

基准控制线作为砌筑、抹灰、装饰工程的基础线，在主体结构钢筋、混凝土工程的楼板面，方便后期投射于梁柱墙上。

主体施工阶段弹放砌体墙控制线或辅助控制线，且在结构施工、砌体施工、抹灰阶段时，同一工程部位均需利用同一条控制线，避免因控制线弹放误差引起施工误差。

2. 设置砌筑控制线

由基准控制线，引出砌筑轴线、边线，并距离墙体边线70mm引出检测和恢复控制线。

在砌筑前需根据实际情况向施工人员交底，明确烟道、风道管井尺寸，厨卫开间等准确尺寸。

由主体墙柱的水平控制线标记到四个墙角，并在砌体达到一定高度及时弹出（建筑标高的1m控制线），以便控制水平标高，如图2-41所示。

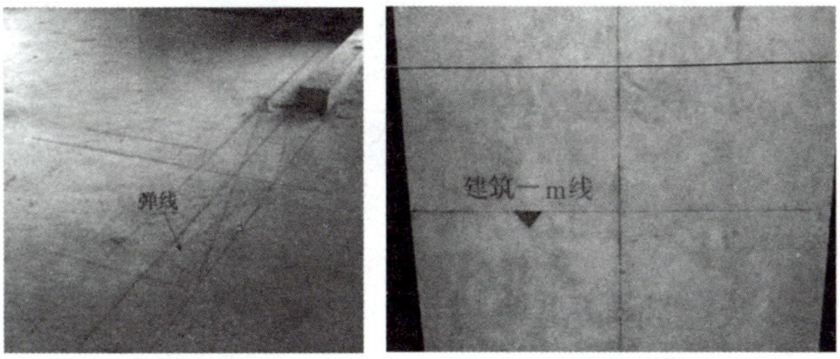

图2-41 测量放线

3. 设置线管定位线

由水电图样和入户接口，在地面上弹出给水管、排水管、弱点管、强电管等线管的走向。

分析和优化管线布置、走向的合理性，在砌体墙面标出管线安装准确位置，作为线管定位线。

引导问题3：如何选择砌块？砌块排列要求是什么？

运用知识：

1）所有砌块应附有出厂合格证，并应对外观质量、尺寸偏差、强度等级进行进场复检。

2）不得使用龄期不足、破裂、不规整、浸水或表面被污染的砌块。

3）对破裂和不规整的砌块可切割成小规格后使用。切锯时应使用合适工具，不得用瓦刀凿砍。

4）砌筑时，蒸压加气混凝土砌块的龄期不应少于28d，蒸压灰砂砖龄期不应少于28d。

5）混凝土空心砌块的外观质量，有无缺棱掉角和裂缝现象。不应使用被水浸透和表面上有浮水或含水率超标、断裂的砌块。

砌块排列要求：应根据施工图，结合砌块的品种规格，绘制墙砌体砌块的排列图，如图2-42所示，经审核无误后，按图进行排列。砌块的排列应从基础顶面或楼层面进行，整齐且有规律性，避免通缝，应以大规格砌块为主砌块，使其占砌块总数的80%以上。辅助砌块最小长度不应小于100mm。砌块排列应上下错缝，灰缝的厚度及宽度应正确，砌块搭接长度不宜小于被搭接砌块长度1/3。

引导问题4：蒸压加气混凝土砌块砌体工程施工工艺是什么？

运用知识：

1）墙体砌筑前，应检查基础、防潮层或楼板等基层，砌筑位置表面应平整（否则应提前一天找平）、清洁，不得有污染、杂物，并按设计图放出墙体轴线、边线、洞口线，如图2-43所示。

图2-42　砌体砖块排列图

图2-43　基层清理

2）砌筑前，应检查主体结构上预留拉结钢筋的数量、长度和位置，预留各类管线位置、给水管出口和开关插座的定位是否符合设计要求，不符合要求者应及时调整、补充，如图2-44所示。

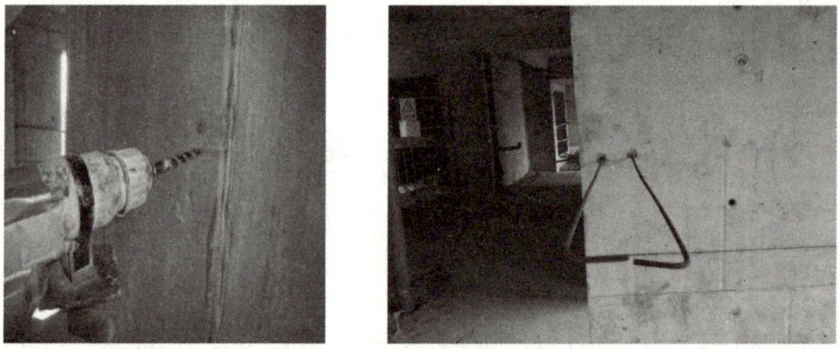

图2-44　拉结钢筋施工

3）为提高多水房间填充墙墙底的防水效果，在厨房、卫生间、浴室等处采用轻骨料混凝土小型空心砌块、蒸压加气混凝土砌块砌筑墙体时，墙底部宜现浇混凝土坎台等，其高度宜为150mm，如图2-45、图2-46所示。

图2-45　混凝土坎台

图2-46　实心砖坎台

4）应根据砌块砌体标高要求在砌体转角、端头处立好皮数杆，或在结构柱、墙上直接绘制砌体灰缝线，用以控制墙体及各构件的竖向尺寸，使灰缝均匀、厚度一致、砖皮水平。一般要求纵向长度不大于15m设一根，如图2-47所示。

图2-47　立皮数杆

5）当采用普通砌筑砂浆或蒸压加气混凝土砌块砌筑砂浆砌筑时，应在砌筑当天对砌块砌筑面喷水湿润，增强与砌筑砂浆的粘结和满足砌筑砂浆强度增长的需要。采用薄灰砌筑法施工的蒸压加气混凝土砌块，由于采用与其配套专用砂浆，故砌筑前不应对砌块浇（喷）水浸润。

6）施工时，应采取措施防止施工用水、雨水对墙体造成的冲刷和淋泡。

7）现场拌制砂浆时应采用机械搅拌，在出现泌水现象时应重新拌和。砂浆应在规定的保塑时间内使用完毕。严禁不同品种砂浆混存混用。

8）墙体施工前应据墙体及其门洞、窗洞的尺寸、砌块规格与砌块上下皮竖向灰缝错缝搭砌长度的要求按照已绘编砌块排列图执行，如图2-48所示，以确保砌体组砌合理有章可循，门窗过梁搭砌部位应为整砖。

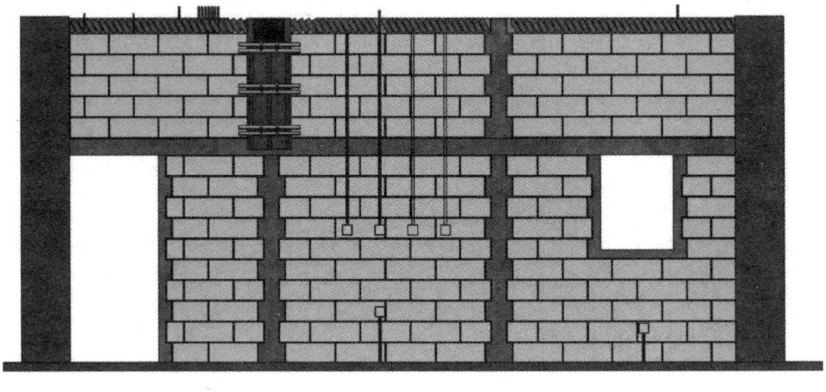

图2-48　砌块排列图

9）蒸压加气混凝土砌块砌体当采用水泥砂浆、水泥混合砂浆或蒸压加气混凝土砌块砌筑砂浆时，水平灰缝厚度及竖向灰缝宽度不应超过15mm；当蒸压加气混凝土砌块砌体采用蒸压加气混凝土砌块粘结砂浆时，水平灰缝厚度和竖向灰缝宽度宜为3～4mm。原浆随砌随勾缝，勾缝深度1～3mm，如图2-49所示。

10）设计要求或施工所需的洞口、管道、沟槽和预埋件等，应在砌筑时预留用锤斧剔

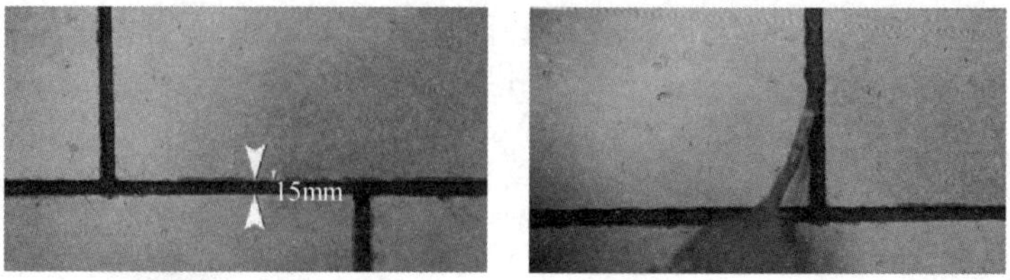

图 2-49　砂浆灰缝

凿，应使用合适的开槽工具（便携无齿锯、高速旋转锯），管线埋设应在抹灰前完成，如图 2-50所示。

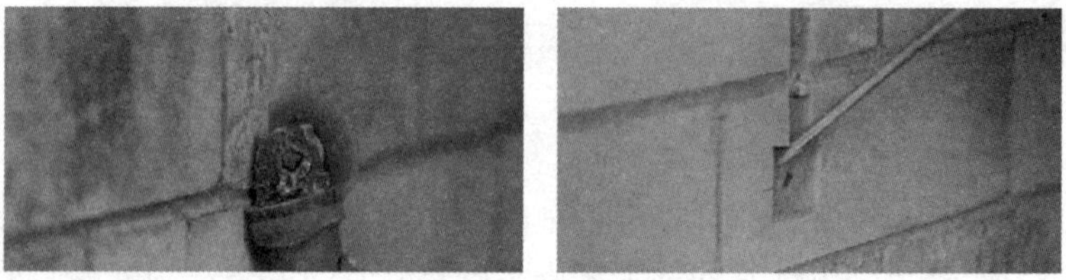

图 2-50　管线埋设

11）砌体转角处和丁字交接处、预埋暗管、暗线处、开关插座、给水管出水口及墙顶砌块砌筑处，宜采用配套砌块。窗间墙宽度小于600mm 时，应采用小砖砌筑。

12）蒸压加气混凝土砌块、轻骨料混凝土小型空心砌块不应与其他块体混砌，不同强度等级的同类砌块也不得混砌。窗台处和因安装门窗需要，在门窗洞口处两侧填充墙上、中、下部可采用其他块体局部嵌砌；对与框架柱、梁不脱开方法的填充墙，填塞填充墙顶部与梁之间缝隙可采用其他块体。

13）外墙转角处及纵横墙交接处应分皮咬槎、交错搭砌，隔皮砌块露端面；砌块砌至门窗洞口边为非整块时，应用同品种砌块加工切割成，不得用其他砌块或砖镶砌，如图 2-51所示。

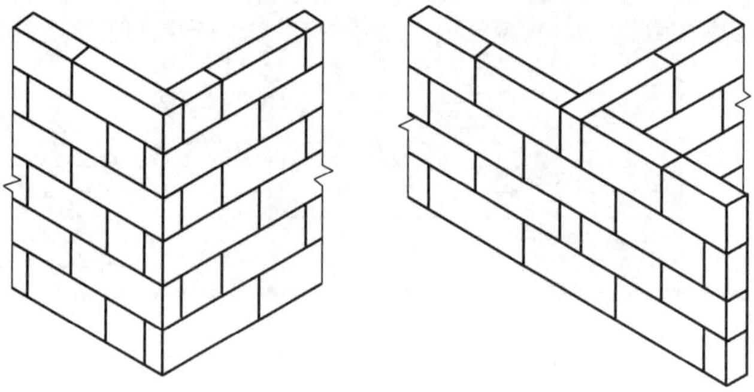

图 2-51　转角、交接处砌块

14）非承重蒸压加气混凝土砌块墙的外墙角处、与承重墙交接处，均应沿墙高 1m 左右，在水平灰缝中放置拉结筋，拉结筋为 2Φ6，钢筋伸入墙内不少于 700mm，如图 2-52 所示。

15）蒸压加气混凝土砌块墙的上下皮砌块的竖向灰缝应相互错开，相互错开长度宜为

300mm，并不小于150mm。不能满足时，应在水平灰缝设置2Φ6的拉结筋或Φ4钢筋网片，拉结钢筋或网片的长度应不小于700mm，如图2-53所示。

16）砌筑必须挂线（所有洞口处需增加立线确保其垂直度），如果墙长超4m，中间应增设支线点，确保线平线紧，使水平缝均匀一致，平直通顺，如图2-54所示。

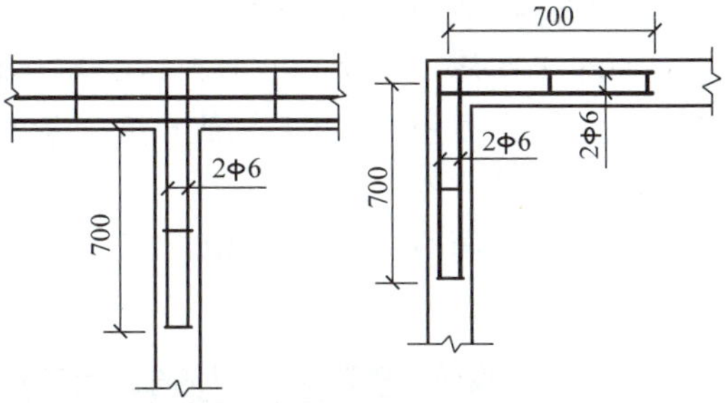

图2-52　非承重砌块墙拉结筋

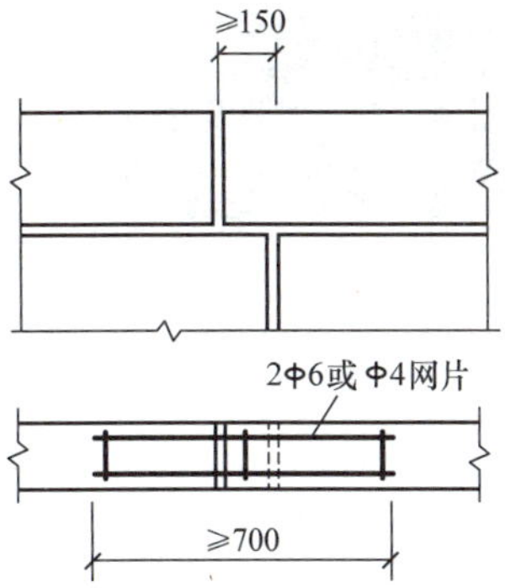

图2-53　蒸压加气混凝土砌块墙中拉结筋

图2-54　挂线

17）砌块就位应先远后近，先下后上，先外后内，应从转角处或定位砌块处开始，吊砌一皮校正一皮。

18）填充墙与承重主体结构间的空（缝）隙部位施工，应在填充墙砌筑14d后进行。砌筑墙端时，砌块与混凝土墙、柱之间的竖缝须用砌筑砂浆填实，如图2-55所示。

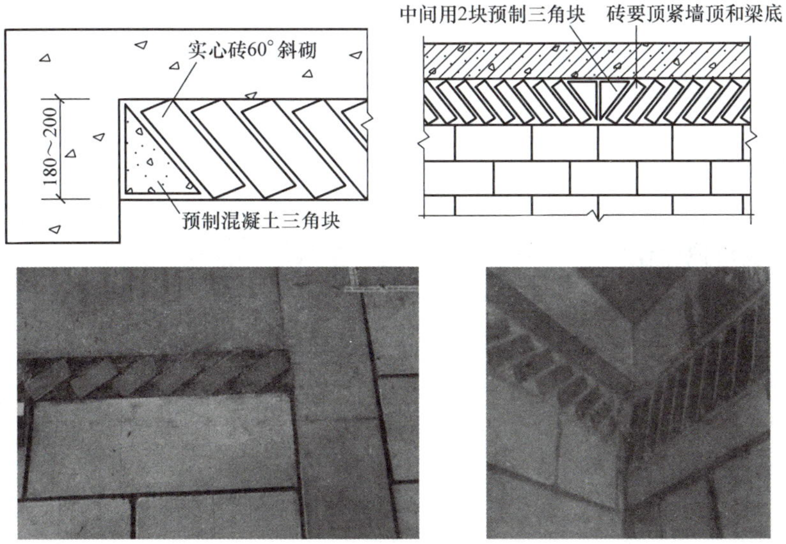

图2-55　顶砖施工

19）构造柱两侧的墙体设马牙槎，采用先退后进方式，马牙槎边口应吊线砌筑构造柱边贴双面泡沫胶条，厚度不小于5mm，砌体模板要有可靠的加固及支撑措施。构造柱浇灌混凝土前，须将模板内杂物清理干净。振捣时应避免触碰墙体，严禁通过墙体传振，如图2-56所示。

20）堵塞孔洞时，应用经切锯而成的异形砌块和混凝土修补填堵，不得用其他材料填塞。

图2-56　构造柱施工

二、教师审查每个小组的工作方案并提出整改建议

整改建议记录：

三、各小组进一步优化方案并确定最终工作方案

最终工作方案记录：

实践成果

1）实践作业。

2）工作情境模拟操作。

典型任务5 砌体工程施工记录填写工作

知识点：

1. 砌体工程竣工验收标准、规范。
2. 砌体工程施工记录。

能力（技能）点：

能够按照《建筑工程竣工验收资料标准》填写砌体工程施工记录。

实践目的

1）以实际应用为主，培养实际操作能力，提高动手能力。

2）通过现场具体操作训练，获得生产技能和施工方面实际知识，理解并系统掌握砌体工程的验收内容、标准，及施工记录填写。

实践分解任务

1）砌体工程竣工验收内容、标准。

2）填写砌筑工程施工记录。

实践分组

以小组为单位（6~8人为一组），在规定时间内完成以上任务。

实践场地

实训室、机房。

实践实施过程

一、每个学生提出自己的工作计划和方案并进行小组讨论

引导问题1：砌体工程施工记录有哪些?

运用知识：在建筑工程整个施工阶段应对现场组织管理、施工技术等有关施工活动、现场情况变化进行真实记录，形成相应的记录表格，并作为工程竣工验收资料的重要组成部分。

1. 楼层放线记录

砌体工程施工前应根据施工图对每一层平面或每一个施工段进行测量放线，放线完毕后进行自检，自检合格后及时填写楼层放线记录表、施工测量放线报验表等，并报监理验线，验线合格后，方能进行下一步工序。

楼层放线记录注意事项：①填写基本情况：工程名称、放线日期、基本放线项目、表格编号；②记录放线依据及说明，明确重点（图样、规则）；③放线示意图：将基本放线图画

出，并注明基本信息；④填写检查意见；⑤签字盖章：监理单位、施工单位技术专业负责人、质检员、施测人签字或盖章。填写案例见表 2-5。

表 2-5　楼层放线记录

工程名称	××花园小区 8 号楼工程	编号	1
		日期	×年×月×日
测量仪器	仪器名称：全站仪	检定证书编号：×××	

放线依据：

建施图；《工程测量标准》（GB 50026—2020）

放线简图：

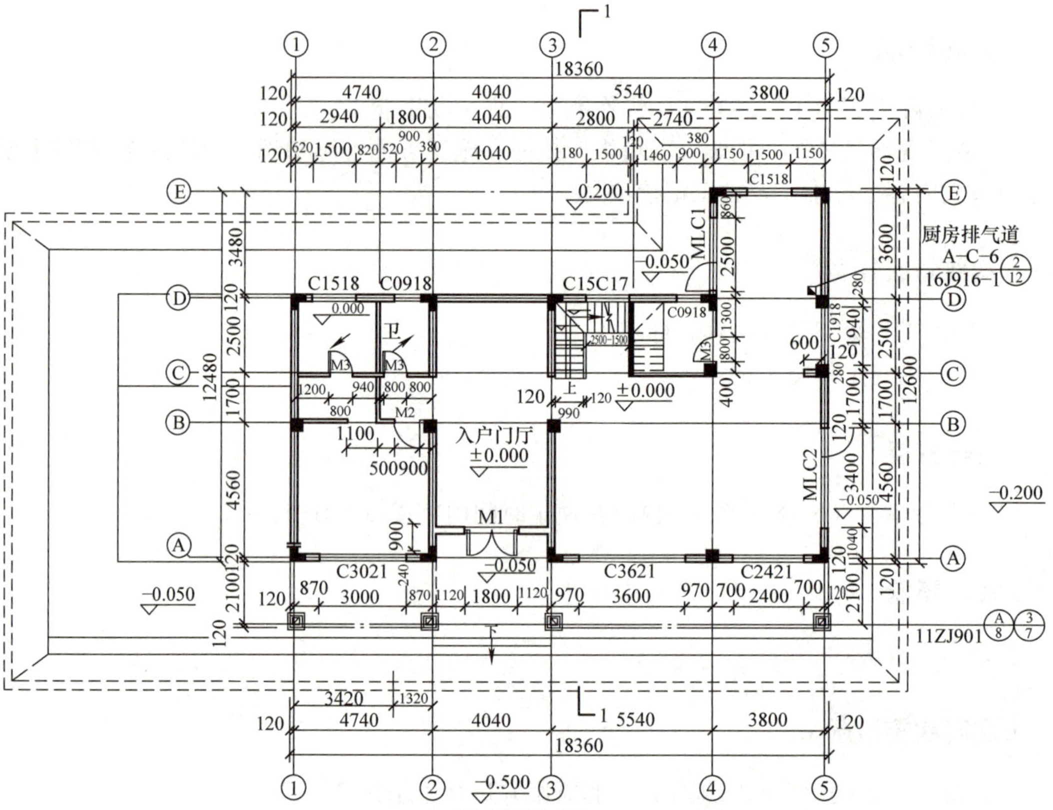

一层平面图 1:100

检查结论：☐ 同意　　　☐ 重新发放

具体意见：

参加人员	监理（建设）单位	施工单位	
		项目技术负责人	施测人
	×××	×××	×××

2. 砌体工程施工记录

砌体工程施工记录要点：①填写基本情况：工程名称、分项工程名称、施工部位、表格编号；②主要事项记录：砌筑材料、组砌顺序及方法、砂浆试块留置、施工计划；③签字或盖章：项目专业技术负责人、记录人签字或盖章，见表2-6。

表2-6　砌体工程施工记录

编号：1

工程名称	××花园小区8号楼工程	分项工程名称	蒸压加气混凝土砌块砌体
施工单位	×××建筑工程公司	施工部位	一层墙体

主要事项记录：

1. 砌筑材料

蒸压加气混凝土砌块，砌块强度等级为A5.0，砌块干容重不大于8.0kN/m^3。

砌体砌筑前清除砌块表面的杂物、浮尘土，砌筑当天对砌块砌筑面进行喷水湿润后使用。

砌筑砂浆用Mb5干混砂浆，采用机械搅拌，搅拌时间3～5min。

2. 组砌顺序及方法

1）砌筑时，砌块的排列整齐且有规律性，避免通缝，应以大规格砌块为主砌块，使其占砌块总数的80%以上。

2）水平灰缝厚度及竖向灰缝宽度不应超过15mm，原浆随砌随勾缝，勾缝深度1～3mm。

3. 砂浆试块留置

每砌筑日在搅拌机口随机取样1组标养试块，试块拆模后送试验室养护。

4. 施工计划

由×××班组砌筑，自×年×月×日开始，至×月×日砌筑完毕。

日期：××年×月×日

项目专业技术负责人	×××	记录人	×××

引导问题2：砌体工程施工验收的内容有哪些？

运用知识：砌体工程施工检验批验收应满足国家标准《砌体结构工程施工质量验收规范》（GB 50203—2011）的相关规定。检验批应由专业监理工程师组织施工单位项目专业质量检查员、专业工长等进行验收。

砌体施工质量验收应达到主控项目全部符合规范规定，一般项目则应有80%及以上的抽检处符合规定，或偏差值在允许偏差范围以内。达到上述要求为质量合格，否则质量不合格。

1）填充墙砌体尺寸、位置的允许偏差及检验方法应符合表2-7的规定。

表2-7　填充墙砌体尺寸、位置的允许偏差及检验方法

序号	项目		允许偏差/mm	检验方法
1	轴线位移		10	用尺检查
2	垂直度（每层）	≥3m	5	用2m拖线板或吊线、尺检查
		>3m	10	
3	平面平整度		8	用2m靠尺和楔形塞尺检查
4	门窗洞口高、宽（后塞口）		±10	用尺检查
5	外墙上、下窗口偏移		20	用经纬仪或吊线检查

注：抽检数量，每检验批抽查不应少于5处。

2）填充墙砌体的砂浆饱满度及检验方法：水平灰缝及竖向灰缝饱满度均应≥80%；检验方法：采用百格网检查块体底面或侧面砂浆的粘结痕迹面积；抽查数量：每检验批抽查不应少于5处。

3）砌筑填充墙时应错缝搭砌，蒸压加气混凝土砌块搭砌长度不应小于砌块长度的1/3；竖向通缝不应大于2皮；抽检数量：每检验批抽检不应小于5处；检查方法：观察和用尺检查。

4）蒸压加气混凝土砌块砌体当采用水泥砂浆、水泥混合砂浆或蒸压加气混凝土砌块砌筑砂浆时，水平灰缝厚度及竖向灰缝宽度不应超过15mm；当蒸压加气混凝土砌块砌体采用蒸压加气混凝土砌块粘结砂浆时，水平灰缝厚度及竖向灰缝宽度宜为3～4mm。抽检数量：每检验批抽检不应小于5处；检查方法：水平灰缝厚度用尺量5皮砖砌体高度折算，竖向灰缝宽度用尺量2m砌体长度折算。为统一砌体结构工程检验批质量验收记录用表，《砌体结构工程施工质量验收规范》（GB 50203—2011）给出了相关表格，以供质量验收采用，见表2-8。

表2-8 填充墙砌体工程检验批质量验收记录

工程名称			分项工程名称		验收部位	
施工单位					项目经理	
施工执行标准名称编号					专业工长	
分包单位					施工班组长	
质量验收规范的规定				施工单位检查评定记录		监理（建设）单位验收记录
主控项目	1. 块体强度等级		设计要求（MU）			
	2. 砂浆强度等级		设计要求（M）			
	3. 与主体结构连接		9.2.2条			
	4. 植筋实体检测		9.2.2条			
一般项目	1. 轴线位移		≤10mm			
	2. 墙面垂直度（每层）	≤3m	≤5mm			
		>3m	≤10mm			
	3. 表面平整度		≤8mm			
	4. 门窗洞口		±10mm			
	5. 窗口偏移		≤20mm			
	6. 水平缝砂浆饱满度		9.3.2条			
	7. 竖向缝砂浆饱满度		9.3.2条			
	8. 拉结筋、网片位置		9.3.3条			
	9. 拉结筋、网片埋置长度		9.3.3条			
	10. 搭起长度		9.3.4条			
	11. 灰缝厚度		9.3.5条			
	12. 灰缝宽度		9.3.5条			
施工单位检查评定结果	项目专业质量检查员： 年 月 日			项目专业质量（技术）负责人： 年 月 日		
监理（建设）单位验收结论	监理工程师（建设单位项目工程师）： 年 月 日					

注：本表由施工项目专业质量检查员填写，监理工程师（建设单位项目技术负责人）组织项目专业质量（技术）负责人等进行验收。

二、教师审查每个小组的工作方案并提出整改建议

整改建议记录：

三、各小组进一步优化方案并确定最终工作方案

最终工作方案记录：

实践成果

1）实践作业。

2）工作情境模拟操作。

学习情境三　钢筋混凝土工程

案例引入

工程概况：

某工程，长42m，宽18.8m，层高3.6m，地上四层，主体结构形式为钢筋混凝土框架结构，如图3-1～图3-3所示。梁、板混凝土强度等级为C25，柱混凝土强度等级为C30，施工时模板材料采用木胶合板，混凝土采用商品混凝土，混凝土输送方式为泵送。

典型任务1　钢筋混凝土工程定位放样测量工作

知识点：

1. 钢筋混凝土结构构筑物、部品、构件定位放样流程。
2. 钢筋混凝土结构构筑物、部品、构件测量方法。

能力（技能）点：

1. 能根据给定施工图，进行钢筋混凝土结构构筑物、部品、构件定位放样工作。
2. 能根据给定施工图，进行钢筋混凝土结构构筑物、部品、构件测量工作。

实践目的

1）以实际应用为主，培养实际操作能力，提高动手能力。

2）通过现场具体操作训练，获得生产技能和施工方面实际知识，理解并系统掌握砌体工程工艺流程、质量检验的主要内容。

实践分解任务

根据施工实际情况进行钢筋混凝土工程的定位放线施工。

实践分组

以小组为单位（6～8人为一组），在规定时间内完成以上任务。

实践场地

实训室、机房。

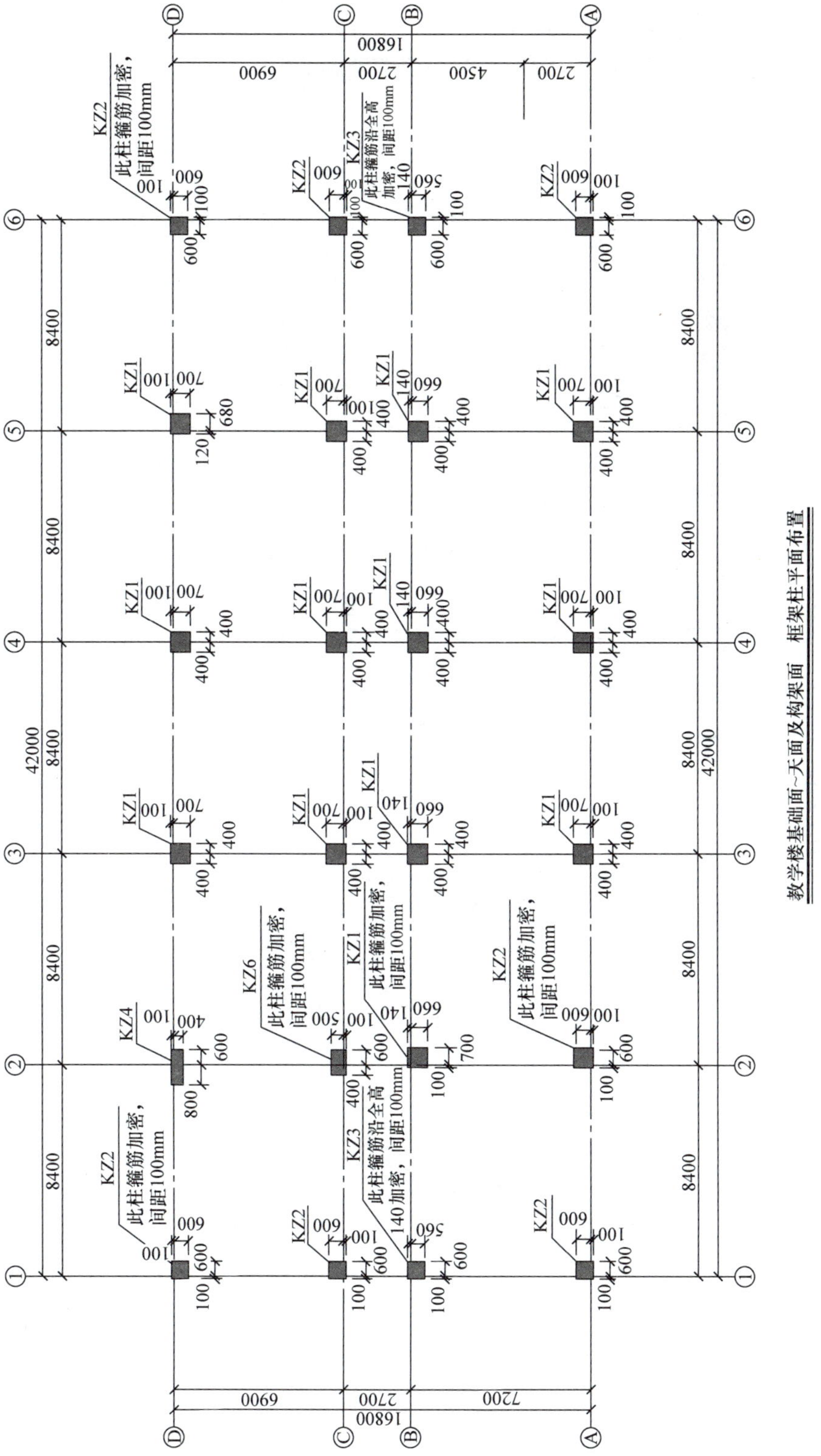

图 3-1　柱平面布置图

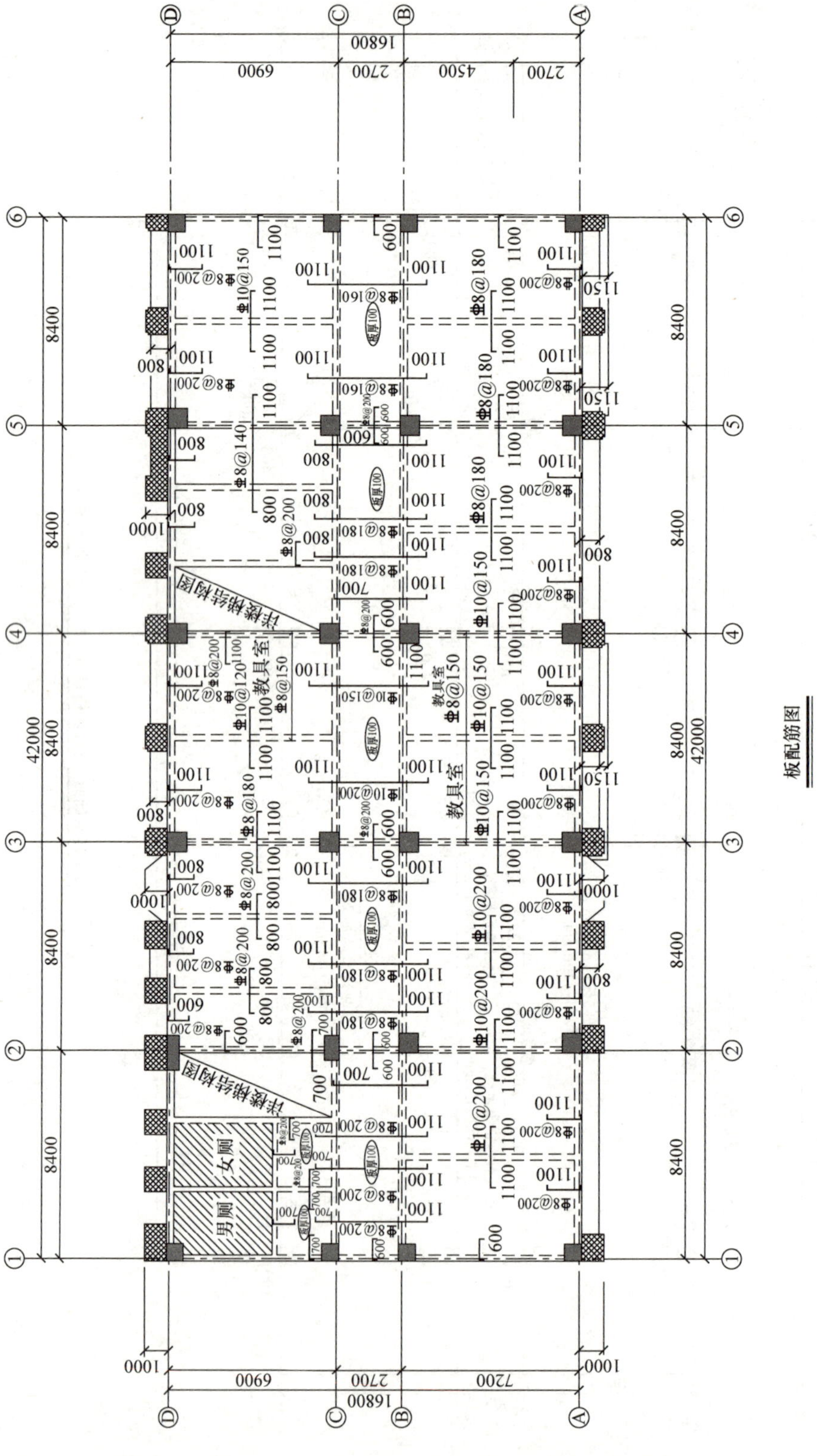

图 3-2 板配筋图

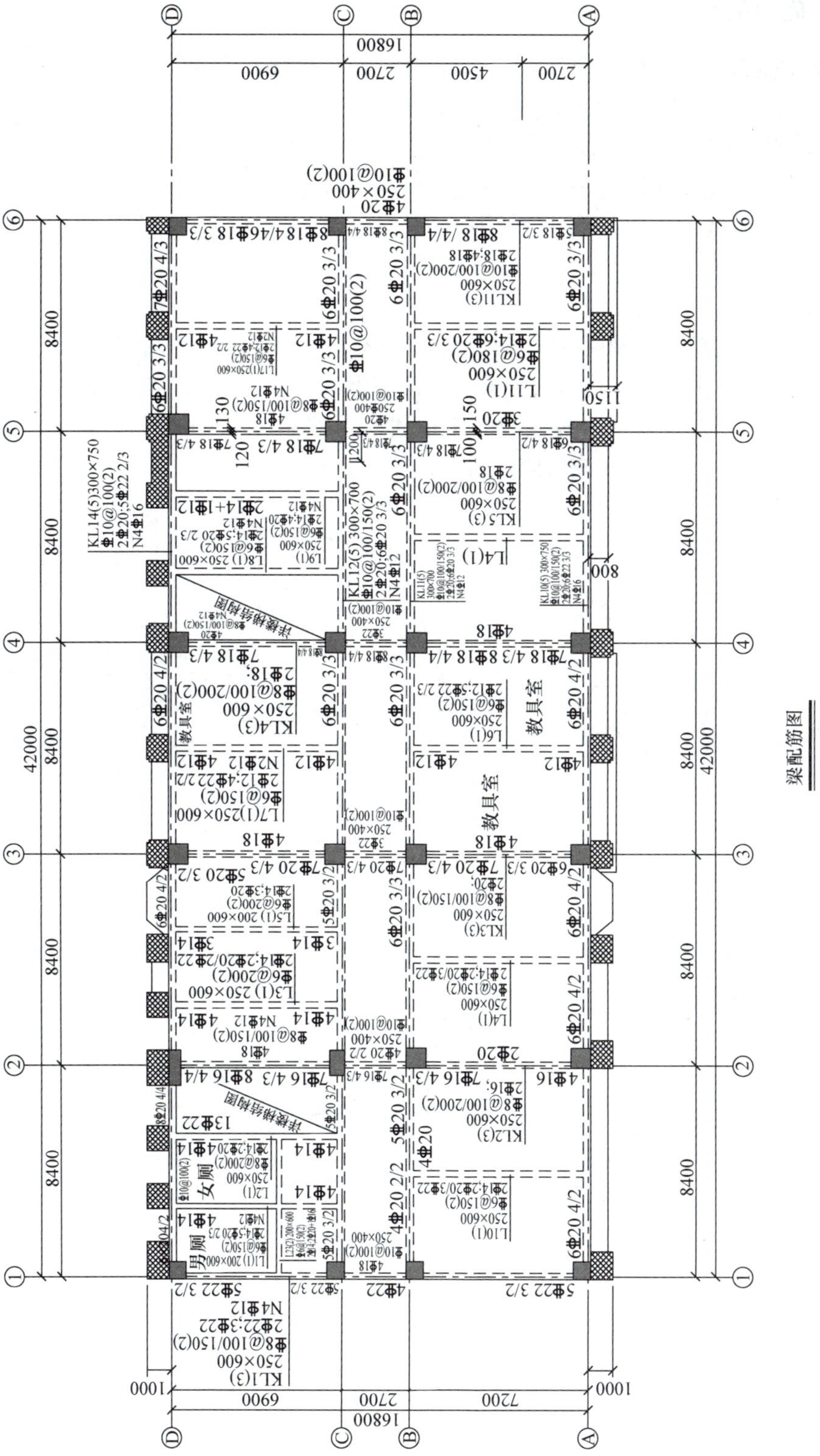

图 3-3 梁配筋图

实践实施过程

一、每个学生提出自己的工作计划和方案并进行小组讨论

引导问题 1：楼面定位放线的步骤是怎样的？

运用知识：建立控制网→墙柱轴线测设。

施工层放线时，应先在结构平面上校核投测轴线，再按投测控制线引放其他细部施工控制线，且每次控制轴线的放样必须独立施测两次，经校核无误后方可使用。

引导问题 2：楼面定位放线的主要方法有哪些？

运用知识：

1）在楼层内建立轴线控制网（内控法），控制点不少于 4 个，如图 3-4 所示。

2）所有主控线、轴线交叉位置必须采用红油漆做好标识，如图 3-5 所示。

3）结构放线采用双线控制，控制线与定位线间距按照 300mm 引测，轴线、墙柱控制线、周边方正线在混凝土浇筑完成后同时引测，如图 3-6 所示。

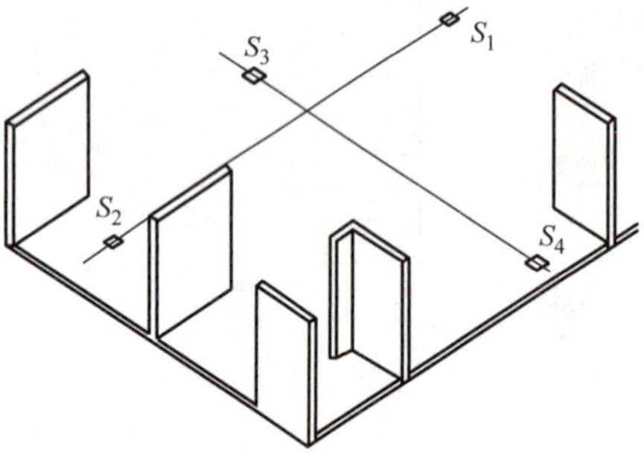

图 3-4 轴线控制网（内控法）

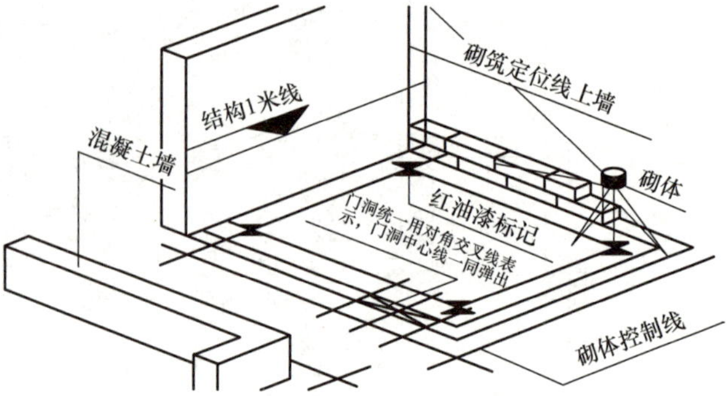

图 3-5 用红油漆做标识

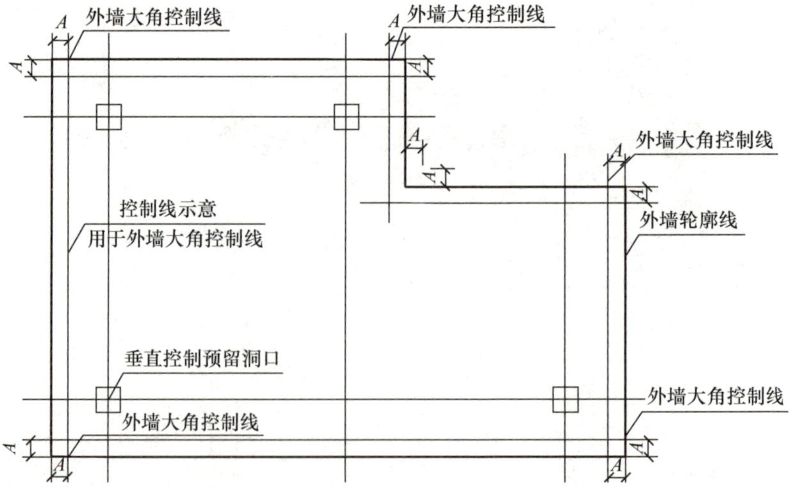

图 3-6 结构放线

4）根据控制线放出200mm模板控制线，控制轴线投测完毕后，依据施工图及施工洽商，首先放样其他设计轴线，并检查校核，满足施工规范要求后，依次放样柱、墙、门窗等，弹墨线，用红油漆标注。离转角100mm弹大角垂直控制线，如图3-7所示。

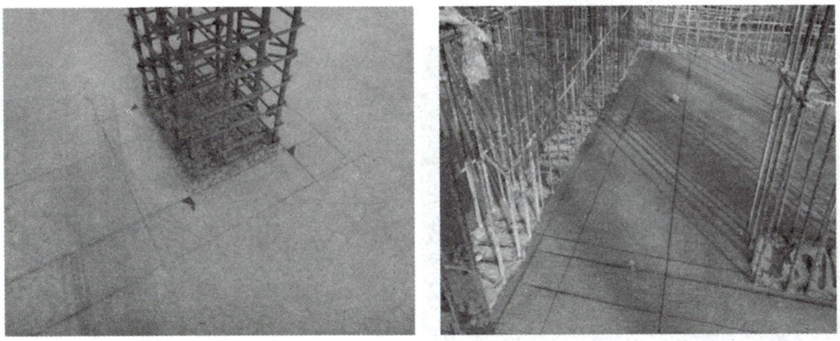

图3-7　结构放线实例

5）模板上弹出墙、梁控制线，采用扫平仪或经纬仪投测，严禁直接从梁模进行引测放线，如图3-8所示。

6）门窗、洞口的放样。在放墙体线的同时弹出门窗洞口的平面位置，再在绑好的钢筋笼上放样出门窗洞口的高度，用油漆标注，放置窗体洞口成形模体。外墙门窗、洞口竖向弹出通线与平面位置校核，以控制门窗、洞口位置。

7）梁、板的放样。待墙拆模后，进行高程传递，用水准仪引测，立即在墙上用墨线弹出每层 +0.500m线，不得漏弹，再根据此线向上引测出梁、板底模板100mm控制线，如图3-9所示。

图3-8　结构放线实例

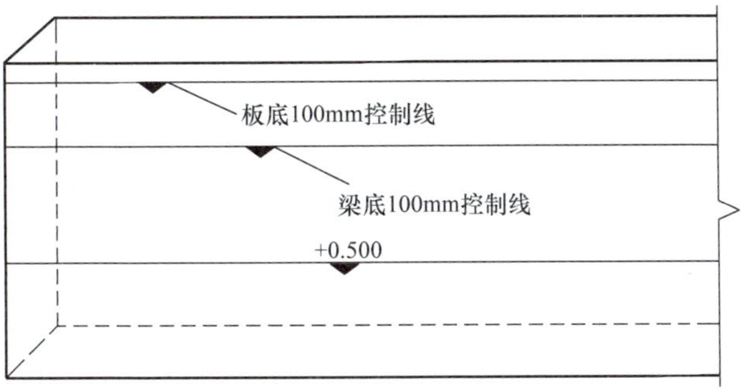

图3-9　梁、板控制线示意

8）吊线找正梁底模板位置。用线坠或者激光投线仪对梁底模进行找正，如图3-10所示。

9）楼梯踏步的放样。

① 有侧墙：根据楼梯踏步的设计尺寸，在实际位置两边的墙上用墨线弹出，并弹出两条梯角平行线，以便纠偏，如图3-11所示。

② 无侧墙：

a. 以结构图为依据，以楼层 +0.500m线及楼层平面轴线为基准，确定出楼梯梁、平台、斜跑的位置及标高。

b. 在周边没有墙的情况下，可将楼梯梁位置线弹在下层楼面上，支梁底时挂线坠对准即可。

10）结构墙体内预埋线盒采用结构控制线、结构1m线做精确定位，如图3-12所示。

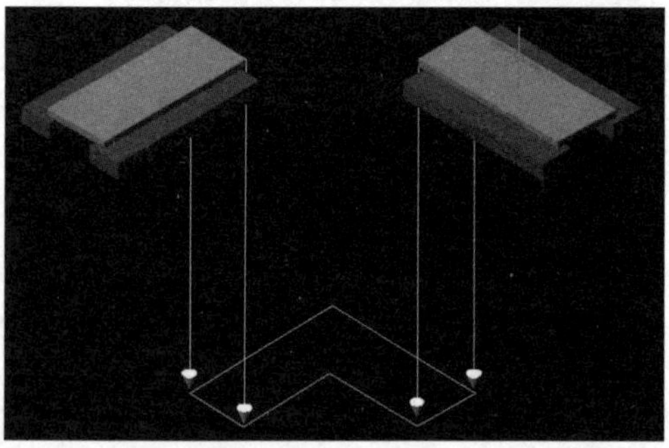

图3-10　梁平面位置确定示意

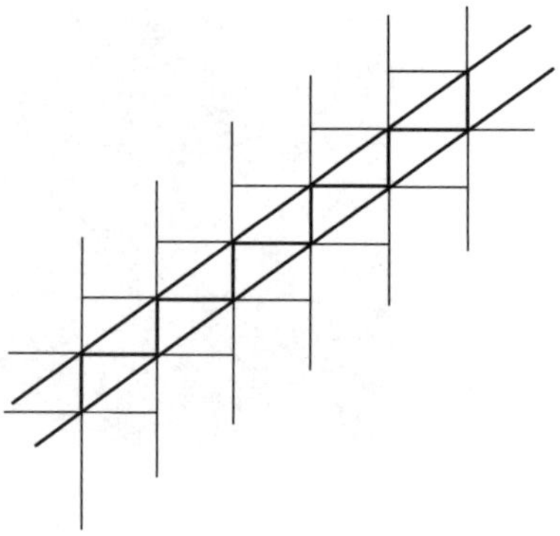

图3-11　楼梯踏步放样示意

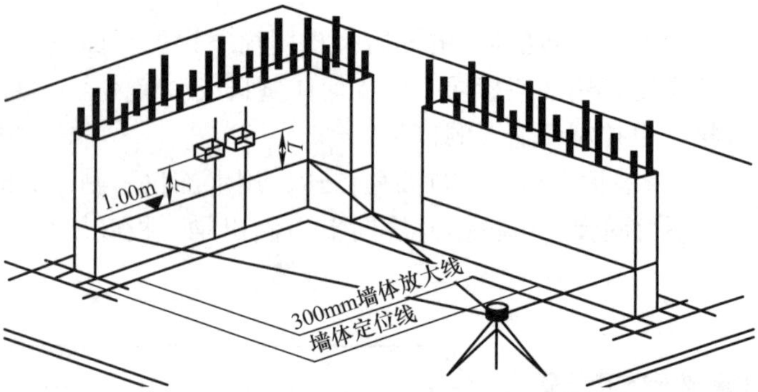

图3-12　墙体水电预埋放样示意

11）模板安装完成后，按照装修图在模板上做水电预埋的精确定位，如图3-13所示。

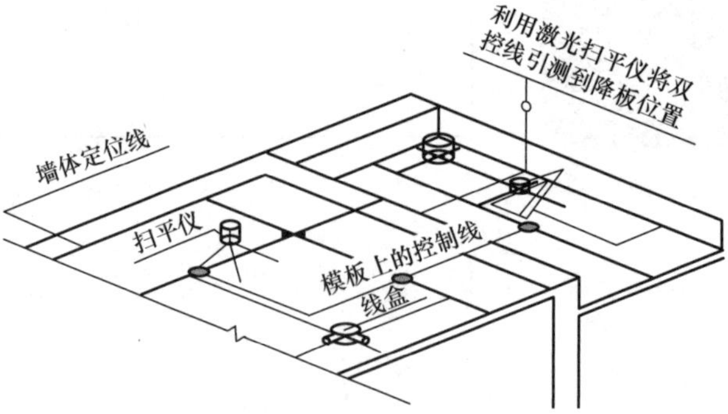

图3-13　模板水电预埋放样示意

引导问题3：定位放线需要注意哪些问题？

运用知识：

1）为了做到防患于未然，每一道工序均有专人复核。

2）测量仪器在有效的检定周期内，检定合格后使用于工程，并有专人负责。

3）阴雨、曝晒天气在野外作业时一定打伞，以防损坏仪器。

4）非专业人员不能操作仪器，以防损坏而影响精度。

5）对平面轴线控制网和高程平面控制网定期复核。

6）由于专业多、施工分项多，为保证各班组相互配合，以求紧密搭接，施工测量应与各专业工种密切配合，并制定切实可行的与施工同步的测量措施。

7）施工测量记录附有必要的图、文字说明。

二、教师审查每个小组的工作方案并提出整改建议

整改建议记录：

三、各小组进一步优化方案并确定最终工作方案

最终工作方案记录：

实践成果

1）实践作业。

2）工作情境模拟操作。

典型任务2 钢筋混凝土工程尺寸参数核对工作

知识点：

1. 钢筋混凝土工程施工图、图集尺寸识读。
2. 钢筋混凝土施工位置参数核对。
3. 钢筋混凝土施工尺寸参数核对。

能力（技能）点：

1. 能够应用图样、图集对钢筋混凝土结构构筑物尺寸等参数进行核对。
2. 能够应用图样、图集对钢筋混凝土结构部品尺寸等参数进行核对。
3. 能够应用图样、图集对钢筋混凝土结构构件尺寸等参数进行核对。

实践目的

1）以实际应用为主，培养实际操作能力，提高动手能力。

2）通过现场具体操作训练，获得生产技能和施工方面实际知识，理解并系统掌握尺寸参数核对的主要方法。

实践分解任务

根据施工实际情况进行钢筋混凝土工程的尺寸参数核对。

实践分组

以小组为单位（6～8人为一组），在规定时间内完成以上任务。

实践场地

实训室、机房。

实践实施过程

一、每个学生提出自己的工作计划和方案并进行小组讨论

引导问题1：钢筋混凝土工程尺寸参数核对需要用哪些仪器？这些仪器的主要功能是什么。

运用知识：

1. 靠尺（图3-14）

主要功能：①与楔形塞尺配合测量墙体平整度；②测量墙体、门窗框垂直度；③与钢塞尺配合测量接缝高低差。

2. 楔形塞尺（图 3-15）

图 3-14　靠尺

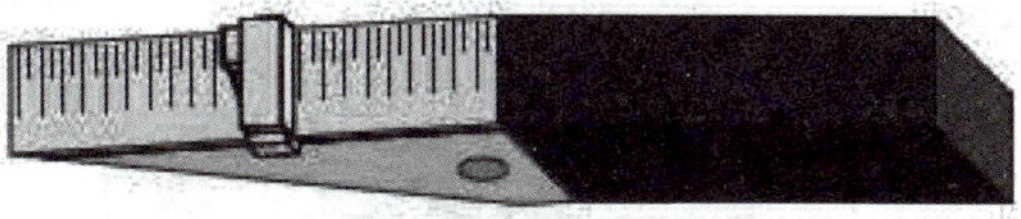

图 3-15　楔形塞尺

主要功能：与靠尺配合测量平整度。

3. 阴阳角尺（图 3-16）

主要功能：测量阴阳角方正度。

4. 激光测距仪（图 3-17）

主要功能：测量开间、进深尺寸。

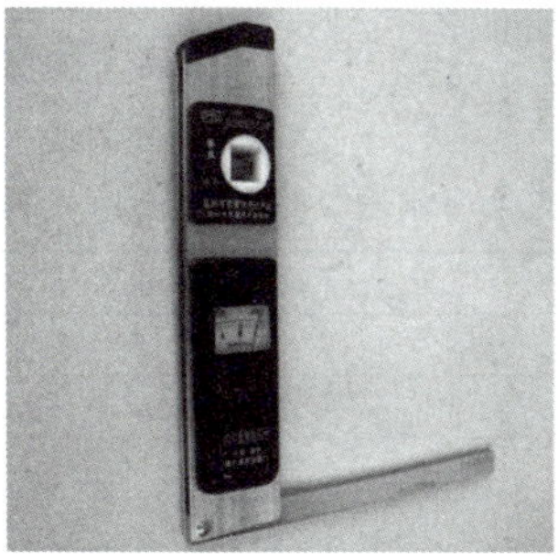

图 3-16　阴阳角尺

图 3-17　激光测距仪

5. 钢卷尺（图 3-18）

主要功能：①测量结构的截面尺寸；②测量物体的高度等。

6. 线锤（图 3-19）

主要功能：检查模板垂直度。

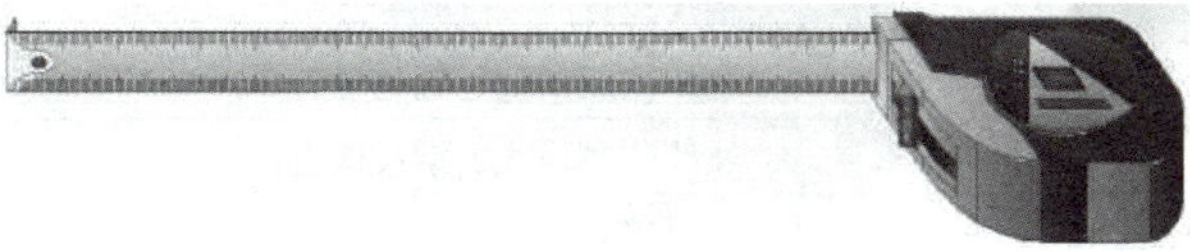

图 3-18　钢卷尺

图 3-19　线锤

7. 激光扫平仪（图 3-20）

主要功能：打出激光垂直线和水平线。

8. 激光铅直仪（图 3-21）

图 3-20　激光扫平仪

图 3-21　激光铅直仪

主要功能：打出激光垂直线。

引导问题 2：钢筋混凝土工程尺寸检查标准是什么？

运用知识：允许偏差及检验方法见表 3-1～表 3-6。

表 3-1　预埋件和预留孔洞的允许偏差及检验方法

项目		允许偏差/mm	检验方法
预埋板中心线位置		3	钢尺检查
预埋管、预留孔中心线位置		3	钢尺检查
插筋	中心线位置	5	钢尺检查
	外露长度	+10，0	钢尺检查
预埋螺栓	中心线位置	2	钢尺检查
	外露长度	+10，0	钢尺检查
预留洞	中心线位置	10	钢尺检查
	尺寸	+10，0	钢尺检查

注：检查中心线位置时，应沿纵、横两个方向量测，并取其中的较大值。

表 3-2　现浇结构模板安装的允许偏差及检验方法

项目		允许偏差/mm	检验方法
轴线位置		5	钢尺检查
底模上表面标高		±5	水准仪或拉线、钢尺检查
截面内部尺寸	基础	±10	钢尺检查
	柱、墙、梁	+4，-5	钢尺检查
层高垂直度	不大于 5m	6	经纬仪或吊线、钢尺检查
	大于 5m	8	经纬仪或吊线、钢尺检查
相邻两板表面高低差		2	钢尺检查
表面平整度		5	2m 靠尺和塞尺检查

注：检查轴线位置时，应沿纵、横两个方向量测，并取其中的较大值。

表 3-3　预制构件模板安装的允许偏差及检验方法

项目		允许偏差/mm	检验方法
长度	板、梁	±5	钢尺量两角边，取其中较大值
	薄腹梁、桁架	±10	
	柱	0，-10	
	墙板	0，-5	
宽度	板、墙板	0，-5	钢尺量一端及中部，取其中较大值
	梁、薄腹板、桁架、柱	+2，-5	
高（厚）度	板	+2，-3	
	墙板	0，-5	
	梁、薄腹梁、桁架、柱	+2，-5	
侧向弯曲	梁、板、柱	$l/1000$ 且≤15	拉线、钢尺量最大弯曲处
	墙板、薄腹梁、桁架	$l/1500$ 且≤15	
板的表面平整度		3	2m 靠尺和塞尺检查
相邻两板表面高低差		1	钢尺检查
对角线差	板	7	钢尺量两个对角线
	墙板	5	
翘曲	板、墙板	$l/1500$	调平尺在两端量测
设计起拱	薄腹梁、桁架、梁	±3	拉线、钢尺量跨中

注：l 为构件长度单位为 mm。

表 3-4　钢筋安装允许偏差和检验方法

项目		允许偏差/mm	检验方法
绑扎钢筋网	长、宽	±10	尺量
	网眼尺寸	±20	尺量连续三档，取最大偏差值
绑扎钢筋骨架	长	±10	尺量
	宽、高	±5	尺量
纵向受力钢筋	锚固长度	-20	尺量
	间距	±10	尺量两端、中间各一点，取最大偏差值
	排距	±5	尺量
纵向受力钢筋、箍筋的混凝土保护层厚度	基础	±10	尺量
	其他	±5	尺量
绑扎钢筋、横向钢筋间距		±20	尺量连续三档，取最大偏差值
钢筋弯起点位置		20	尺量，沿纵、横两个方向量测，并取其中偏差的较大值
预埋件	中心线位置	5	尺量
	水平高差	+3，0	塞尺量测

表 3-5 现浇结构位置、尺寸允许偏差及检验方法

项目			允许偏差/mm	检验方法
轴线位置	整体基础		15	经纬仪及尺量检查
	独立基础		10	经纬仪及尺量检查
	柱、墙、梁		8	尺量检查
垂直度	柱、墙层高	≤5m	8	经纬仪或吊线、尺量检查
		>5m	10	经纬仪或吊线、尺量检查
	全高（H）		H/1000 且≤30	经纬仪、尺量检查
标高	层高		±10	水准仪或拉线、尺量检查
	全高		±30	水准仪或拉线、尺量检查
截面尺寸			+8，-5	尺量检查
电梯井	中心位置		10	尺量检查
	长、宽尺寸		+25，0	尺量检查
	全高（H）垂直度		H/1000 且≤30	经纬仪、尺量检查
表面平整度			8	2m 靠尺和塞尺检查
预埋件中心位置	预埋板		10	尺量检查
	预埋螺栓		5	尺量检查
	预埋管		5	尺量检查
	其他		10	尺量检查
预留洞、孔中心线位置			15	尺量检查

表 3-6 现浇设备基础位置和尺寸允许偏差及检验方法

项目		允许偏差/mm	检验方法
坐标位置		20	经纬仪及尺量
不同平面标高		0，-20	水准仪或拉线、尺量
平面外形尺寸		±20	尺量
凸台上平面外形尺寸		0，-20	尺量
凹槽尺寸		+20，0	尺量
平面水平度	每米	5	水平尺、塞尺量测
	全长	10	水准仪或拉线、尺量
垂直度	每米	5	经纬仪或吊线、尺量
	全高	10	经纬仪或吊线、尺量
预埋地脚螺栓	中心位置	2	尺量
	顶标高	+20，0	水准仪或拉线、尺量
	中心距	±2	尺量
	垂直度	5	吊线、尺量
预埋地脚螺栓孔	中心线位置	10	尺量
	截面尺寸	+20，0	尺量
	深度	+20，0	尺量
	垂直度	h/100 且≤10	吊线、尺量

（续）

项目		允许偏差/mm	检验方法
预埋活动地脚螺栓锚板	中心线位置	5	尺量
	标高	+20，0	水准仪或拉线、尺量
	带槽锚板平整度	5	直尺、塞尺量测
	带螺纹孔锚板平整度	2	直尺、塞尺量测

注：1. 检查坐标、中心线位置时，应沿纵、横两个方向测量，并取其中的较大值。

2. h 为预埋地脚螺栓孔孔深，单位为 mm。

引导问题 3：钢筋混凝土结构施工的主要检查方法是什么？

运用知识：

1. 模板工程尺寸参数核对

（1）预埋件和预留孔洞检验方法

测量工具：钢尺检查。

检查数量：全数检查。

测量方法和数据记录：钢尺检查，具体见表 3-1。每一个自然层为一个实测区。每一个测点为一个记录点，合格记为合格，不合格记为不合格。

（2）现浇结构模板安装的检验方法

测量工具：钢尺检查。

检查数量：全数检查。

测量方法和数据记录：钢尺检查，具体见表 3-2。每一个自然层为一个实测区。每一个测点为一个记录点，合格记为合格，不合格记为不合格。同一层有三处不合格，则该层记为不合格。

（3）预制构件模板安装的检验方法

测量工具：钢尺检查。

检查数量：首次使用及大修后的模板应全数检查；使用中的模板应定期检查，并根据使用情况不定期检查。

测量方法和数据记录：钢尺检查，具体见表 3-3。每一个自然层为一个实测区。每一个测点为一个记录点，合格记为合格，不合格记为不合格。

（4）钢筋安装允许偏差及检验方法

梁板类构件上部受力钢筋保护层厚度的合格点率应达到 90% 及以上，且不得有超过表 3-4中数值 1.5 倍的尺寸偏差。

检查数量：在同一检验批内，对梁、柱和独立基础，应抽查构件数量的 10%，且不应少于 3 件；对墙和板，应按有代表性的自然间抽查 10%，且不应少于 3 间；对大空间结构、墙可按相邻轴线间高度 5m 左右划分检查面，板可按纵、横轴线划分检查面，抽查 10%，且均不应少于 3 面。

（5）混凝土设备基础的尺寸允许偏差及检验方法

对超过尺寸允许偏差且影响结构性能、安装、使用功能的部位，应由施工单位提出技术处理方案，经监理、设计单位认可后进行处理。对经处理的部位应重新验收。

检查数量：全数检查。

检验方法：测量，检查处理记录。

（6）现浇结构的位置、尺寸允许偏差及检验方法

检查数量：按楼层、结构缝或施工段划分检验批。在同一检验批内，对梁、柱和独立基础，应抽查构件数量的 10%，且不应少于 3 件；对墙和板，应按有代表性的自然间抽查 10%，且不应少于 3 间；对大空间结构，墙可按相邻轴线间高度 5m 左右划分检查面，板可按纵、横轴线划分检查面，抽查 10%，且均不应少于 3 面；对电梯井，应全数检查。

（7）现浇设备基础的位置和尺寸应符合设计和设备安装的要求。其位置和尺寸偏差及检验方法应符合表 3-6 的规定。

检查数量：全数检查。

2. 钢筋工程的尺寸参数核对

（1）板钢筋间距偏差

1）测量工具：目测，钢尺。

2）测量方法和数据记录：每一层的板作为一个实测区，每一个自然间的板作为一个实测点。

① 在板平面内相互垂直的两个方向，拉 1、2 尺，检查单位长度内受拉钢筋数量是否与应有数量一致。

② 在贴近梁的位置，分别拉 3、4、5、6、7、8、9、10 尺，检测单位长度内负弯矩筋数量是否与应有数量一致，如图 3-22 所示。

当房间的某面墙上无梁时，其对应的测负弯矩筋间距的两尺应取消。

（2）梁、柱、板钢筋数量尺寸偏差

1）测量工具：目测，钢尺，塞尺。

2）测量方法和数据记录。

① 目测梁、柱、板钢筋的数量、位置是否与设计图一致；用钢尺检查尺寸，精确至毫米。

② 同一层的所有梁、柱、板构件作为一个实测区，每一个构件作为一个实测点。每个实测点目测所配钢筋的数量是否与设计图一致；用钢尺检测所配钢筋的尺寸是否与设计图一致，间距是否符合要求；用塞尺检测钢筋保护层是否符合设计要求。

每一个实测点所有检测项目均与设计图一致，则该测点记为合格；有一处与设计图不一致，该实测点记为不合格。

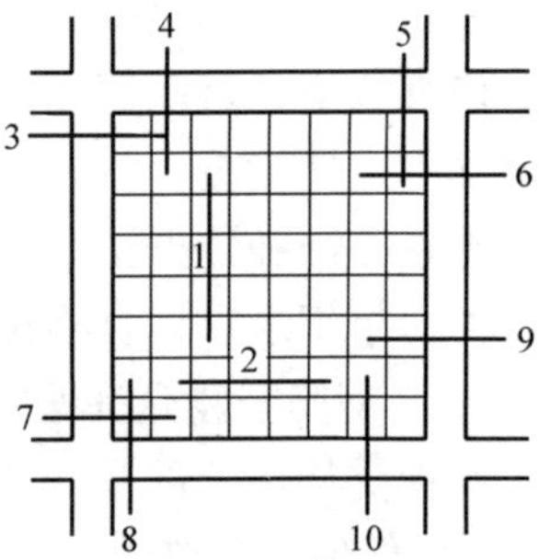

图 3-22 板钢筋间距检查示意

（3）钢筋位置偏差

1）内容：配筋位置、弯起钢筋、箍筋设置与设计图的偏差。

2）合格标准：一些悬挑结构，钢筋应设置在构件的上方，承受拉力；弯起钢筋应在同一截面中与梁轴线对称成对弯起；梁、柱的箍筋及加密区应根据梁的尺寸设置，并且均应符合相应规定。

3）测量工具：目测。

4）基本要求。

① 在进行板的混凝土浇筑时，应在钢筋上放置钢筋支架，施工垫板直接放置在活动支架上，保证板内负弯矩筋不被踩踏变形。

② 梁中箍筋的直径：对梁高小于等于800mm，不应小于6mm；对梁高大于800mm，不应小于8mm。

③ 在梁下部或截面高度范围内有集中荷载作用时，应在该处设置附加横向钢筋承担。

④ 柱箍筋加密范围：底层柱的柱根加密区长度应取不小于该层柱净高的1/3，以后的加密区范围是按柱长边尺寸（圆柱的直径）、楼层柱净高的1/6、500mm三者数值中的最大者为加密范围。

⑤ 梁箍筋加密范围：加密范围从柱边开始，一级抗震等级的框架梁箍筋加密长度为2倍的梁高，二、三、四级抗震等级的框架梁箍筋加密长度为1.5倍的梁高，且均要满足大于500mm；如果不满足大于500mm，按500mm长度进行加密。

加密相对抗震结构而言。根据抗震等级的不同，加密的规定也不同。对于钢筋混凝土框架的梁的端部和每层柱子的两端都要进行加密。梁端的加密区长度一般取1.5倍的梁高。柱子的加密区长度一般取1/6每层柱子的高度，但最底层（一层）柱子的根部应取1/3的高度，对于特别情况下的柱子还应全部加密。

5）测量方法和数据记录：测量梁、柱的箍筋尺寸及加密区是否符合要求。每一自然层为一个测区。每一个测点为一个记录点，合格记为合格，不合格记为不合格。

（4）钢筋连接

1）内容：全数检查纵向受力钢筋的连接方式。在施工现场，按国家标准的规定抽取钢筋机械连接接头、焊接接头试件做力学性能检验，检查产品合格证、接头力学性能试验报告。

2）合格标准：钢筋的连接方式，接头应符合设计和有关规程的要求。

3）测量工具：目测，钢尺检查。

4）测量方法和数据记录。

① 检测项目：接头位置和数量。

合格质量标准：钢筋的接头应设置在受力较小处。同一纵向受力钢筋不应设置两个或两个以上接头。接头末端至钢筋弯起点距离应不小于钢筋直径的10倍。

检验方法：观察、钢尺检查。

检查数量：全数检查。

数据记录：每一自然层为一个测区，每一个测点为一个记录点。合格记为合格，不合格记为不合格。

② 检查项目：纵向受力钢筋机械连接、焊接的接头面积百分率。

合格质量标准：当受力钢筋采用机械连接接头或焊接接头时，设置在同一构件内的接头应相互错开。

纵向受力钢筋机械连接接头及焊接接头连接区段的长度为35d（d为纵向受力钢筋的较大直径）且不小于500mm，凡接头中点位于该连接区段长度内的接头均属于同一连接区段。同一连接区段内，纵向受力钢筋机械连接及焊接的接头面积百分率为该区段内有接头的纵向受力钢筋截面面积与全部纵向受力钢筋截面面积的比值。

同一连接区段内，纵向受力钢筋的接头面积百分率应符合设计要求；当设计无具体要求时，应符合下列规定：

a. 在受拉区不应大于50%。

b. 接头不应设置在有抗震设防要求的框架梁端、柱端的箍筋加密区；当无法避开时，对等强度高质量机械连接接头，应不大于50%。

c. 直接承受动力荷载的结构构件中，不应采用焊接接头；当采用机械连接接头时，应不大于50%。

检验方法：观察、钢尺检查。

检查数量：在同一检验批内，对梁、柱和独立基础，应抽查构件数量的10%，且不小于3件；对墙和板，应按有代表性的自然间抽查10%，且不少于3间；对大空间结构、墙可按相邻轴线间高度5m左右划分检查面，板可按纵横轴线划分检查面，抽查10%，且均不少于3面。

数据记录：每一自然层为一个测区，每一个测点为一个记录点，合格记为合格。不合格记为不合格。

③ 检测项目：纵向受拉钢筋搭接接头面积百分率和最小搭接长度。

合格质量标准：同一构件中相邻纵向受力钢筋的绑扎搭接接头应相互错开。绑扎搭接接头中钢筋的横向净距应不小于钢筋直径，且应不小于25mm。

钢筋绑扎搭接接头连接区段的长度为$1.3l_1$（l_1为搭接长度），凡搭接接头中点位于该连接区段长度内的搭接接头均属于同一连接区段。同一连接区段内，纵向钢筋搭接接头面积百分率为该区段内有搭接接头的纵向受力钢筋截面面积与全部纵向受力钢筋截面面积的比值。

同一连接区段内，纵向受拉钢筋搭接接头面积百分率应符合设计要求；当设计无具体要求时，应符合下列规定：

a. 对梁类、板类及墙类构件，不应大于25%。

b. 对柱类构件，不应大于50%。

c. 当工程中确有必要增大接头面积百分率时，对梁类构件应不大于50%；对其他构件，可根据实际情况放宽。

检验方法：观察、钢尺检查。

检查数量：在同一检验批内，对梁、柱和独立基础，应抽查构件数量的10%，且不小于3件；对墙和板，应按有代表性的自然间抽查10%，且不少于3间；对大空间结构、墙可按相邻轴线间高度5m左右划分检查面，板可按纵横轴线划分检查面，抽查10%，且均不少于3面。

数据记录：每一自然层为一个测区，每一个测点为一个记录点。合格记为合格，不合格记为不合格。

④ 检测项目：直螺纹套筒连接方式的套筒与接头。

合格质量标准：受力钢筋的连接方式应符合设计要求，钢筋采用套筒连接前，必须进行工艺检验，接头钢筋应用砂轮锯割断材料，以保证断面整齐、平整。钢筋机械连接套丝应牙形饱满，连接规范，接头套筒两端的外露丝不应超过一个完整扣。

检验方法：目测，检查钢筋接头连接工艺检测报告。

检查数量：按批验收，同一施工条件下采用同一批材料的同等级别、同规格接头，以500个为一个验收批，一个验收批随机抽取3个试件做单向拉伸试验。

数据记录：每一自然层为一个测区，每一个测点为一个记录点。合格记为合格，不合格记为不合格。

3. 混凝土工程的尺寸参数核对

（1）基本原则

1）同一标段内根据各栋楼进度，在实测前确定已拆完模板的楼层作为混凝土结构工程的实测层。

2）根据选取楼层结构平面图，实测实量选点考虑每层结构4个角和中间混凝土剪力墙、柱。当实测混凝土结构的截面尺寸、表面平整度、垂直度时，根据自然间划分实测区。

3）当实测同一楼层内顶板水平极差时，每个实测区实测5个点，每个点均作为1个计算点。

（2）截面尺寸偏差

1）指标说明：反映层高范围内剪力墙、混凝土柱施工尺寸与设计图尺寸的偏差。

2）合格标准：截面尺寸偏差为［-5，8］mm。

3）测量工具：5m钢卷尺。

4）测量方法和数据记录。

① 以钢卷尺测量同一面墙（同一根柱）截面尺寸，精确至毫米。

② 同一面墙（同一根柱）面作为1个实测区。每个实测区从地面向上300mm和1500mm各测量截面尺寸1次，选取其中与设计尺寸偏差最大的数，作为判断该实测指标合格率的1个计算点。

5）示例（图3-23）。

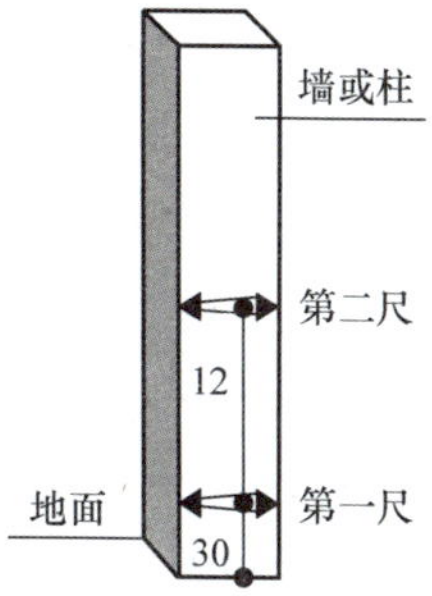

图3-23　柱尺寸测量示例

（3）表面平整度

1）指标说明：反映层高范围内剪力墙、混凝土柱表面平整程度。

2）合格标准：［0，8］mm。

3）测量工具：2m靠尺、楔形塞尺。

4）测量方法和数据记录。

① 剪力墙（暗柱）：选取长边墙，任选长边墙两面中的一面作为1个实测区。

② 当所选墙长度小于3m时，同一面墙4个角（顶部及根部）中取左上及右下2个角。按45°角斜放靠尺，累计测2次表面平整度，跨洞口部位必测。这2个实测值分别作为该指标合格率的2个计算点。

③ 当所选墙长度大于3m时，除按45°角斜放靠尺测量两次表面平整度外，还需在墙长度中间水平放靠尺测量1次表面平整度，跨洞口部位必测。这3个实测值分别作为判断该指标合格率的3个计算点。

④ 混凝土柱：可以不测表面平整度。

5）示例（图3-24）。

（4）垂直度

1）指标说明：反映层高范围内剪力墙、混凝土柱表面垂直的程度。

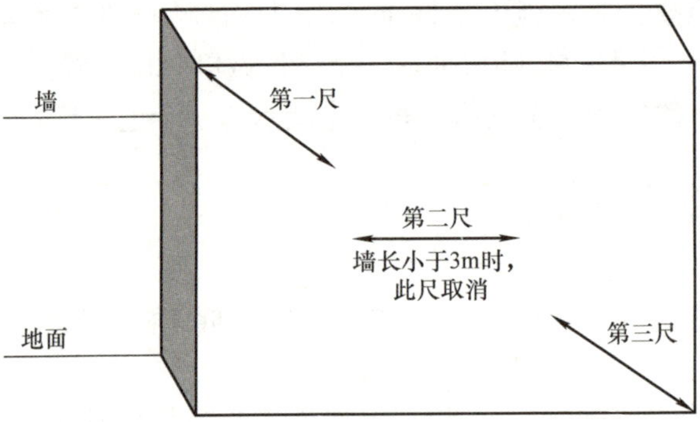

图 3-24　墙平整度测量示例

2）合格标准：[0，8] mm。

3）测量工具：2m 靠尺。

4）测量方法和数据记录。

① 剪力墙：任取长边墙的一面作为 1 个实测区。

② 当墙长度小于 3m 时，同一面墙距两端头竖向阴阳角约 30cm 位置，分别按以下原则实测 2 次：一是靠尺顶端接触到上部混凝土顶板位置时测 1 次垂直度，二是靠尺底端接触到下部地面位置时测 1 次垂直度。混凝土墙体洞口一侧为垂直度必测部位。这 2 个实测值分别作为判断该实测指标合格率的 2 个计算点。

③ 当墙长度大于 3m 时，同一面墙距两端头竖向阴阳角约 30cm 和墙中间位置，分别按以下原则实测 3 次：一是靠尺顶端接触到上部混凝土顶板位置时测 1 次垂直度，二是靠尺底端接触到下部地面位置时测 1 次垂直度，三是在墙长度中间位置靠尺基本在高度方向居中时测 1 次垂直度。混凝土墙体洞口一侧为垂直度必测部位。这 3 个实测值分别作为判断该实测指标合格率的 3 个计算点。

④ 混凝土柱：任选混凝土柱四面中的两面，分别将靠尺顶端接触到上部混凝土顶板和下部地面位置时各测 1 次垂直度。这 2 个实测值分别作为判断该实测指标合格率的 2 个计算点。

5）示例（图 3-25）。

（5）顶板水平度极差

1）指标说明：考虑实际测量的可操作性，选取同一功能房间混凝土顶板内四个角点和一个中点距离同一水平基准线之间 5 个实测值的极差值，综合反映同一房间混凝土顶板的平整程度。

2）合格标准：[0，10] mm。

3）测量工具：激光扫平仪、具有足够刚度的 5 米钢卷尺（或 2 米靠尺、激光测距仪）、带刻度的 1 米支架。

4）测量方法和数据记录。

① 同一功能房间混凝土顶板作为 1 个实测区。

② 测量方法：方法一：使用激光扫平仪，在实测板跨内打出一条水平基准线。同一实测区距顶板天花线约 50cm 处位置选取 4 个角点，以及板跨几何中心位（若板单侧跨度较大

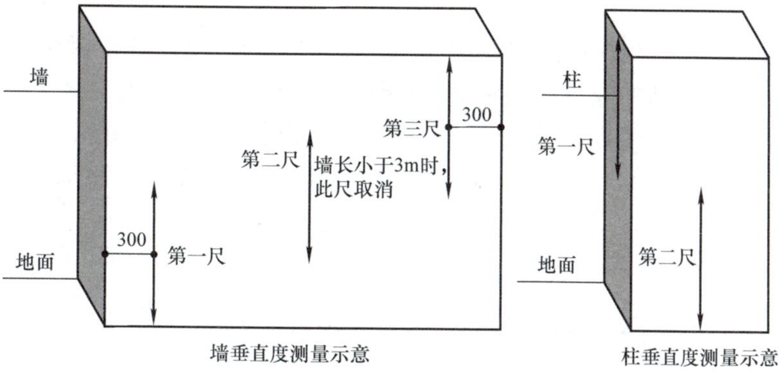

图 3-25　墙、柱垂直度测量示例

可在中心部位增加 1 个测点），分别测量混凝土顶板与水平基准线之间的 5 个垂直距离。

方法二：在同一实测区地面的 4 个角部区域距地脚边线 50cm 以内各选取 1 点，在地面几何中心位选取 1 点，在 5 个点放上支架，使用激光扫平仪，在支架上标记出来，分别测量混凝土顶板与这 5 个标记点之间的 5 个垂直距离。

③ 合格率计算点：以最低点为基准点，计算另外四点与最低点之间的偏差。偏差值小于等于 10mm 时实测点合格；最大偏差值 10～20mm 时，5 个偏差值（基准点偏差值以 0 计）的实际值作为判断该实测指标合格率的 5 个计算点。最大偏差值大于 20mm 时，5 个偏差值均按最大偏差值计，作为判断该实测指标合格率的 5 个计算点。

5）示例（图 3-26）。

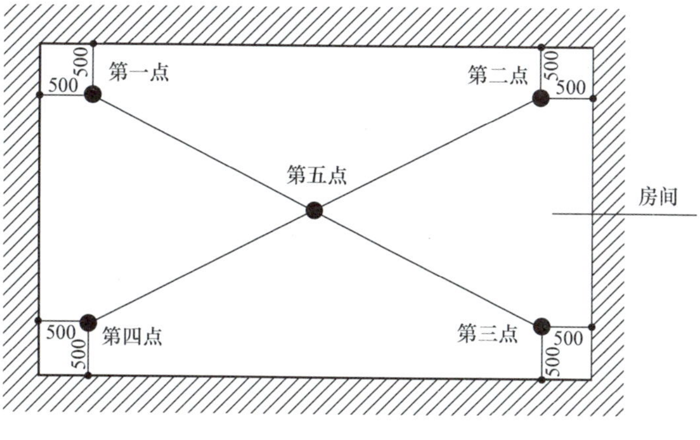

图 3-26　顶板平整度测量示例

（6）楼板厚度偏差

1）指标说明：反映同跨板的厚度施工尺寸与设计图尺寸的偏差。

2）合格标准：[-5，8] mm。

3）测量工具：超声波楼板测厚仪（非破损）或卷尺（破损法）。

4）测量方法和数据记录。

① 同一跨板作为 1 个实测区，每个实测区取 1 个样本点，取点位置为该板跨的三分之

一区域。

② 测量所抽查跨的楼板厚度，当采用非破损法测量时将测厚仪发射探头与接收探头分别置于被测楼板的上下两侧，仪器上显示的值即为两探头之间的距离，移动接收探头，当仪器显示为最小值时，即为楼板的厚度；当采用破损法测量时，可用电钻在板中钻孔（需特别注意避开预埋电线管等），以卷尺测量孔眼厚度。1 个实测值作为判断该实测指标合格率的 1 个计算点。

5）示例（图 3-27）。

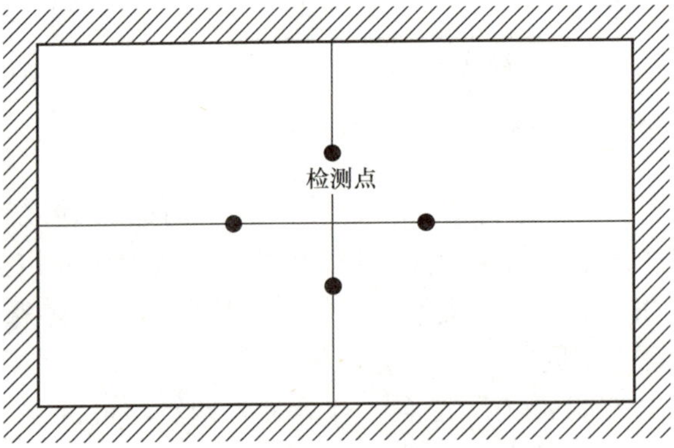

图 3-27　楼板厚度测量示例

二、教师审查每个小组的工作方案并提出整改建议

整改建议记录：

三、各小组进一步优化方案并确定最终工作方案

最终工作方案记录：

实践成果

1）实践作业。

2）工作情境模拟操作。

典型任务3　钢筋混凝土工程施工机械、人力、运输协调工作

知识点：

1. 钢筋混凝土工程施工施工机械的选择和配备。
2. 钢筋混凝土工程施工人力的选择和配备。
3. 钢筋混凝土工程施工运输条件的选择。

能力（技能）点：

1. 能够根据施工交底协调施工机械进行钢筋混凝土工程施工。
2. 能够根据施工交底协调人力进行钢筋混凝土工程施工。
3. 能够根据施工交底协调运输进行钢筋混凝土工程施工。

实践目的

1）以实际应用为主，培养实际操作能力，提高动手能力。

2）通过现场具体操作训练，获得生产技能和施工方面实际知识，理解并系统掌握钢筋混凝土工程施工机械、人力、运输协调工作的主要内容。

实践分解任务

根据施工实际情况进行钢筋混凝土工程的施工准备。

实践分组

以小组为单位（6～8人为一组），在规定时间内完成以上任务。

实践场地

实训室、机房。

实践实施过程

一、每个学生提出自己的工作计划和方案并进行小组讨论

引导问题：准备工作基本要求有哪些？

运用知识：

1. 模板工程施工准备

（1）机具设备　模板垂直、水平运输采用起重机，水平构件模板的制作加工采用圆锯机（图3-28）、手电钻（图3-29）、手电锯（图3-30）、电动扳手（图3-31）、砂轮切割机（图3-32）以及电焊设备（图3-33）等。施工中所需的斧、锯、钉锤、水平尺、扳手、钢尺、钢卷尺、线坠、钢丝刷、毛刷、小油漆桶、墨斗、撬杠、螺钉旋具、经纬仪、水平仪、

塔尺等小型工具应备齐。

图 3-28　圆锯机

图 3-29　手电钻

图 3-30　手电锯

图 3-31　电动扳手

图 3-32　砂轮切割机

图 3-33　电焊设备

（2）人员准备　主要人员为木工，具体施工人员根据实际情况进行调整。

（3）运输要求　施工作业人员进入现场必须佩戴安全帽，高空作业必须系安全带。模板起吊前，应将起重机的位置调整适当，并检查吊装用绳索、卡具及每块模板上的吊环是否牢固可靠，然后将吊钩挂好，拆除一切临时支撑，稳起稳吊；禁止在不挂钩的情况下拆除模板；如采用大模板严禁用人力搬动模板。吊运过程中，严防模板大幅度摆动或碰倒其他模板。塔式起重机司机及指挥信号工必须经过培训，持证上岗。施工中指挥人员与司机必须统一信号，禁止违章指挥和操作。

2. 钢筋工程施工准备

（1）机械设备　钢筋冷拉机（图 3-34）、调直机、切断机（图 3-35）、弯曲成形机（图 3-36）、弯箍机（图 3-37）、点焊机、对焊机（图 3-38）、电弧焊机及相应吊装设备。常用的工具有铅丝钩、小扳手、撬杠、绑扎架、折尺或卷尺、白粉笔和控制混凝土保护层厚度及板厚的方钢悬挂架、钢筋马凳等。

图 3-34　钢筋冷拉机

图 3-35　切断机

图 3-36　弯曲成形机

图 3-37　弯箍机

图 3-38　对焊机

（2）人员准备　主要人员为钢筋工、电焊工，具体施工人员根据实际情况进行调整。

（3）钢筋搬运和堆放

1）用人工搬运时，需轻拿轻放，放置钢筋时，端头不要先触地。严禁抛钢筋。

2）用塔式起重机搬运时，每次起吊重量应不大于塔式起重机最远端起重量。待钢筋平稳，再运至指定地点，并注意在吊运钢筋时施工人员的安全。

3）运到施工现场的成形钢筋应按部位，按规格摆放整齐，并标识。

4）钢筋要堆放到现场指定的场所内，钢筋堆放要进行挂牌标识，标识要注明使用的部位、规格、数量、尺寸等内容。

5）加工好的钢筋要分类进行堆放，如直条钢筋堆放在一起，箍筋堆放在一起。钢筋下面一定要垫木架空，防止钢筋浸在水中生锈。生锈的钢筋一定要除锈后由现场钢筋质检员批准后使用。

3. 混凝土工程施工准备

（1）机具设备　地泵（图3-39）、布料机（备用管）　（图3-40）、平板振捣器（图3-41）、插入式振捣器（图3-42）、料斗（图3-43）、串筒、收光抹光机（图3-44）、塑料布、防火设备、标尺杆、照明灯具。机具设备按需要准备充足，必要的备用机械设备，所用的机具均在浇筑前进行检查和试运转，修理工随时检修，以保证混凝土浇筑的连续性。

图3-39　地泵

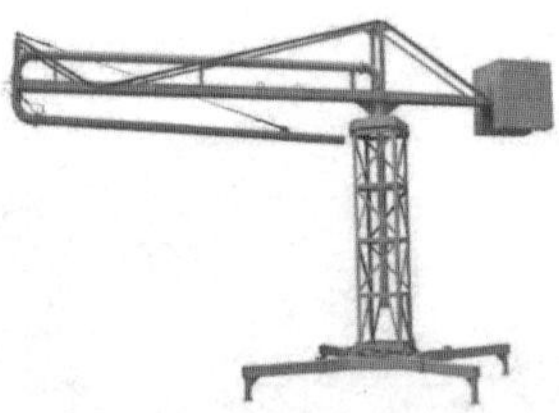

图3-40　布料机

图3-41　平板振捣器

图3-42　插入式振捣器

图3-43　料斗

图3-44　收光抹光机

（2）人员准备 劳务班组必须确保人力投入保证混凝土正常浇筑，根据混凝土的连续浇筑时间长短及混凝土浇筑量的大小，合理配备足够的工人，必要时考虑分班轮流作业。混凝土振捣工为熟练的振捣手，安排电工及机修工跟班作业，另外安排钢筋工及木工跟班作业，随时解决因混凝土浇筑造成钢筋或模板的移位问题。

（3）运输具体要求

1）混凝土的运输采用混凝土罐车运至现场，所有车辆进行编号。

2）混凝土拌合物自出机到浇筑完毕时间控制在初凝时间内，并保证浇筑作业面前后覆盖搭接符合规范要求，不出现“冷缝”。

3）现场调度与混凝土搅拌站调度随时保持联系，确保混凝土供应速度。

4）混凝土出场前和入模前均需检查验收。

5）现场试验人员和质检人员严格控制到场混凝土质量，并认真核对和保存混凝土小票。

6）检查混凝土组成材料的质量，每一工作班至少一次。

7）检查混凝土在拌制地点及浇筑地点的坍落度，每一工作班至少两次。

8）在每一工作班内，如原材料由于其他原因有变化时，要及时调整混凝土配合比。

9）混凝土运输至现场后，混凝土采用地泵泵送加布料杆，塔式起重机配合。

（4）掌握天气季节变化情况 在混凝土浇筑前要先了解天气情况，特别在雷雨台风季节和寒流突然袭击之际，更应注意，以保证混凝土连续浇筑的顺利进行，确保混凝土质量。根据工程需要和季节施工特点，应准备好在浇筑过程中所必须的抽水设备及防雨、防寒等物资。

二、教师审查每个小组的工作方案并提出整改建议

整改建议记录：

三、各小组进一步优化方案并确定最终工作方案

最终工作方案记录：

实践成果

1）实践作业。

2）工作情境模拟操作。

典型任务4 钢筋混凝土工程施工和质量监督工作

知识点：

1. 钢筋混凝土工程施工工艺流程。
2. 钢筋混凝土工程施工工艺标准。
3. 钢筋混凝土工程施工质量监督。

能力（技能）点：

1. 能够按照《建筑施工手册》，监督钢筋混凝土分项工程施工工艺流程符合工艺标准。
2. 能够填写钢筋混凝土分项工程施工监督报告。

实践目的

1）以实际应用为主，培养实际操作能力，提高动手能力。

2）通过现场具体操作训练，获得生产技能和施工方面实际知识，理解并系统掌握钢筋混凝土工程工艺流程、质量检验的主要内容。

实践分解任务

根据施工实际情况进行钢筋混凝土工程各分项工程的施工。

实践分组

以小组为单位（6～8人为一组），在规定时间内完成以上任务。

实践场地

实训室、机房。

实践实施过程

一、每个学生提出自己的工作计划和方案并进行小组讨论

引导问题1：木模板工程施工工艺流程及施工方法是什么？

运用知识：

1. 柱模板施工工艺

（1）工艺流程　放线定位→安装柱模板→安装柱箍→安装拉杆或斜撑→模板拆除。

（2）操作要点

1）放线定位：按图样尺寸先在基础面（或楼面）上弹柱轴线、边线、模板外轮廓线。柱轴线部位可采用红色边长50mm的“△”标记，并标记“轴线”二字；柱边线采用

墨线沿设计柱边位置弹出框线；边框线宜两端各延长不少于 20cm，备做吊线检查使用；柱边线向外偏移 500mm 处用墨线平行于柱边线弹柱控制线，如图 3-45 所示。

图 3-45　柱定位放线实例

2）安装柱模板：按照边线安装柱模板，两个垂直方向加斜拉顶撑，校正垂直度及柱顶对角线。成排柱模支模时，应先在楼地面弹出控制线，复核无误后，按柱模控制线钉好压脚板，再拼装柱模，拼装的柱模之间用海绵条嵌缝，如图 3-46 ~ 图 3-51 所示接着吊线校正垂直度及柱顶对角线。

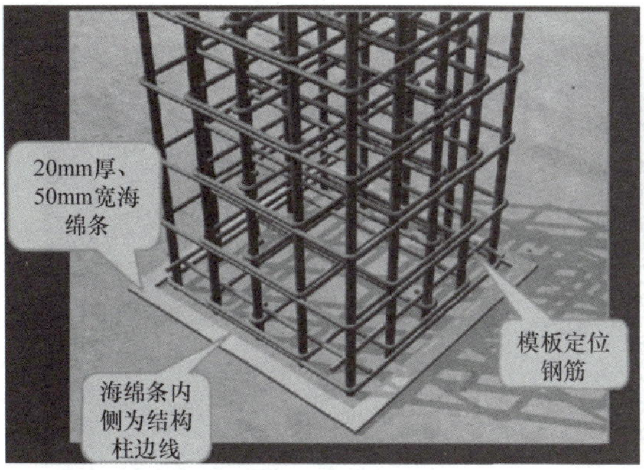

图 3-46　柱模板定位

图 3-47　柱模板双面胶漏浆压底实例

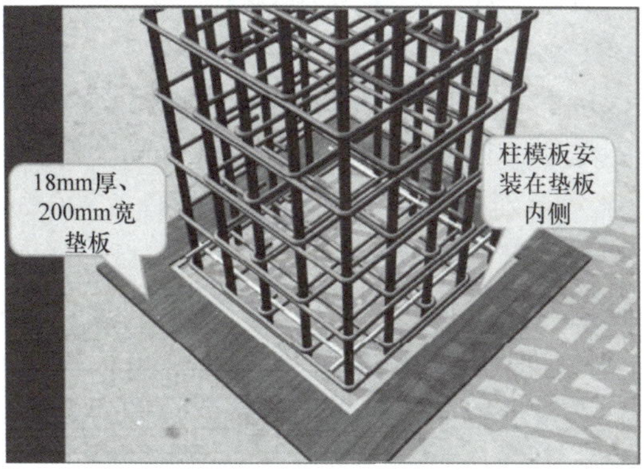

图 3-48　柱模板压脚板

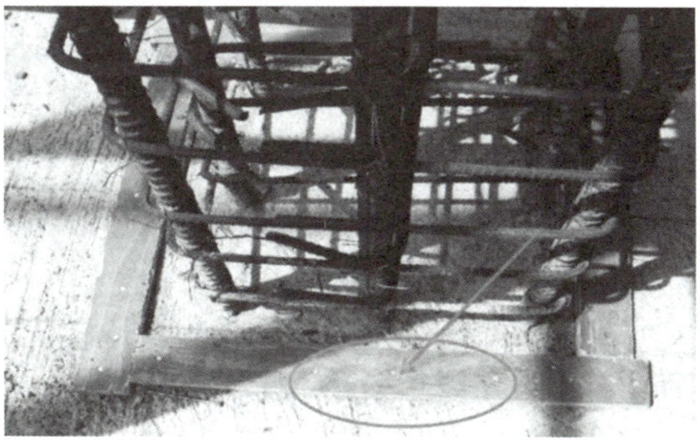

图 3-49　柱模板压脚板实例

3）安装柱箍：安装柱箍时，柱箍可为木箍、钢箍、钢木箍等，根据技术交底的要求进行选用；柱箍间距、柱箍材料及对应螺栓直径应符合技术交底的要求，根据规定的柱箍间距要求安装牢固，如图 3-52 ~ 图 3-54 所示。

图 3-50　逐块模板封闭合模并固定

图 3-51　安装竖楞

图 3-52　安装柱箍实例

图 3-53　安装柱箍对拉螺杆实例

阳角部位采用端面硬拼，用钢管扣紧，再用木楔挤紧，从而保证阳角方正，如图 3-55 所示。

柱接茬做法如图 3-56 所示。上部结构模板安装时需向下部结构延伸≥300mm，对拉螺杆距离下部结构顶面≥200mm，上部结构模板的第一道对拉螺杆距离下部结构面≤200mm，下部结构表面与模板对接处应粘贴双面胶，防止模板接缝漏浆。

柱底部设置清扫口（图 3-57），有利于清理柱内垃圾杂物。

4）安装拉杆或斜撑：柱子模板组装完毕后，用钢管在四周加固，然后将柱模板周边的钢管与脚手架连接，保证柱模的稳定性。在柱模板经过检查吊垂直及模板轴线尺寸符合图样设计要求和规范有关要求后，将其与满堂脚手架锁死，如图 3-58、图 3-59 所示。

外独立柱双向拉顶结合（图 3-60），楼面上预埋钢筋拉结点。

5）模板拆除：拆除拉杆或斜撑、自上而下拆除柱箍或横楞、拆除竖楞，自上而下拆除配件及模板、运走分类堆放、清理、拔钉。

图 3-54 柱安装完成实例

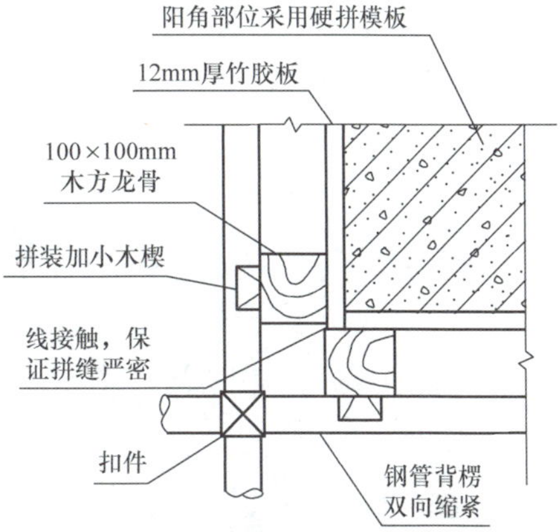

图 3-55 柱阳角模板安装示意

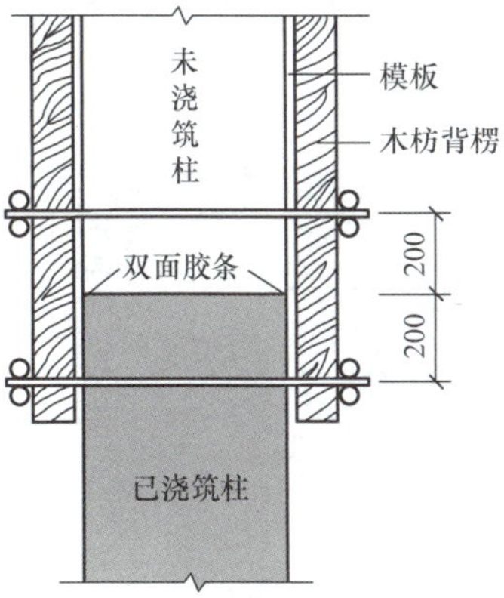

图 3-56 柱接茬模板安装示意

图 3-57 柱底部清扫口示意

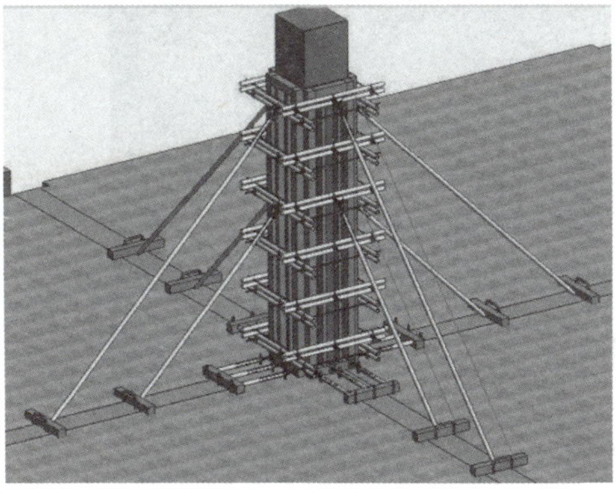

图 3-58 柱斜撑安装示意

图 3-59 内柱斜撑安装实例

2. 梁、楼板、楼梯模板施工工艺

（1）工艺流程　放线定位→安装梁底模板→安装梁侧模板→安装楼梯模板→模板拆除。

（2）操作要点

1）放线定位：在柱模上弹出轴线、梁边线、中线位置和水平线，钉柱头模板。

2）安装梁底模板：模板支设采取先支主、次梁（图3-61～图3-63），再支楼板模板。安装梁底模板时，将梁底的纵向水平支撑调至梁底（预留梁底横楞及梁底模板厚度）处，然后在纵向水平支撑上安放横楞，间距由计算确定，接着按梁位置安装梁底模板（图3-64），且当梁跨度大于等于4m时，跨中梁底处应按设计要求起拱，如设计无要求时，

图3-60　外柱斜撑安装实例

图3-61　安装支撑架

图3-62　梁底模安装

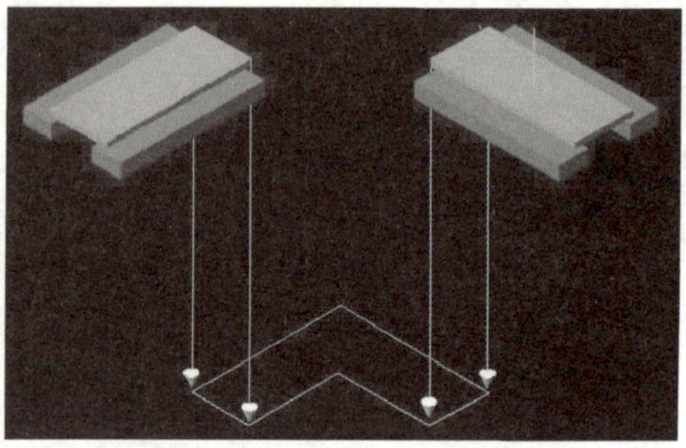

图3-63　吊线确定梁模板位置

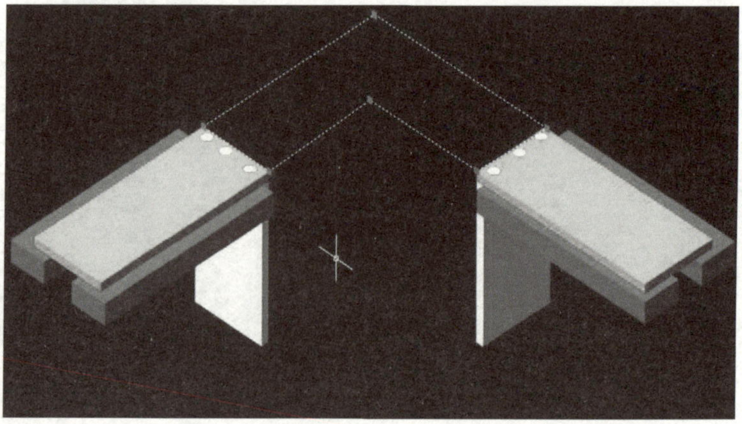

图3-64　将梁底模板钉在墙端头模板上

起拱高度宜为全跨长度的1‰~3‰（图3-65、图3-66）；安装楼板模板时，先在次梁模板的外侧弹水平线，其标高为楼板底标高减去模板厚和搁栅高度，安装支柱和搁栅，再在搁栅上铺设楼板模板，铺楼板底模时可从四周铺起，在中间收口，楼板模板压在梁侧模时角位模板应通线钉固。

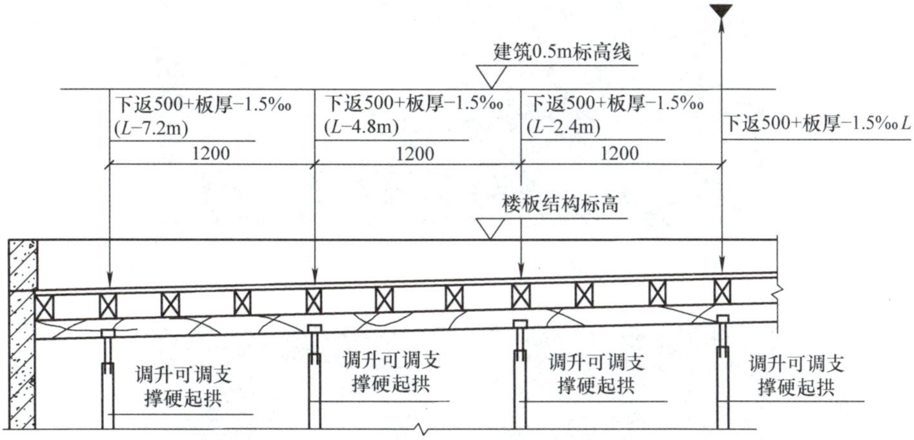

图3-65　梁、板起拱做法示意

3）安装梁侧模板：根据墨线安装梁侧模板、压脚板、斜撑等，拉线通直后将梁侧模钉固，梁侧模板制作高度应根据梁高及楼板模板来确定。

所有压角、转角、套割处必须拼密缝，且不得出现小阳角。尽量做到大模压边、原边压角。梁板模板完成后应立即在柱墙插筋上抄测标高，对模板空间尺寸进行复核（标高、开间）。

梁侧模安装如图3-67~图3-69所示。

图3-66　梁、板起拱测量示意

图3-67　梁侧模安装实例

梁侧模制作高度应根据梁高及楼板厚度确定；支模应遵循边模包底模的原则；梁侧模板须拉线安装；如遇到梁高超过650mm时，侧模板安装先安装一侧，等梁钢筋绑扎完毕后再进行另一侧梁模板的安装，有效安排工序先后情况以满足施工要求，如图3-70所示。

梁高$h \leqslant 600$mm时，采用斜撑进行加固，梁侧木枋通过钢管斜撑与架体连接进行加固，斜撑间距1000mm，如图3-71所示。

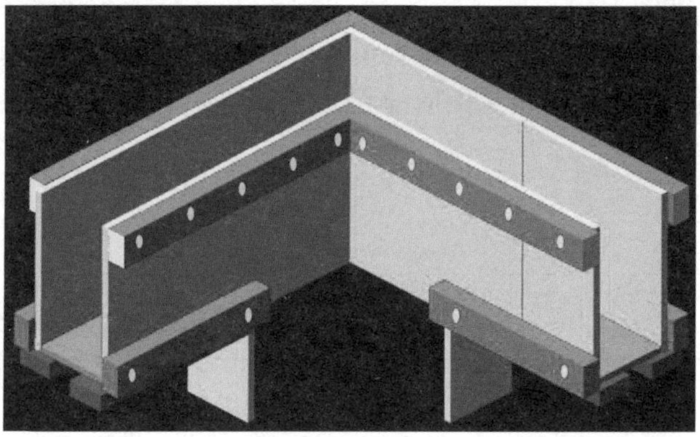

图 3-68　梁侧模顶部和底部锁口采用通长木方固定

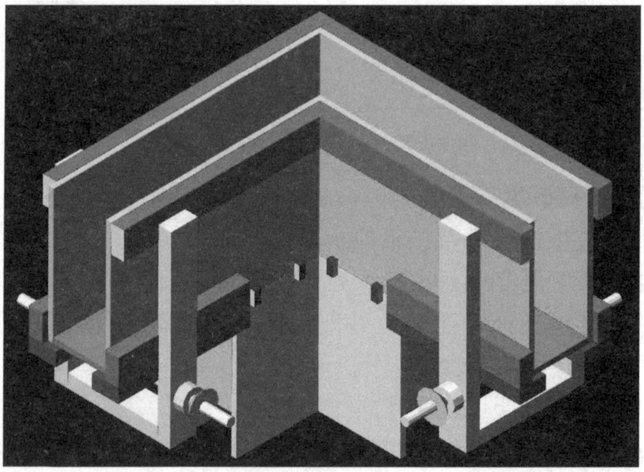

图 3-69　梁侧模与墙模板衔接位置使用木条确保拼缝平整

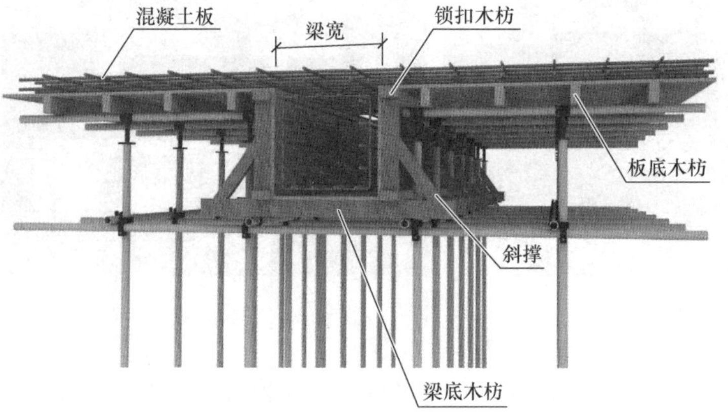

图 3-70　梁侧加固做法（一）

600mm < 梁高 $h \leqslant$ 800mm 时，设置一道对拉螺杆，螺杆距离梁底 200mm，如图 3-72、图 3-73 所示。

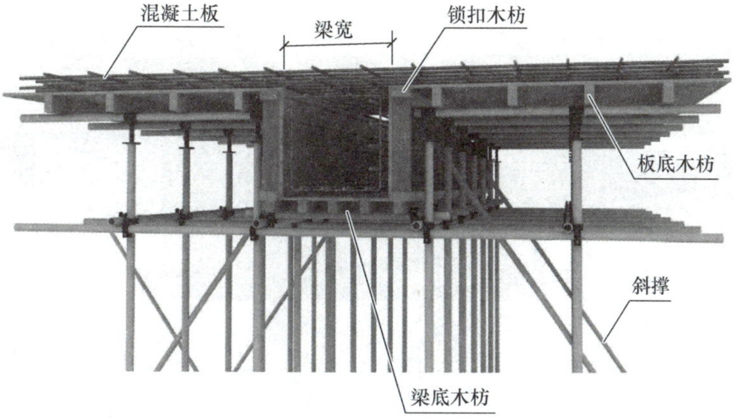

图 3-71　梁侧加固做法（二）

图 3-72　梁侧加固做法（三）

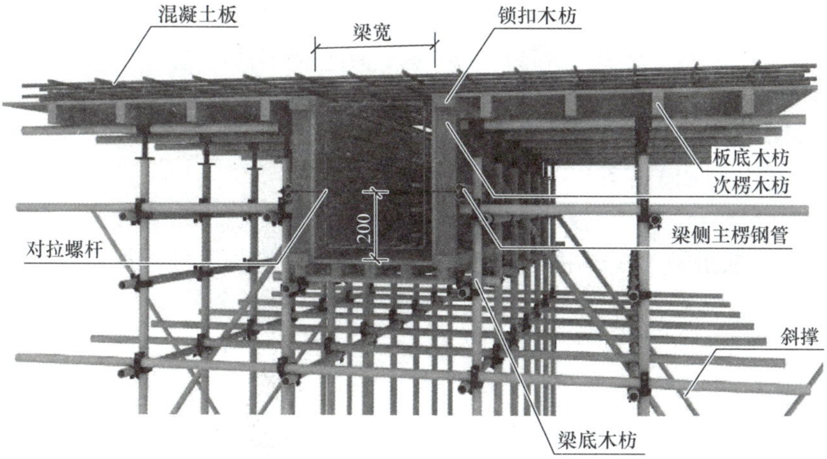

图 3-73　梁侧加固做法（四）

800mm＜梁高 $h \leqslant$ 1000mm 时，设置两道对拉螺杆，两道螺杆距离梁底分别为 200mm、650mm，如图 3-74、图 3-75 所示。

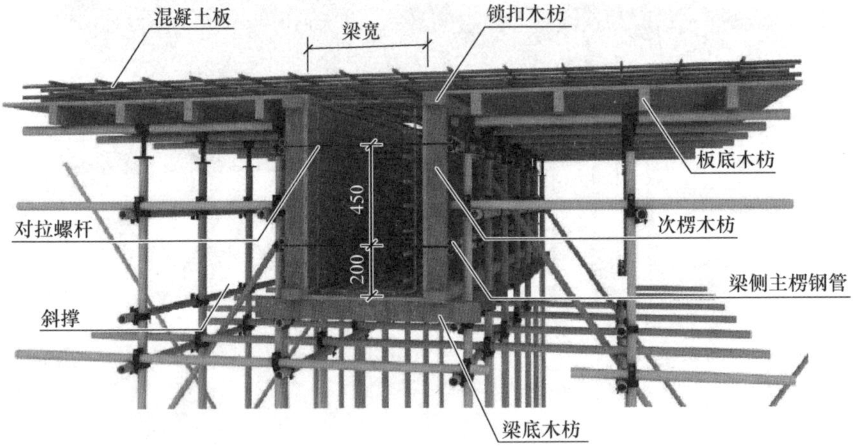

图 3-74　梁侧加固做法（五）

图 3-75　梁侧加固做法（六）

梁模板加固通用要求：

① 严格按照施工方案安装穿梁螺杆。

② 模板拼缝处要贴海绵条并用木方压实。

③ 根据构件截面尺寸进行模板设计，一般内楞采用木方，间距 200mm 并符合方案要求；外楞采用木方或钢管，如采用钢管使用双钢管，穿梁螺杆紧固，螺杆直径 ϕ14，并采用配套的螺帽和 3 型卡。

模板安装细节要求如图 3-76 ~ 图 3-84 所示。

说明：木档布设间距不大于 800mm。

模板拼缝严密、线条顺直、尺寸准确、节点到位，不应有破损、缺口或凸起现象。

模板切割时应画线，确保切割顺直，不得采用手锯随意切割；梁接口处应与板面处在同一平面上，不得超出板面。

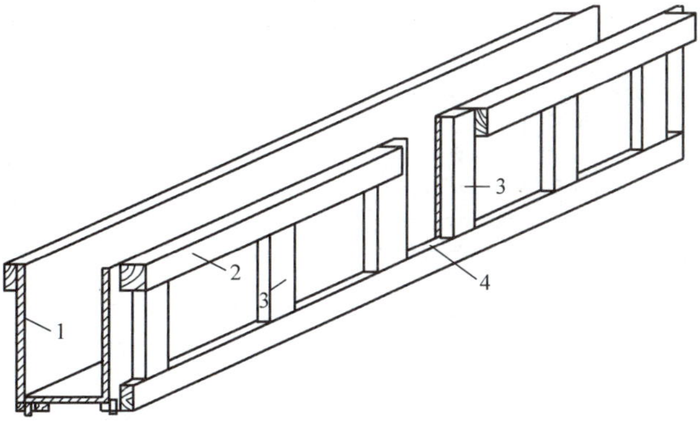

图 3-76　主次梁交接处开口做法示意

1—18mm 厚胶合板　2—顶部封口托木　3—木档　4—通常夹木

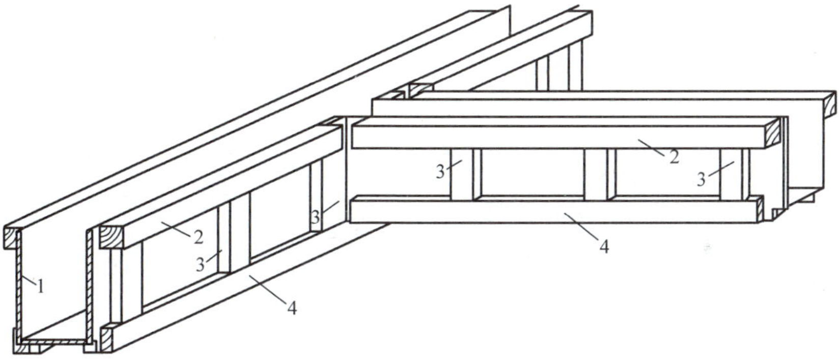

图 3-77　主次梁交接做法示意

1—18mm 厚胶合板　2—顶部封口托木　3—木档　4—通常夹木

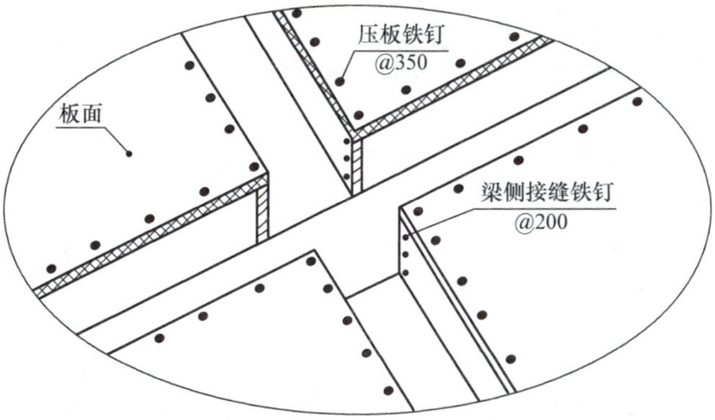

图 3-78　主次梁交接节点示意

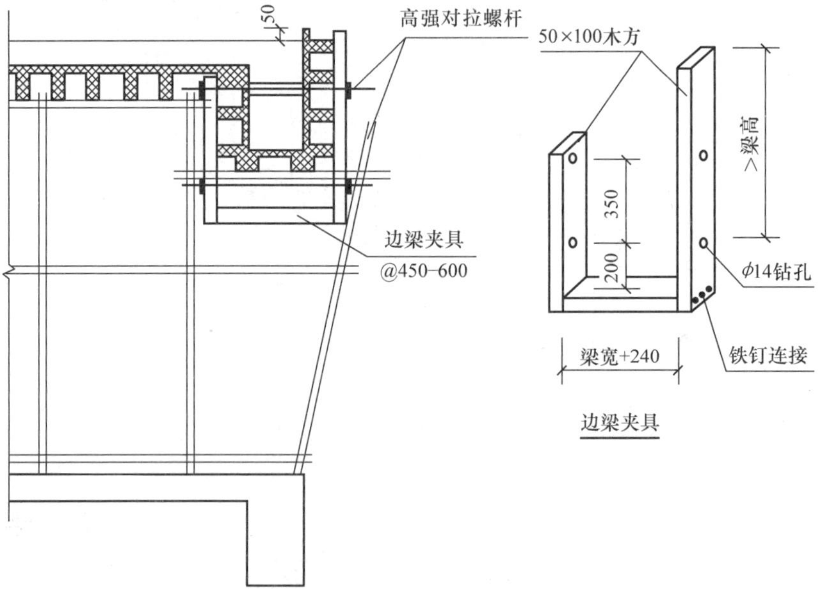

图 3-79　边梁模板安装示意

图 3-80　边梁模板安装实例

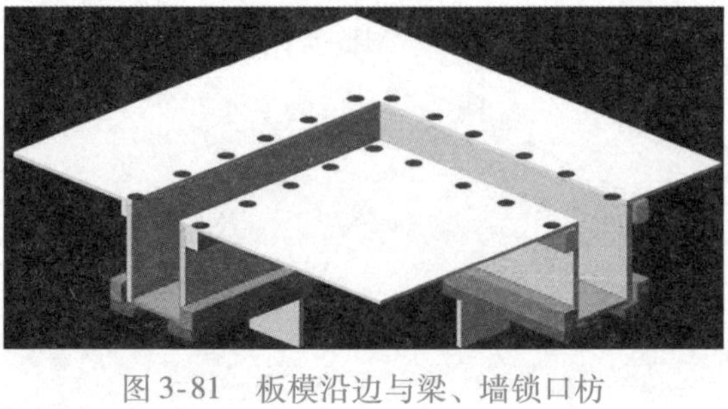

图 3-81　板模沿边与梁、墙锁口枋

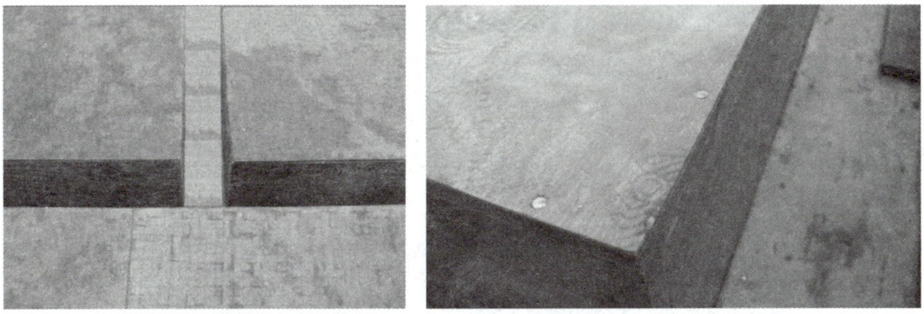

图 3-82 梁模板模交接做法实例（一）

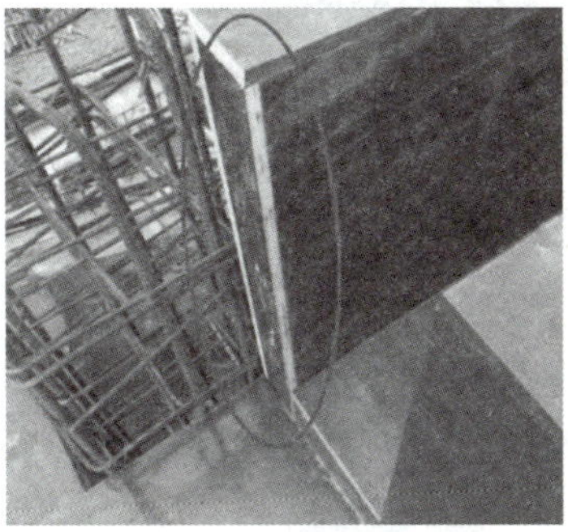

图 3-83 梁模板模交接做法实例（二）

图 3-84 梁清扫口的留设做法

4）楼板模板施工：楼板模板安装时，先在柱子上弹出轴线、板位置和水平线，并复核。架子工根据模板设计或模板施工方案要求搭设好板模板的支撑体系后再安装板下木枋。安装木枋时拉通线调节支柱高度，将大龙骨找平，每块板平台木枋截面高度应一致。枋底部水平承重钢管必须用顶托顶紧，杜绝无承重钢管支模或将木枋的一端支撑在侧模背枋上。对跨度不小于4m 的现浇钢筋混凝土板，其模板应按设计要求起拱；当设计无具体要求时，起拱高度宜为跨度的 1/1000 ~ 3/1000。模板铺设方向从四周或墙、梁连接处向中央铺设（图 3-85），在中间收口。楼板模板压在梁侧模时，角位模板应通线钉固。

图 3-85 模板铺设方向实例

细部要求如下：

① 楼板支模木龙骨或型钢布置要求均匀，净空间距不超出 20cm（板厚 15cm 内），如图 3-86、图 3-87 所示。

② 木龙骨或型钢布置距墙面的距离控制在 15cm 以内，悬挑长度控制在 25cm 以内为宜，如图 3-86、图 3-87 所示。

③ 主龙骨钢管建议采用双钢管安装，未端悬挑长度不宜超过 25cm，且距墙面距离控制在 15cm 内为宜。墙板在最上端应设水平木，龙骨一道与顶板边缘平齐、加固，通长设置，如图 3-88 所示。模板缝同次龙骨同向处，下方敷设方木，如图 3-89、图 3-90 所示。木枋端部必须要有钢管支撑（图 3-91），即每条木枋的端部必须要放置在模板支撑的钢管楞条之上。

图 3-86　楼板支模木龙骨安装要求（一）

图 3-87　楼板支模木龙骨安装要求（二）

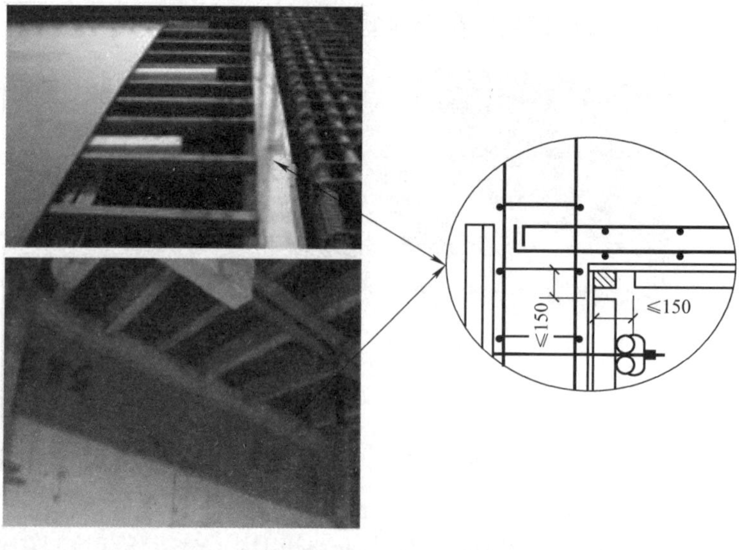

图 3-88　楼板支模木龙骨安装要求（三）

墙板在最上端应设水平木龙骨一道与顶板边缘平齐加固，通长设置。

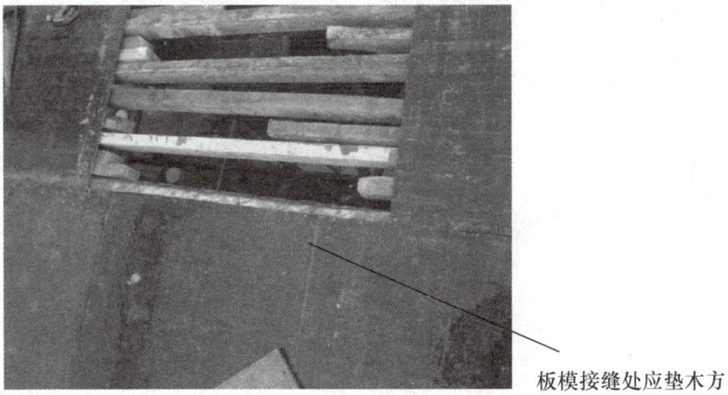

图 3-89　楼板支模木龙骨安装要求（四）

图 3-90　楼板支模木龙骨安装要求（五）

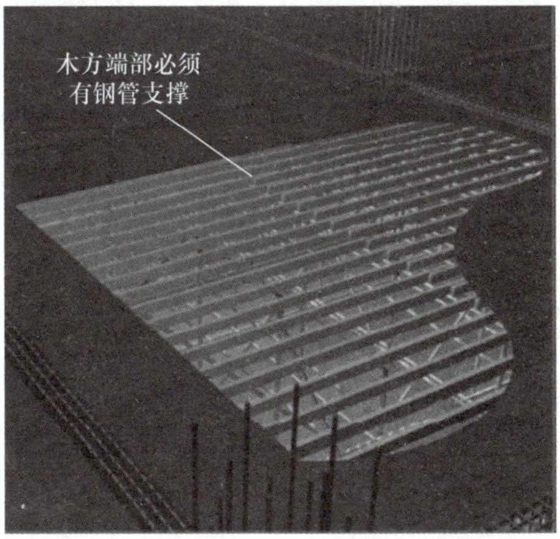

图 3-91　楼板支模木龙骨安装要求（六）

5）安装楼梯模板：安装步骤为楼梯支撑架体搭设 → 铺楼梯段底模板 → 安装楼梯段侧模 → 安装楼梯段踏步模板。

安装细节要求如图 3-92 ~ 图 3-96 所示。

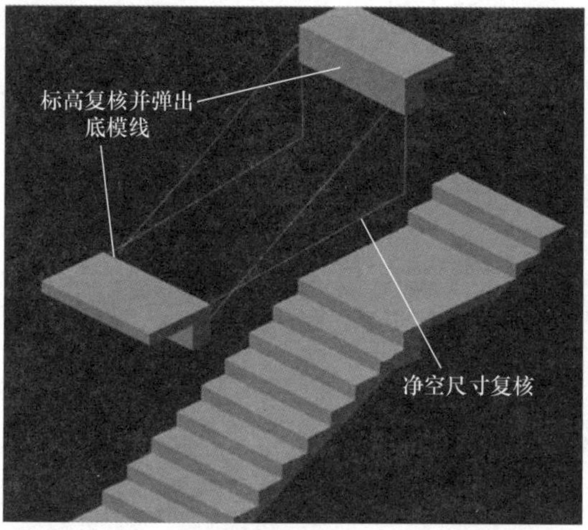

放线、复核

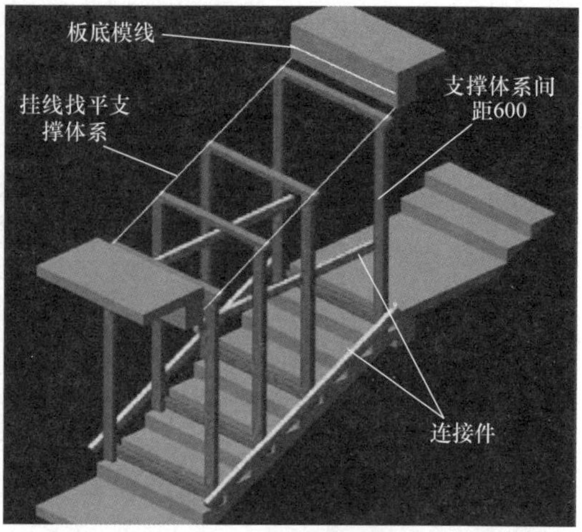

支撑搭设

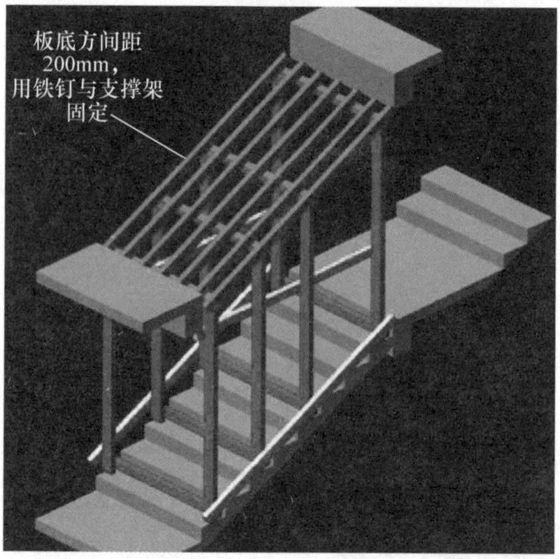

底枋安装

板底模安装

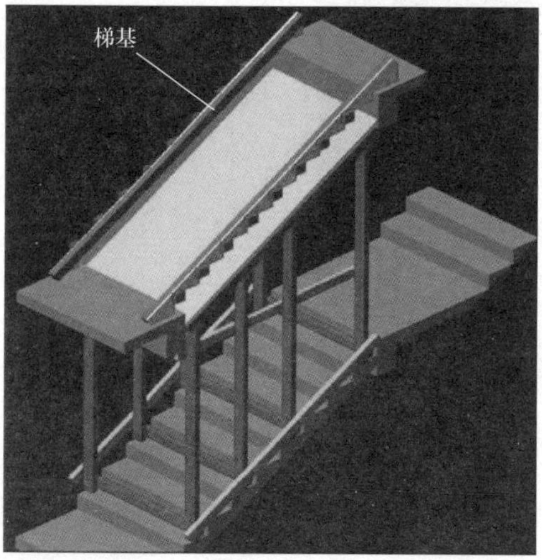

梯基安装

顶撑木方安装

图 3-92　楼梯模板安装过程示意

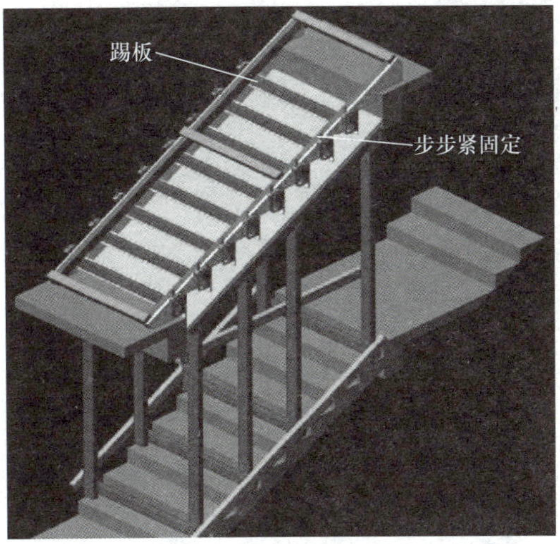

踏步踢板安装

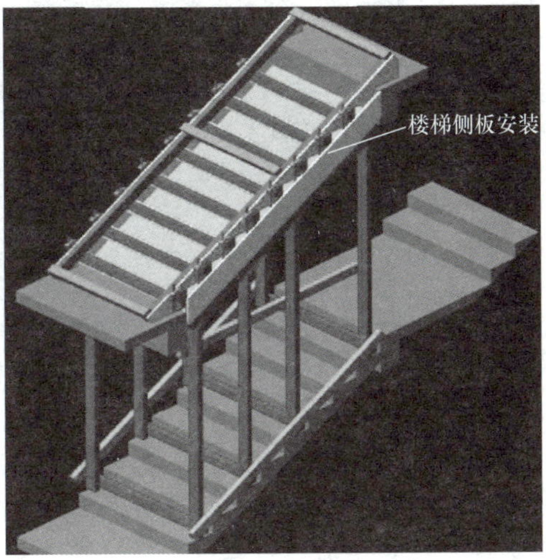

楼梯侧板安装

图 3-92　楼梯模板安装过程示意（续）

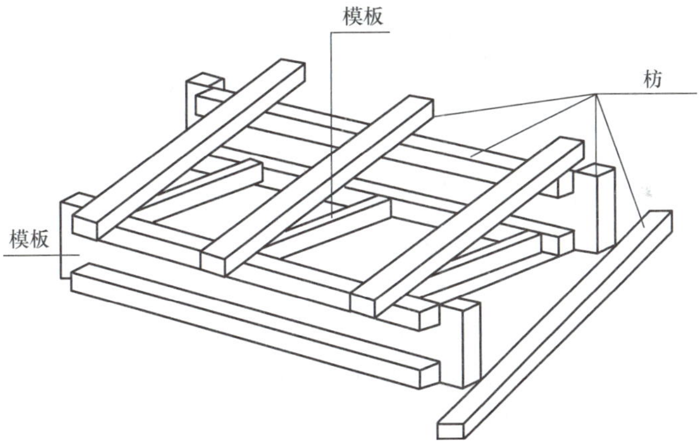

踏步加固做法示意图

图 3-93　楼板支模木龙骨安装要求（七）

图 3-94　楼梯模板支撑体系实例图

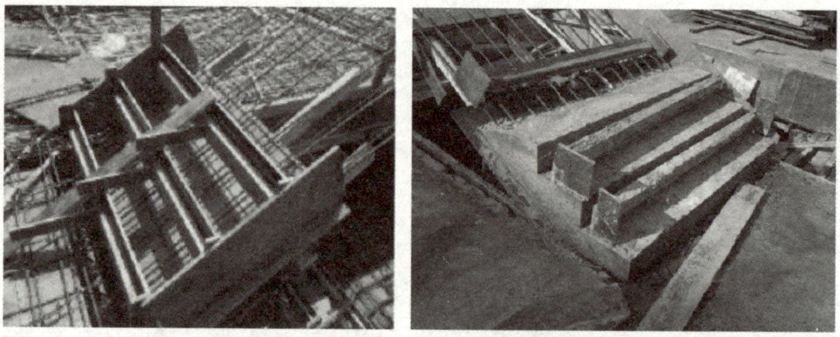

图 3-95　楼梯模板施工缝留设实例

6）模板拆除

① 模板拆除前，主管工长必须进行书面的技术交底，交底内容包括拆模时间、拆模顺序、拆模要求、模板堆放位置等。

② 平台结构模板拆除时，主管工长必须书面申请，接到拆模通知单后方可拆模。

③ 模板拆除顺序与安装顺序相反，先支后拆，后支先拆，先拆非承重模板，后拆承重模板，先拆纵墙模板后拆横墙模板，先拆外墙模板，再拆内墙模板。

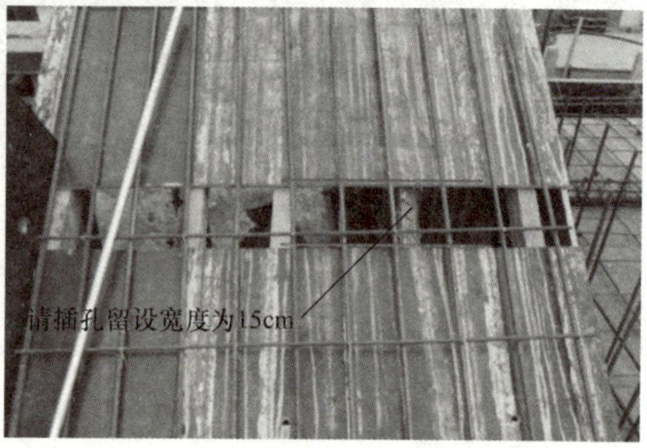

图 3-96　板模清扫口留设实例

④ 模板拆除要点

a. 柱模板：常温下，混凝土浇筑后 8h 或混凝土达到终凝后，即可松动连接螺栓，一般 10h 后可成组拆除，吊走柱模板。冬期施工时，柱、剪力墙混凝土强度达 4MPa 及以上，才允许拆除模板。

b. 墙模：剪力墙混凝土强度达 4MPa 及以上时，才允许拆除模板。墙模板拆除时先拆除墙内对拉螺栓，再松动斜支撑，轻轻撬击模板使模板与混凝土面脱离。

拆模时，操作人员应站在安全处，以免发生安全事故，待该段模板全部拆除后，方准将模板、配件、支架等运出堆放。

c. 顶板模板及梁底模板拆除：

现场制作同条件试块，以同条件试块的试压结果判定是否可以拆模，参见表 3-7。

表 3-7　底模拆除时的混凝土强度要求

结构类型	结构跨度/m	按设计的混凝土强度标准值的百分率计
板	≤2	50%
	>2，≤8	75%
	>8	100%
梁	≤8	75%
	>8	100%
悬臂构件	≤2	75%
	>2	100%

注：上表中“设计的混凝土强度标准值”是指与设计混凝土强度等级相应的混凝土立方体抗压强度标准值。

拆除模板时应将可调螺旋旋向下退 100mm，使龙骨与板脱离，先拆主龙骨，再拆次龙骨，最后取顶板模。拆除时人站在钢管架下，待顶板上木料拆完后，再拆钢管架。

拆除大距度梁板模时，宜先从跨中开始，分别拆向两端。当局部有混凝土吸附或粘接模板时，可在模板下口接点处用撬棍松动，禁止敲击模板。

拆模时不要用力过猛，拆下来的材料要及时运走，整理拆下后的模板及时清理干净，板模应涂刷水性脱模剂，按规格分类堆放整齐。

引导问题 2：钢筋的绑扎与安装施工工艺流程及施工方法是什么？

运用知识：

1. 柱钢筋绑扎

工艺流程：剔凿柱混凝土表面浮浆→修理柱子筋→套柱箍筋→搭接绑扎竖向受力筋→画箍筋间距线→箍筋绑扎→保护层设置，如图 3-97 所示。

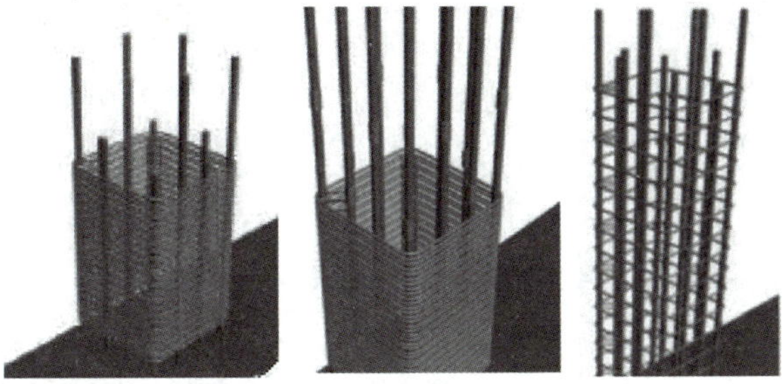

图 3-97　柱钢筋绑扎顺序示意

柱箍筋宜采用缠扣绑扎，如图 3-98 所示。

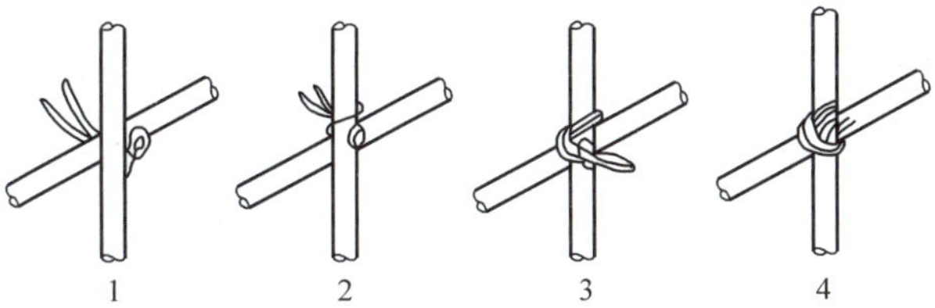

图 3-98　缠扣绑扎示意图

按图样将箍筋间距画在主筋上，将已套好的箍筋向上移动，由上至下进行箍筋绑扎。箍筋与主筋应垂直，箍筋转角处与主筋交点均要绑扎，主筋与箍筋非转角部分的相交点成梅花形交错绑扎，如图 3-99 所示。

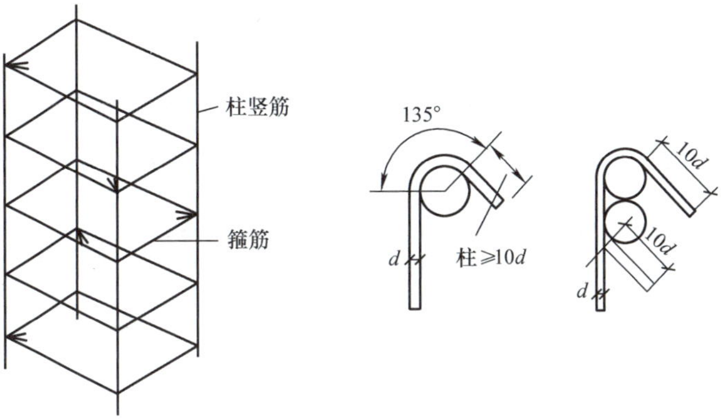

图 3-99　箍筋绑扎方法示意

柱筋绑扎时可采用柱端箍筋定位法进行钢筋定位，如图 3-100 ~ 图 3-103 所示。

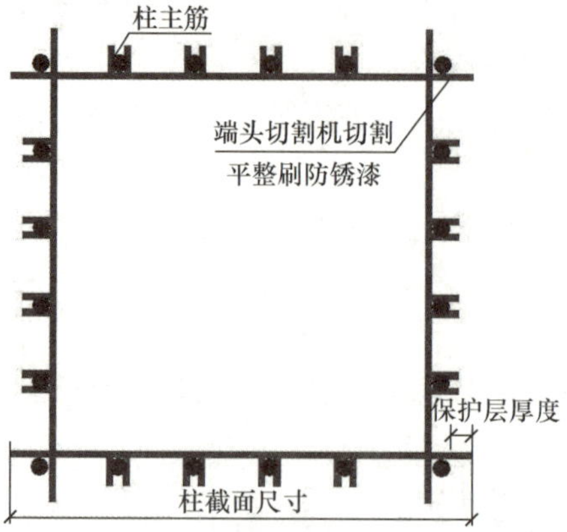

图 3-100　柱定位筋内控示意图

图 3-101　柱定位筋实体

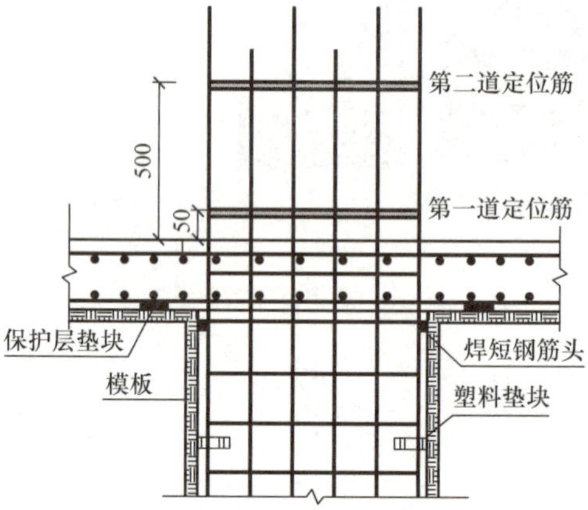

图 3-102　柱钢筋加固示意图

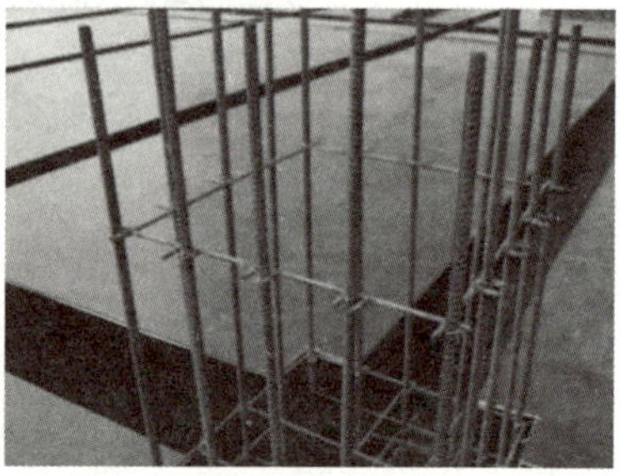

图 3-103　柱钢筋加固实例

梁柱节点（核心区）箍筋定位措施，如图 3-104 ~ 图 3-106 所示。

图 3-104　梁柱节点（核心区）箍筋定位方法示意

把梁的纵向钢筋穿过专门制作梁的定形箍筋钢筋笼，把梁的钢筋笼连同柱节点钢筋笼一起沉入梁模。

图 3-105　定型箍筋钢筋笼

图 3-106　使用定型箍筋钢筋笼

定型箍筋钢筋笼具体做法。

框架梁、柱箍筋应按图 3-107 制作；当梁、柱纵筋较密，无法按图 3-107 制作时，应做成焊接封闭环式箍筋（或按规范要求的焊接工艺），不得焊伤箍筋。梁柱节点箍筋必须按图 3-108a或焊接封闭环式箍筋制作，并按设计要求的间距加密箍筋。当现场安装有困难时，可在柱每侧设置不少于 1 根Φ12 钢筋段与节点箍筋点焊制成钢筋笼，随绑扎后的梁筋一起下沉至设计位置，如图 3-108 所示。

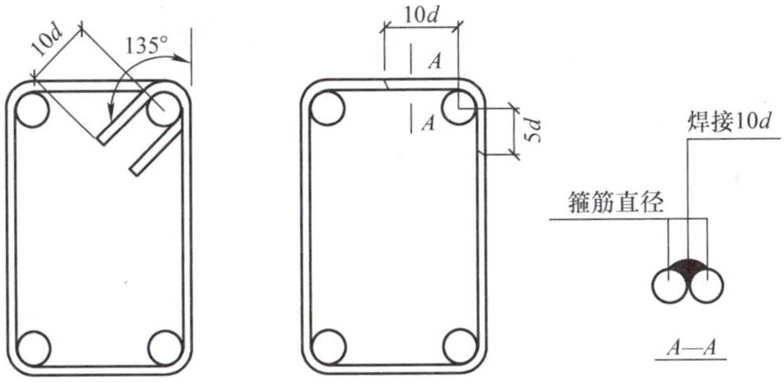

图 3-107　梁、柱箍筋制作示意

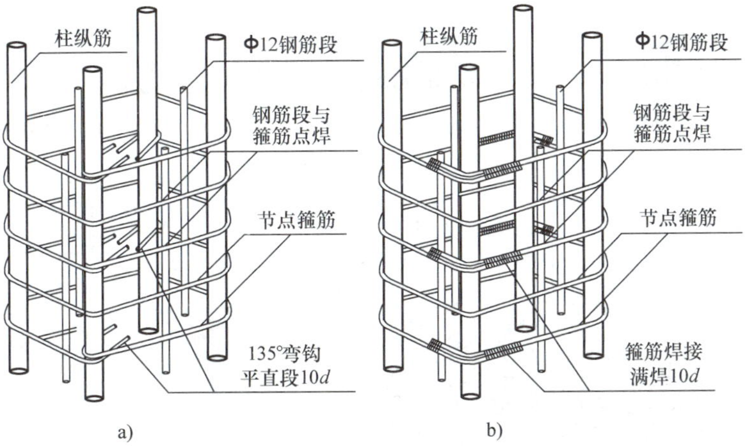

图 3-108　封闭环式箍筋制作示意

柱筋应在四周对称设置保护层，如图 3-109 所示。

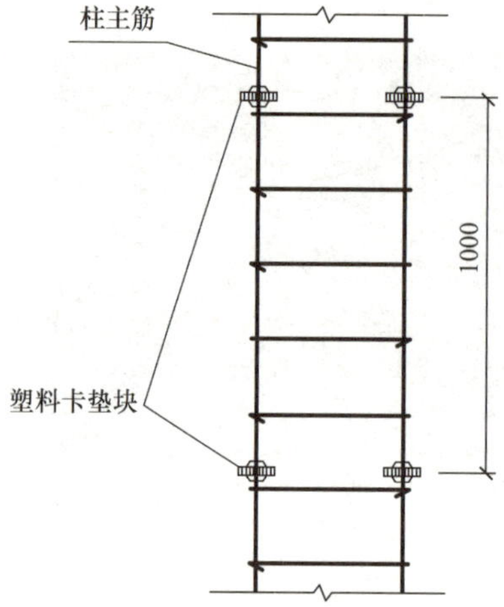

图 3-109　柱四周对称设置垫块示意

2. 剪力墙钢筋绑扎

工艺流程：剔凿混凝土墙体浮浆→修理预留搭接钢筋→画水平筋间距→绑定位钢筋→绑其余横竖筋。

墙钢筋绑扎前应先将混凝土墙体浮浆凿除，如图 3-110 所示。剪力墙钢筋绑扎顺序如图 3-111所示。绑扎时，可先在横向、竖向分别绑扎一根定位钢筋，然后按分布间距画好线后再逐根绑扎，如图 3-112、图 3-113 所示。

图 3-110　混凝土墙体浮浆凿除实例

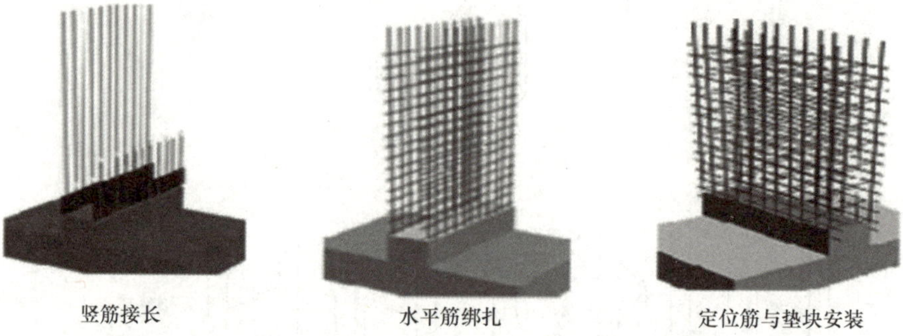

图 3-111　剪力墙钢筋绑扎顺序示意

图 3-112　剪力墙定位筋绑扎

图 3-113　其他竖筋绑扎

剪力墙钢筋应采取定位措施：梯子筋定位法，如图3-114～图3-121所示。

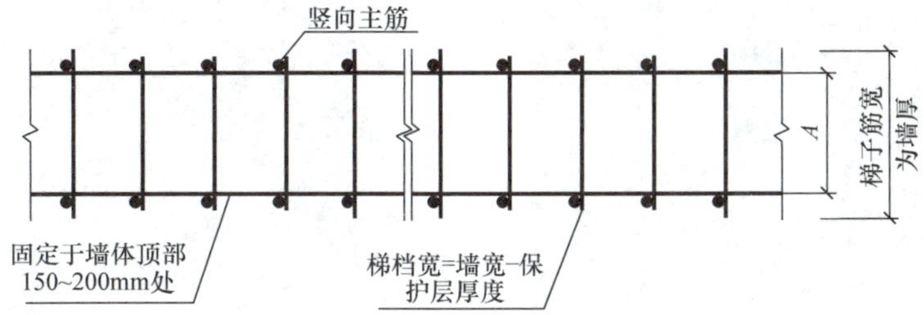

图3-114　墙体水平梯子筋示意图

图3-115　墙体水平梯子筋实例

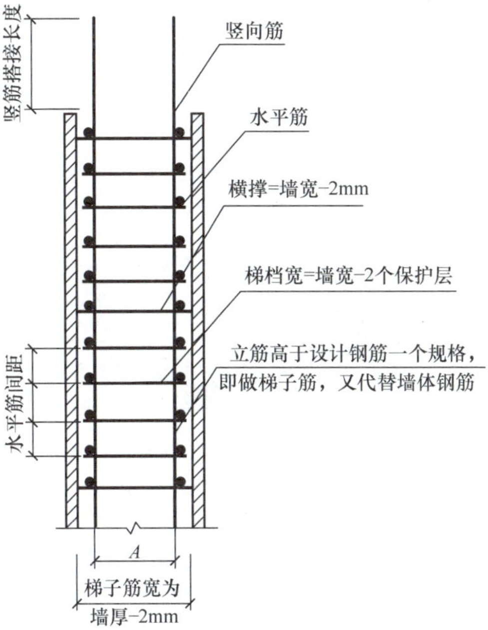

图3-116　竖向梯子筋示意图

图3-117　竖向梯子筋实例

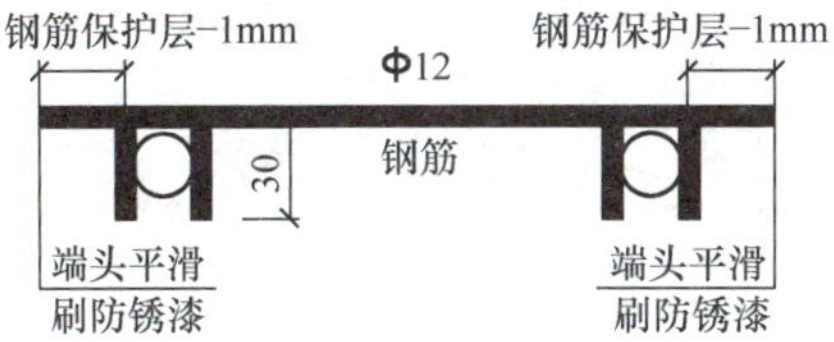

图3-118　双F钢筋卡示意图

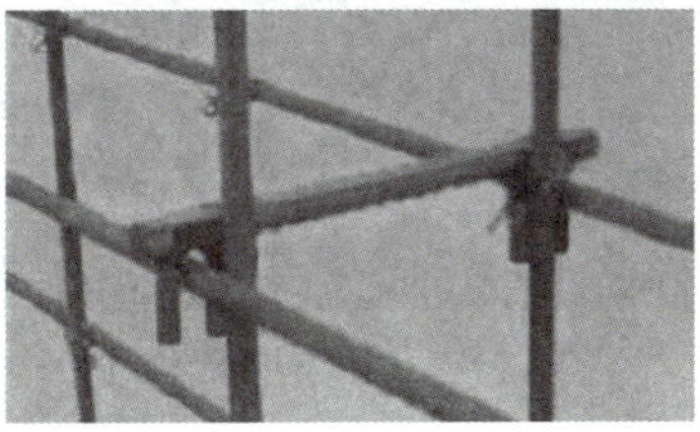

图3-119　双F钢筋卡实例

图 3-120　定位水平筋端头刷防锈漆

图 3-121　剪力墙钢筋必须每点绑扎牢

当墙筋直径大于 16mm，可取消竖向梯子筋，采用双 F 钢筋卡定位或成品混凝土撑筋，但须与墙体水平钢筋绑扎牢靠。定位卡两端使用无齿锯切割，端头往里刷 15mm 防锈漆。

竖向钢筋搭接的绑扎要求如图 3-122 所示。

3. 梁钢筋绑扎

将各梁型号、钢筋规格及布筋方式写在相应位置模板上，便于梁筋就位，如图 3-123 所示。

工艺流程：画主（次）梁箍筋间距，摆放箍筋→穿主（次）梁底层纵筋→穿主（次）梁上层架立筋→主（次）梁箍筋绑扎。

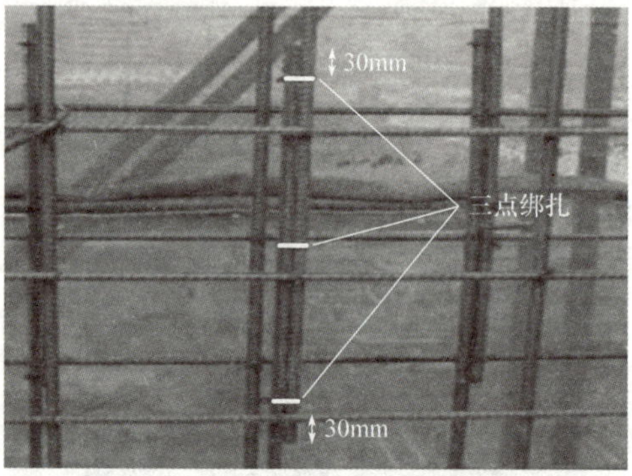

图 3-122　竖向钢筋搭接的绑扎要求

图 3-123　梁筋就位前标识

画主（次）梁箍筋间距，摆放并绑扎箍筋，如图 3-124 所示。

摆放主筋

在上部主筋画出箍筋间距

图 3-124　梁筋绑扎顺序示意

穿设箍筋

进行箍筋绑扎

箍筋绑扎完毕并检查

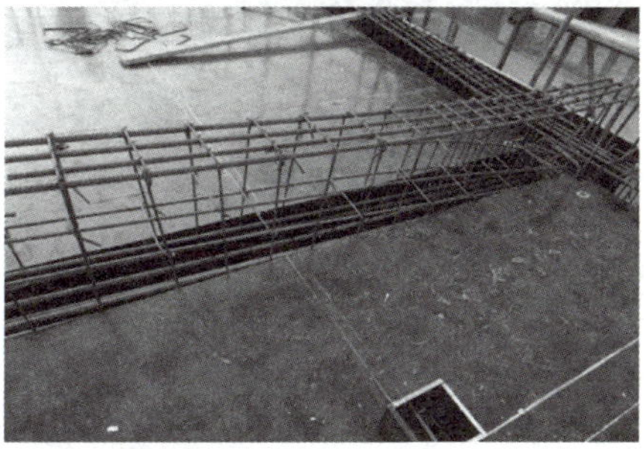

绑扎腰筋、吊筋及拉钩，梁筋完成

图 3-124　梁筋绑扎顺序示意（续）

绑梁上部纵向筋的箍筋，宜用套扣法绑扎，如图 3-125 所示。

水平钢筋搭接的绑扎要求如图 3-126 所示。

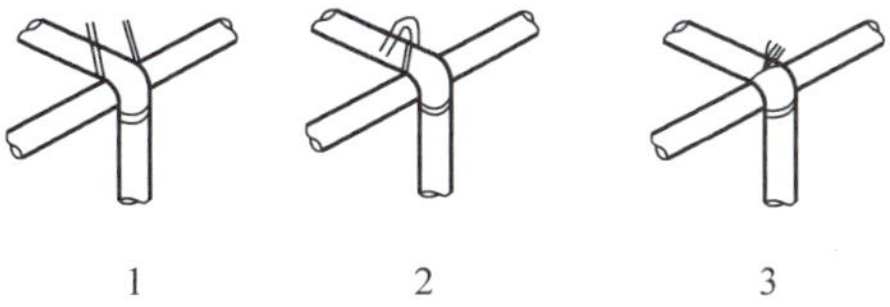

图 3-125　梁钢筋套扣法绑扎示意图

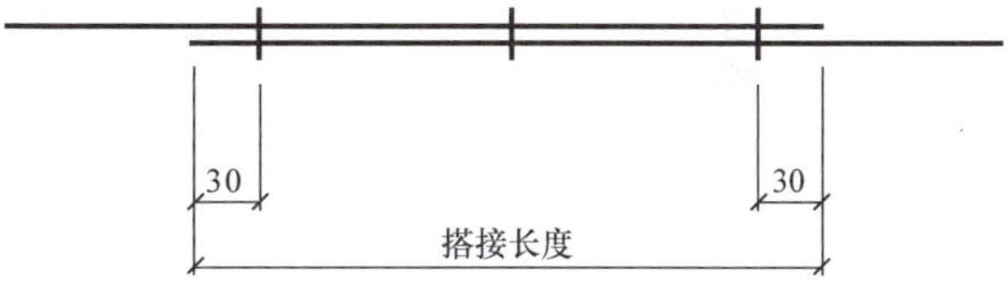

图 3-126　水平钢筋搭接的绑扎要求

4. 板钢筋绑扎

工艺流程：清理模板→模板上画钢筋位置线→绑板底部受力筋→绑板面层钢筋。

1）清理模板上面的杂物，用粉笔在模板上按图样设计将主筋和分布筋位置画好，如图 3-127所示。

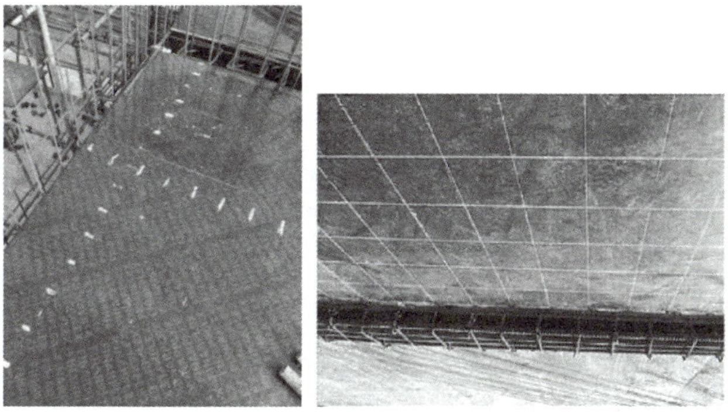

图 3-127　钢筋位置定位画线

2）板底部受力筋、面层钢筋：

① 板的钢筋网绑扎与基础基本相同，但应注意板上部的负钢筋（面筋）要防止被踩下；特别是雨篷、挑檐、阳台等悬臂板，要严格控制负筋位置，如图 3-128 ~ 图 3-131 所示。

实体钢筋通长马凳

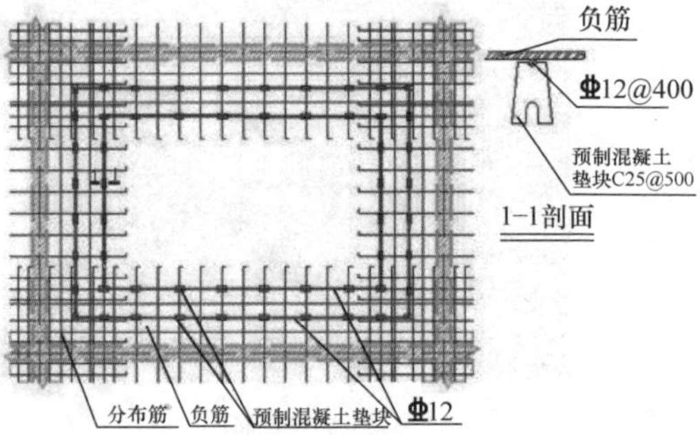

通长马凳示意图

说明: 使用通长马凳支撑，第一道距梁边不大于20cm，通长马凳间距不大于50cm。

图 3-128　马凳筋布置（一）

② 按画好钢筋的间距，先摆放受力钢筋，后摆放分布钢筋；预埋件、电线管、预留孔等及时配合安装。在现浇板中有板带梁时，应先绑扎板带梁钢筋，再摆放板钢筋。

实体钢筋马凳

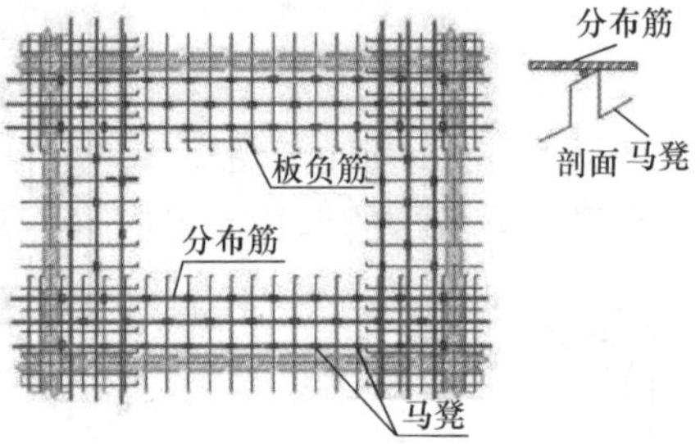

马凳示意图

说明:在每道分布筋下焊接马凳，按梅花状分布，自板边起，不少于3道。

图 3-129　马凳筋布置（二）

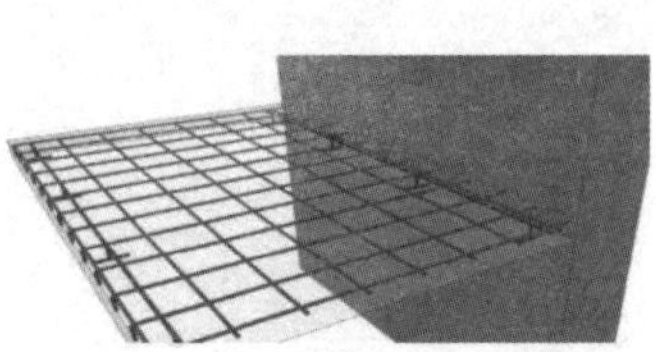

图 3-130　悬臂板钢筋定位措施（一）

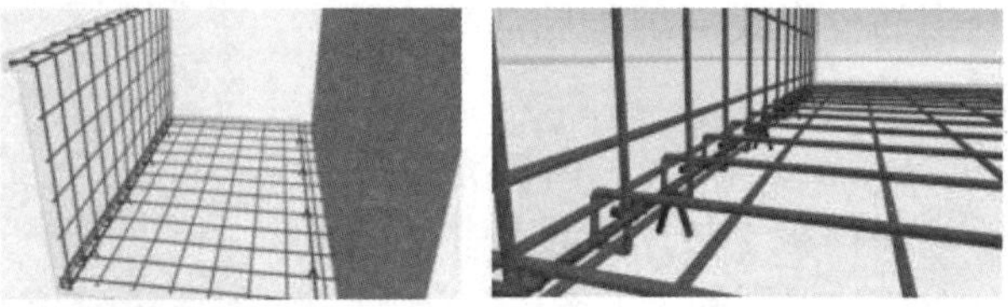

图 3-131　悬臂板钢筋定位措施（二）

③ 绑扎板筋时一般用顺扣或八字扣，最外侧两根钢筋的相交点应全部绑扎，其他各相交点可交错绑扎。如板为双层钢筋，两层筋之间应加钢筋马凳，以确保上部钢筋的位置。双向板相交点须全部绑扎，负弯矩筋每个相交点均应绑扎。板筋绑扎如图 3-132 ~ 图 3-136 所示。

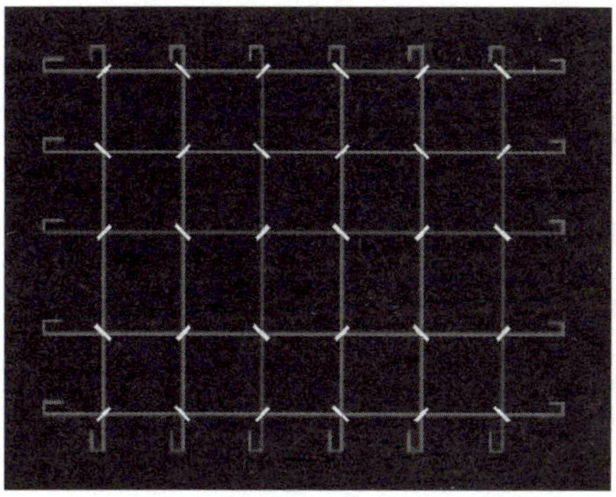

图 3-132　双向板绑扎方法

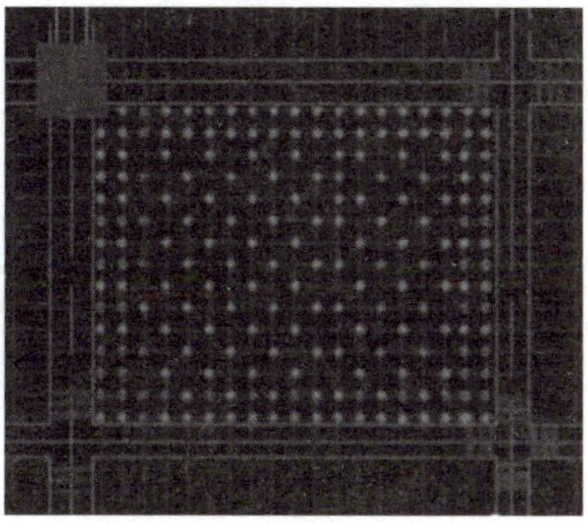

图 3-133　单向板绑扎方法

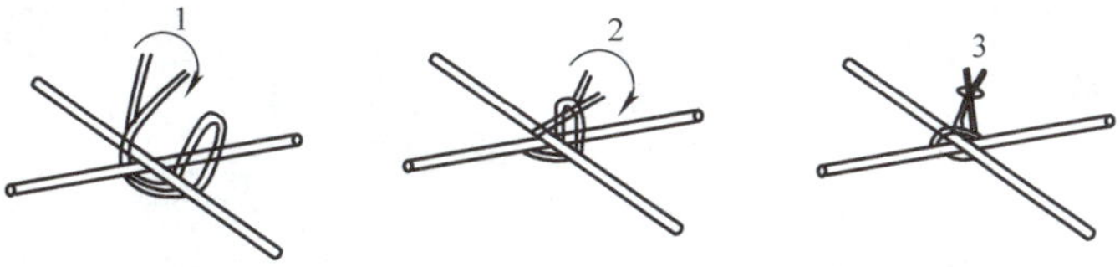

图 3-134　楼板钢筋绑扎示意图（顺扣）

图 3-135　板筋绑扎实例

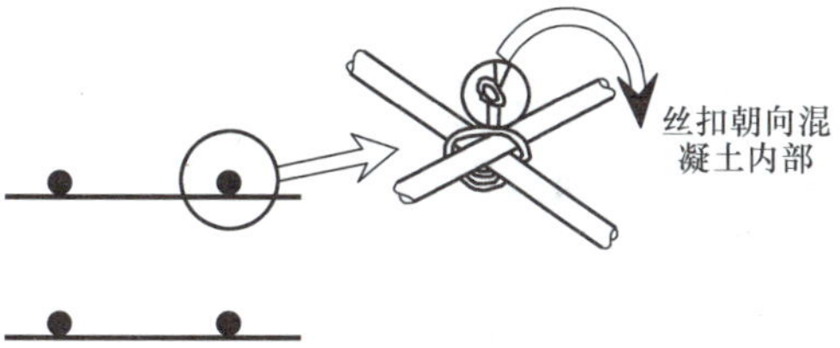

图 3-136　绑扎要求

引导问题 3：混凝土施工工艺流程及施工方法是什么？

运用知识：

1. 工艺流程

作业准备→混凝土搅拌→混凝土运输→柱、梁、板、剪力墙、楼梯混凝土浇筑与振捣→养护。

混凝土浇筑前应将泵管固定好，如图 3-137 所示。

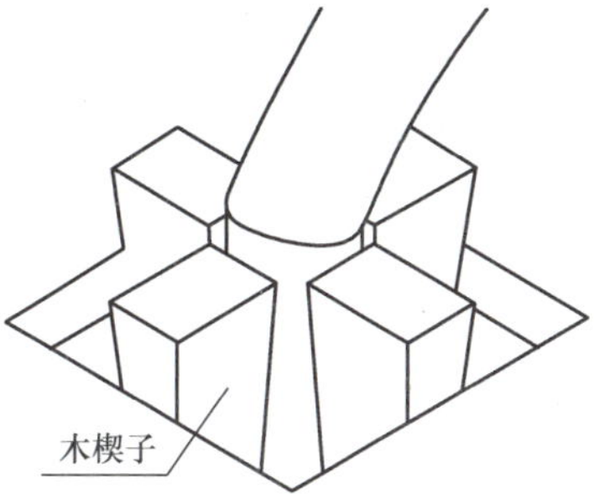

泵管穿楼板固定详图

图 3-137　泵管固定

混凝土浇筑过程的基本要求如图3-138所示。

泵管不得直接搁置在钢筋面上，必须采用废旧轮胎等垫高

浇筑人员必须站在跳板上，不得直接踩踏钢筋

浇筑前湿润模板

浇筑前进行塌落度检测

扶紧布料管浇筑混凝土

浇筑过程中板面标高控制

图3-138 混凝土浇筑过程实例

2. 混凝土浇筑操作要点

1）混凝土自布料管下落的自由倾落高度不得超过3m，浇筑高度如超过3m时必须采取措施，用串桶或溜管等。

2）浇筑混凝土时应分段分层连续进行，浇筑层高度应根据结构特点、钢筋疏密决定，一般为振捣器作用部分长度的1.25倍，最大不超过50cm。

3）使用插入式振捣器，可分为垂直振捣（图 3-139）和斜向振捣（图 3-140）两种方法，操作应快插慢拔，插点要均匀排列，逐点移动，顺序进行，不得遗漏，做到均匀振实。移动间距不大于振捣作用半径的 1.5 倍（一般为 30 ~ 40cm），如图 3-141 所示。振捣上一层时应插入下层 5cm，以消除两层间的接缝，捣震持续时间以表面出现浮浆为宜。表面振动器（或称平板振动器）的移动间距，应保证振动器的平板覆盖已振实部分的边缘。

4）捣震时每一个插点要掌握好振捣时间。时间过短不易振实，时间过长则会引起离析。以混凝土表面呈水平、不大量泛气泡、不再显著下沉、不再浮出灰浆为准。边角处多加注意，防止漏振。

5）墙、柱浇筑要求：墙、柱混凝土的浇筑应该与梁板混凝土浇筑分开进行。墙、柱混凝土浇筑前在底部先铺垫适量厚度的水泥砂浆（所用水泥与混凝土所用水泥品种、等级相同）。墙、柱混凝土应分层浇筑、振捣，分层厚度不超过振捣棒有效长度的 1.25 倍。控制方法：自制一把有厘米刻度的木质活动尺，将木尺靠在墙模内壁，通过垫木挂于模板顶端，使刻度尺悬于下方，下悬长度根据计算确定，然后由铁销固定，则混凝土浇筑至尺底，如图 3-142所示。振捣棒不得触动钢筋和预埋件。除上面振捣外，下面要有人随时敲打模板。浇筑完后，应随时将伸出的搭接钢筋整理到位。用木抹子按标高线将墙上表面混凝土找平。

图 3-139　垂直振捣

图 3-140　斜向振捣

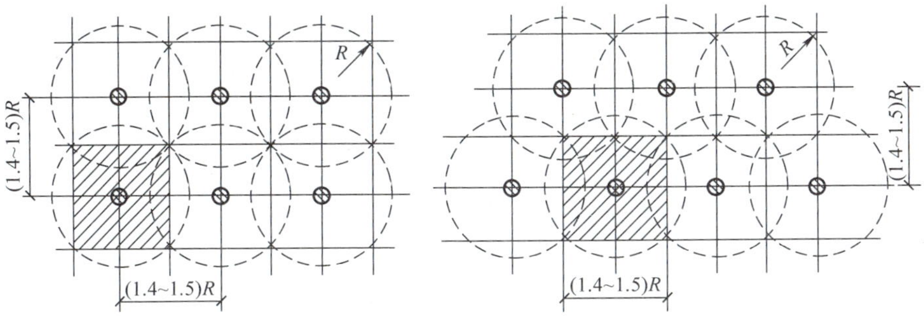

图 3-141　振动棒插点布置示意

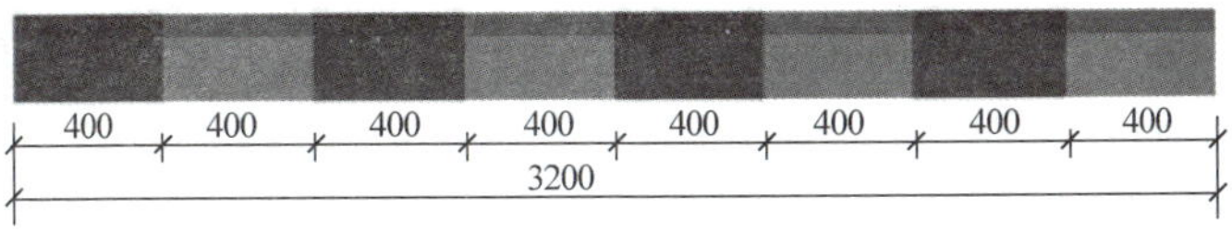

图 3-142　分层浇筑木质活动尺

上下层的间隔时间不应超过 2h，预先安排好混凝土下料点位置和振捣棒操作人员数量、振捣插入点位置，如图 3-143 所示。

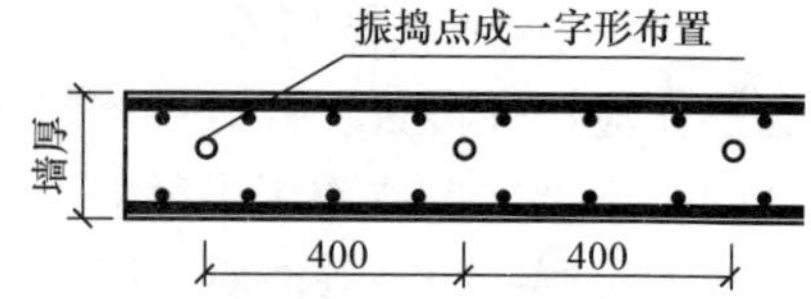

图 3-143　墙、柱振捣点示意

在振捣时注意钢筋密集及洞口部位，为防止出现漏振，须在洞口两侧同时振捣，振捣棒距洞边 30cm 以上，下灰高度也要大体一致，大洞口的洞底模板上应开孔，并在此处浇筑振捣。

6）梁、板混凝土浇筑。

① 梁、板应同时浇筑，浇筑方法应由一端开始用“赶浆法”，即先浇筑梁，根据梁高分层浇筑成阶梯形，当达到板底位置时再与板的混凝土一起浇筑，随着阶梯形不断延伸，梁板混凝土浇筑连续向前进行。

② 与板连成整体高度大于 1m 的梁，允许单独浇筑，其施工缝应留在板底以下 2～3cm 处。浇捣时，浇筑与振捣必须紧密配合，第一层下料慢些，梁底充分振实后再下第二层料，用“赶浆法”。混凝土倾倒方向与浇筑方向相反，如图 3-144、图 3-145 所示。保持水泥浆沿梁底包裹石子向前推进，每层均应振实后再下料，梁底及梁帮部位要注意振实，振捣时不得触动钢筋及预埋件。

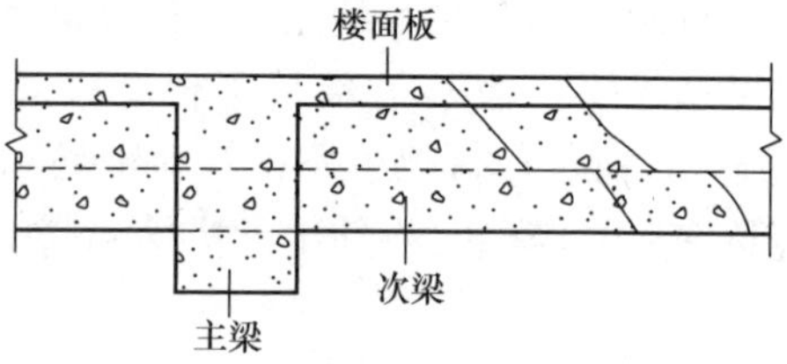

图 3-144　梁、板同时浇筑方法示意

梁板混凝土的浇筑应由远而近。采用多根输送管同时浇筑时，其浇筑速度宜保持一致。

③ 梁柱节点钢筋较密时，浇筑此处混凝土时宜用小粒径石子同强度等级的混凝土浇筑，并用小直径振捣棒振捣。

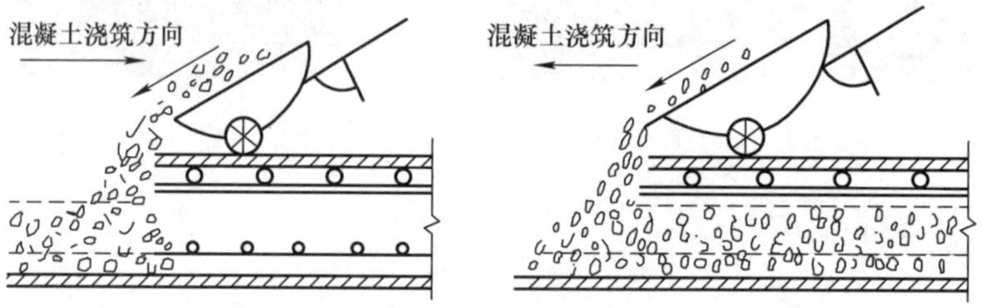

(正确)　　(错误)

图 3-145　混凝土倾倒方向与浇筑方向相反

④ 浇筑板混凝土的虚铺厚度应略大于板厚，用平板振捣器垂直浇筑方向来回振捣，厚板可用插入式振捣器顺浇筑方向拖拉振捣，并用铁插尺检查混凝土厚度，振捣完毕后用长木抹子抹平。施工缝处或有预埋件及插筋处用木抹子找平。浇筑板混凝土时不允许用振捣棒铺摊混凝土。

⑤ 有竖向构件钢筋（墙、柱）时，以画在钢筋上的 500mm 控制点拉线控制，用人工刮杠找平，如图 3-146 所示。没有竖向构件钢筋时，屋面或跨度超过 8m 时，临时点焊Φ16 以上竖向钢筋，并抄测 500mm 控制点拉线控制，用人工刮杠找平。

⑥ 板混凝土收面要求。

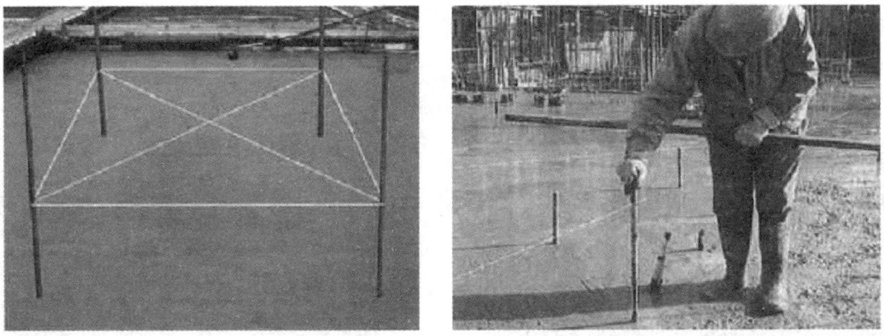

图 3-146　抄测 500mm 控制点拉线及测量楼面标高

a. 混凝土地面浇捣一次成形，原浆抹平，终凝前打磨压实，如图 3-147 所示。收面时必须压实拉毛，如图 3-148 所示。

粗平

第一次木抹子抹平

边角及吊模部位的收面工作

铁抹子伸入吊模下方抹平

第二次木抹子抹平

第二次钢抹子压光

图 3-147　混凝土收面过程实例组图

图 3-148　拉毛处理

b. 混凝土提浆抹压应主要采用抹光机，如图 3-149 所示。抹压前应清除混凝土表面浮浆与泌水，墙、柱边缘及开间过小的房间或结构降板等不适用机械抹压的部位采用人工抹压辅助，如图 3-150 所示。

c. 注意混凝土提浆抹压时间，必须在初凝后、终凝前进行，提浆抹压应以混凝土踩上去有脚印但不下陷为宜，二次压实压平的时间应在提浆后 30～60min 进行，并在终凝前完成。混凝土的凝结硬化时间受混凝土设计强度等级、外界温度等因素影响较大，应有专人随时观察凝结情况。

7）楼梯混凝土浇筑。楼梯段混凝土自下而上浇筑，先振实底板混凝土，达到踏步位置时再与踏步混凝土一起浇捣，不断连续向上推进，如图3-151所示，并随时用木抹子（或塑料抹子）将踏步上表面抹平。

图3-149　抹平机原浆收光

图3-150　完成效果

图3-151　楼梯段混凝土施工过程实例组图

3. 施工缝留设的要求（图3-152～图3-156）

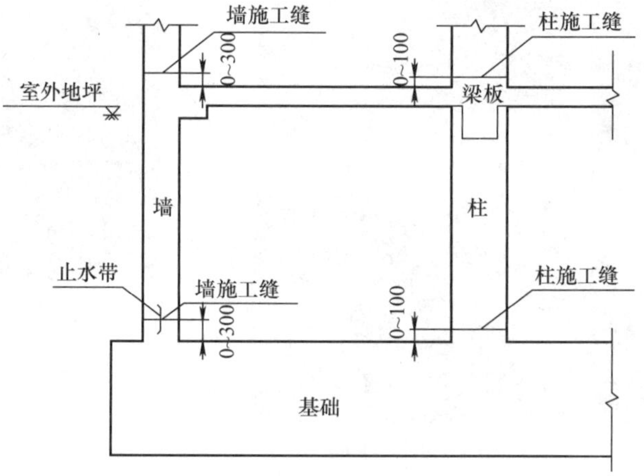

图3-152　施工缝留设示意（一）

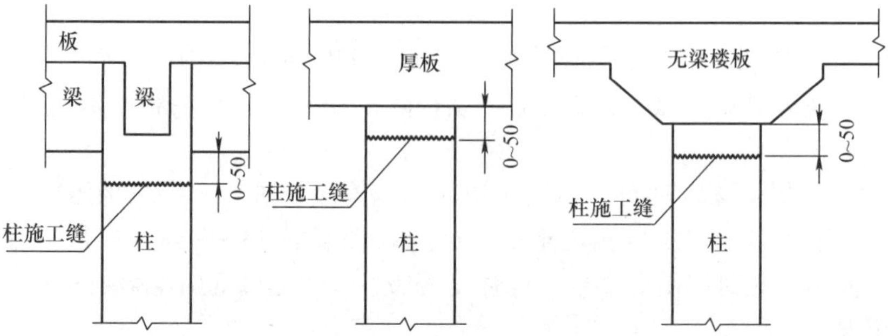

图3-153　施工缝留设示意（二）

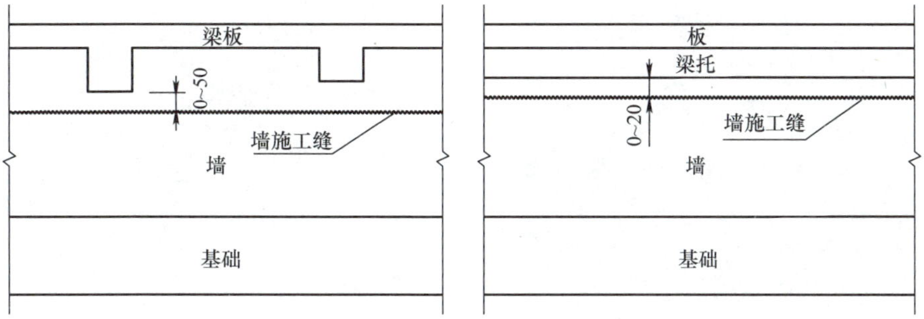

图 3-154　施工缝留设示意（三）

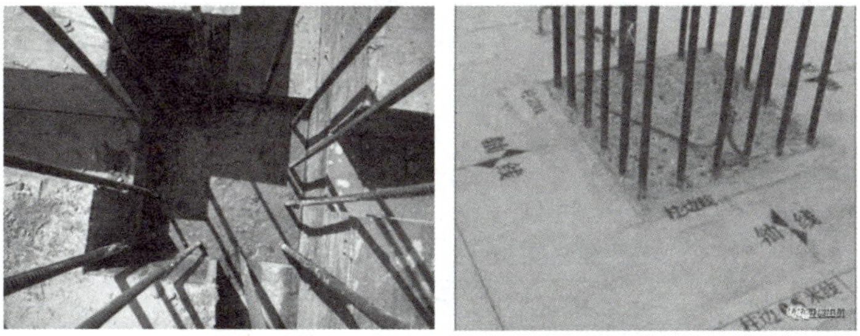

图 3-155　柱施工缝留设实例组图

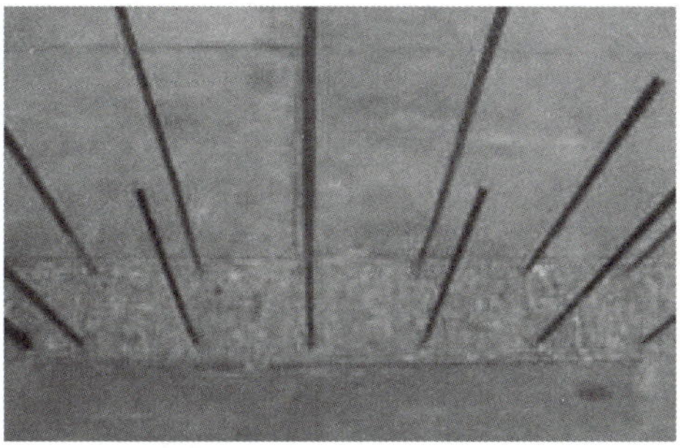

图 3-156　剪力墙施工缝留设（凿毛）实例

1）墙柱混凝土设计强度比梁、板混凝土设计强度高时，应在交界区域采取分隔措施。分隔位置应在低强度等级的构件中，且距高强度等级构件边缘不应小于 500mm。

2）梁钢筋绑扎时，在靠近柱、剪力墙交界部位按 1/2 梁高或大于等于 500mm 处，采用快易收口网或铝线网分隔，收口网成 45° 角放置（图 3-157）。收口网应在梁筋绑扎完成前绑扎完成。浇筑时为了防止混凝土随处流淌，可采用专用器具拦截的方法对混凝土进行拦截，如图 3-158 所示。混凝土拦截成型效果如图 3-159 所示。

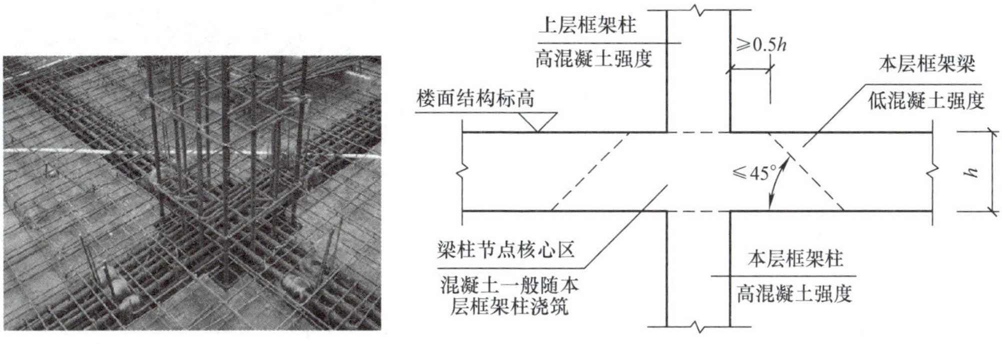

图 3-157　梁柱接头施工方法示意

图 3-158　高低强度等级混凝土分离

图 3-159　混凝土拦截成型效果

楼梯段施工缝留设如图 3-160、图 3-161 所示。

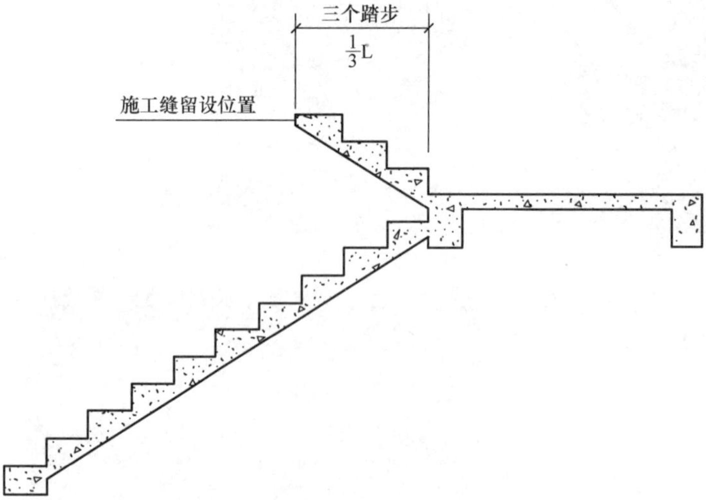

图 3-160　楼梯段施工缝留设示意

图 3-161　楼梯段施工缝实例

施工缝的表面应与梁轴线或板面垂直，不得留斜槎。施工缝宜用木板或钢丝网挡牢。施工缝处须待已浇筑混凝土的抗压强度不小于 1.2MPa 时，才允许继续浇筑。在继续浇筑混凝土前，施工缝混凝土表面应凿毛，剔除浮动石子，如图 3-162 所示，并用水冲洗干净后，先浇一层水泥浆，然后继续浇筑混凝土，应细致操作振实，使新旧混凝土紧密结合。

图 3-162　楼梯施工缝接头处凿毛处理

4. 混凝土养护

混凝土浇筑完毕后，应在 12h 以内加以覆盖和浇水，浇水次数应能保持混凝土有足够的润湿状态，养护期一般不少于 7 昼夜。地下室、屋面等部位以及使用外加剂的混凝土养护时间不少于 14d。地下室底层和上部结构首层柱、墙混凝土带模养护时间，不宜少于 3d；带模养护结束后可采用洒水养护方式继续养护，必要时也可采用覆盖养护或喷涂养护剂养护方式继续养护，如图 3-163 所示。其他部位柱、墙混凝土可采用洒水养护；必要时，也可采用覆盖养护或喷涂养护剂养护。

塑料薄膜覆盖养护

织物覆盖养护

墙体喷洒养护

柱子缠绕薄膜养护

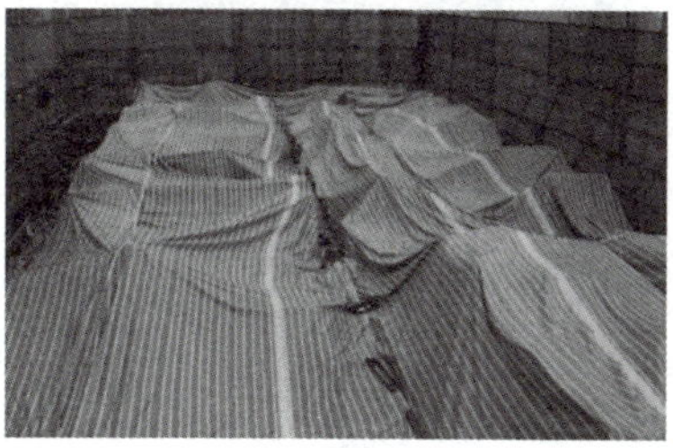

保温养护措施

图 3-163　混凝土养护方式实例组图

二、教师审查每个小组的工作方案并提出整改建议

整改建议记录：

三、各小组进一步优化方案并确定最终工作方案

最终工作方案记录：

实践成果

1）实践作业。

2）工作情境模拟操作。

典型任务5 钢筋混凝土工程施工记录填写工作

知识点：

1. 钢筋混凝土工程竣工验收标准、规范。
2. 钢筋混凝土工程施工记录。

能力（技能）点：

能够按照《建筑工程竣工验收资料标准》填写钢筋混凝土工程施工记录。

实践目的

1）以实际应用为主，培养实际操作能力，提高动手能力。

2）通过现场具体操作训练，获得生产技能和施工方面实际知识，理解并系统掌握钢筋混凝土工程施工记录填写的方法。

实践分解任务

根据施工实际情况进行钢筋混凝土工程施工记录的填写。

实践分组

以小组为单位（6~8人为一组），在规定时间内完成以上任务。

实践场地

实训室、机房。

实践实施过程

一、每个学生提出自己的工作计划和方案并进行小组讨论

引导问题1：钢筋混凝土工程竣工验收标准、规范有哪些？

运用知识：《建筑工程施工质量验收统一标准》（GB 50300—2013）；《混凝土结构工程施工质量验收规范》（GB 50204—2015）。

引导问题2：钢筋混凝土工程施工记录填写要求有哪些？

运用知识：

1. 表头部分的填写

1）各分项工程检验批验收前班组需自检。自检检验批的质量验收记录由班组长填写。

2）单位（子单位）工程名称，按合同文件上的单位工程名称填写，子单位工程标出该部分的位置。分部（子分部）工程名称，按验收规范划定的分部（子分部）名称填写。验收部位是指一个分项工程中验收的检验批的抽样范围，要标注清楚，如二层①~⑩轴线砖

砌体。

施工班组填写施工班组的全称，班组负责人填写班组长姓名。

3）施工执行标准名称及编号按技术交底中的要求填写。

2. 质量验收规范的规定栏

这些内容是验收检验项目的依据。

3. 检验项目施工班组检查评定记录

1）“检验项目”的质量情况，如有具体数据的填写数据。无数据的，填写实际情况。当分项工程检验批检查时发现不合格者必须进行处理，否则不得进行下一道工序的施工。

2）施工班组检查评定结果栏目由班组长填写。

3）对检验项目合格点有要求的项目，应是其中带有数据的定量项目；定性项目必须基本达到。定量项目其中每个项目都必须有 80% 以上（混凝土保护层为 90%）检测点的实测数值达到规范规定。其余 20% 按各专业施工质量验收规范规定，不能大于 150%，钢结构为 120%，即有数据的项目，除必须达到规定的数值外，其余可放宽的，最大放宽到 150%。

“施工单位检查评定记录”栏的填写，有数据的项目，将实际测量的数值填入格内，超企业标准的数字、而没有超过国家验收规范的用“O”将其圈住，对超过国家验收规范的用“Δ”圈住。

4. 施工班组检查评定结果

施工班组自行检查评定合格后，应注明“检验项目满足规范规定要求”。

质量检验记录表格及填写范例见表 3-8 ~ 表 3-18。

二、教师审查每个小组的工作方案并提出整改建议

整改建议记录：

三、各小组进一步优化方案并确定最终工作方案

最终工作方案记录：

实践成果

1）实践作业。

2）工作情境模拟操作。

表 3-8　模板安装检验记录

<table>
<tr><td>单位（子单位）
工程名称</td><td></td><td>分部（子分部）
工程名称</td><td></td><td>分项工程名称</td><td></td></tr>
<tr><td>施工班组</td><td></td><td>班组负责人</td><td></td><td>检验部位</td><td></td></tr>
<tr><td>施工依据</td><td colspan="2"></td><td>检查依据</td><td colspan="2">《混凝土结构工程施工质量验收规范》（GB 50204—2015）</td></tr>
</table>

<table>
<tr><td colspan="5">验收项目</td><td>设计要求及
规范规定</td><td>最小/实际
抽样数量</td><td>检查记录</td><td>检查结果</td></tr>
<tr><td rowspan="21">一般项目</td><td>1</td><td colspan="3">模板安装的一般要求</td><td>第 4. 2. 3 条</td><td>—</td><td></td><td></td></tr>
<tr><td>2</td><td colspan="3">用作模板的地坪、胎膜质量</td><td>第 4. 2. 4 条</td><td>—</td><td></td><td></td></tr>
<tr><td>3</td><td colspan="3">模板起拱高度</td><td>第 4. 2. 5 条</td><td>—</td><td></td><td></td></tr>
<tr><td rowspan="9">4</td><td rowspan="9">预埋件、预留孔允许偏差</td><td colspan="2">预埋钢板中心线位置/mm</td><td>3</td><td>—</td><td></td><td></td></tr>
<tr><td colspan="2">预埋管、预留孔中心线位置/mm</td><td>3</td><td>—</td><td></td><td></td></tr>
<tr><td rowspan="2">插筋</td><td>中心线位置/mm</td><td>5</td><td>—</td><td></td><td></td></tr>
<tr><td>外露长度/mm</td><td>+10，0</td><td>—</td><td></td><td></td></tr>
<tr><td rowspan="2">预埋螺栓</td><td>中心线位置/mm</td><td>2</td><td>—</td><td></td><td></td></tr>
<tr><td>外露长度/mm</td><td>+10，0</td><td>—</td><td></td><td></td></tr>
<tr><td rowspan="2">预留洞</td><td>中心线位置/mm</td><td>10</td><td>—</td><td></td><td></td></tr>
<tr><td>尺寸/mm</td><td>+10，0</td><td>—</td><td></td><td></td></tr>
<tr style="display:none"></tr>
<tr><td rowspan="8">5</td><td rowspan="8">模板安装允许偏差</td><td colspan="2">轴线位置</td><td>5</td><td>—</td><td></td><td></td></tr>
<tr><td colspan="2">底模上表面标高/mm</td><td>±5</td><td>—</td><td></td><td></td></tr>
<tr><td rowspan="2">截面内部尺寸/mm</td><td>基础</td><td>±10</td><td>—</td><td></td><td></td></tr>
<tr><td>柱、墙、梁</td><td>+4，-5</td><td>—</td><td></td><td></td></tr>
<tr><td rowspan="2">层高垂直度/mm</td><td>不大于 5m</td><td>6</td><td>—</td><td></td><td></td></tr>
<tr><td>大于 5m</td><td>8</td><td>—</td><td></td><td></td></tr>
<tr><td colspan="2">相邻两板表面高低差/mm</td><td>2</td><td>—</td><td></td><td></td></tr>
<tr><td colspan="2">表面平整度/mm</td><td>5</td><td>—</td><td></td><td></td></tr>
</table>

表 3-9 模板拆除检验记录

<table>
<tr><td colspan="3">单位（子单位）工程名称</td><td colspan="4"></td></tr>
<tr><td colspan="3">分部（子分部）工程名称</td><td colspan="2"></td><td>验收部位</td><td></td></tr>
<tr><td colspan="2">施工单位</td><td colspan="3"></td><td>项目经理</td><td></td></tr>
<tr><td colspan="3">施工执行标准名称及编号</td><td colspan="4"></td></tr>
<tr><td colspan="4">施工质量验收规范的规定</td><td colspan="2">施工单位检查评定记录</td><td>监理(建设)单位验收记录</td></tr>
<tr><td rowspan="5">主控项目</td><td>1</td><td>底模及其支架拆除时的混凝土强度</td><td>第 4.3.1 条</td><td colspan="2"></td><td rowspan="5"></td></tr>
<tr><td>2</td><td>后张法预应力构件侧模和底模的拆除时间</td><td>第 4.3.2 条</td><td colspan="2"></td></tr>
<tr><td>3</td><td>后浇带拆模和支顶</td><td>第 4.3.3 条</td><td colspan="2"></td></tr>
<tr><td></td><td></td><td></td><td colspan="2"></td></tr>
<tr><td></td><td></td><td></td><td colspan="2"></td></tr>
<tr><td rowspan="5">一般项目</td><td>1</td><td>避免拆模损伤</td><td>第 4.3.4 条</td><td colspan="2"></td><td rowspan="5"></td></tr>
<tr><td>2</td><td>模板拆除、堆放和清运</td><td>第 4.3.5 条</td><td colspan="2"></td></tr>
<tr><td></td><td></td><td></td><td colspan="2"></td></tr>
<tr><td></td><td></td><td></td><td colspan="2"></td></tr>
<tr><td></td><td></td><td></td><td colspan="2"></td></tr>
<tr><td colspan="3" rowspan="2">施工单位检查评定结果</td><td>专业工长（施工员）</td><td></td><td>施工班组长</td><td></td></tr>
<tr><td colspan="4">项目专业质量检查员：　　　　年　月　日</td></tr>
<tr><td colspan="3">监理（建设）单位验收结论</td><td colspan="4">专业监理工程师
（建设单位项目专业技术负责人）：　　　　年　月　日</td></tr>
</table>

表 3-10　钢筋加工检验记录

<table>
<tr><td colspan="3">单位（子单位）工程名称</td><td></td><td colspan="2">分部（子分部）工程名称</td><td></td><td>分项工程名称</td><td></td></tr>
<tr><td colspan="3">施工班组</td><td></td><td colspan="2">班组负责人</td><td></td><td>检验部位</td><td></td></tr>
<tr><td colspan="3">施工依据</td><td colspan="3"></td><td>验收依据</td><td colspan="2">《混凝土结构工程施工质量验收规范》（GB 50204—2015）</td></tr>
<tr><td colspan="4">验收项目</td><td>设计要求及规范规定</td><td>最小/实际抽样数量</td><td colspan="2">检查记录</td><td>检查结果</td></tr>
<tr><td rowspan="4">检验项目</td><td>1</td><td colspan="2">钢筋调直</td><td>第 5.3.3 条</td><td>—</td><td colspan="2"></td><td></td></tr>
<tr><td>2</td><td rowspan="3">钢筋加工的形状、尺寸</td><td>受力钢筋顺长度方向全长的净尺寸</td><td>±10</td><td>—</td><td colspan="2"></td><td></td></tr>
<tr><td>3</td><td>弯起钢筋的弯折位置</td><td>±20</td><td>—</td><td colspan="2"></td><td></td></tr>
<tr><td>4</td><td>箍筋内净尺寸</td><td>±5</td><td>—</td><td colspan="2"></td><td></td></tr>
</table>

表 3-11　钢筋连接检验记录

<table>
<tr><td colspan="2">单位（子单位）工程名称</td><td></td><td colspan="2">分部（子分部）工程名称</td><td></td><td>分项工程名称</td><td></td></tr>
<tr><td colspan="2">施工班组</td><td></td><td colspan="2">班组负责人</td><td></td><td>检验部位</td><td></td></tr>
<tr><td colspan="2">施工依据</td><td colspan="3"></td><td>验收依据</td><td colspan="2">《混凝土结构工程施工质量验收规范》（GB 50204—2015）</td></tr>
<tr><td colspan="3">验收项目</td><td>设计要求及规范规定</td><td>最小/实际抽样数量</td><td colspan="2">检查记录</td><td>检查结果</td></tr>
<tr><td rowspan="5">检验项目</td><td>1</td><td>接头位置和数量</td><td>第 5.4.3 条</td><td>—</td><td colspan="2"></td><td></td></tr>
<tr><td>2</td><td>机械连接和焊接的外观质量</td><td>第 5.4.4 条</td><td>—</td><td colspan="2"></td><td></td></tr>
<tr><td>3</td><td>机械连接和焊接的接头面积百分率</td><td>第 5.4.5 条</td><td>—</td><td colspan="2"></td><td></td></tr>
<tr><td>4</td><td>绑扎搭接接头面积百分率和搭接长度</td><td>第 5.4.6 条
附录 B</td><td>—</td><td colspan="2"></td><td></td></tr>
<tr><td>5</td><td>搭接长度范围内的箍筋</td><td>第 5.4.7 条</td><td>—</td><td colspan="2"></td><td></td></tr>
</table>

表 3-12　钢筋安装检验记录

单位（子单位）工程名称		分部（子分部）工程名称		分项工程名称	
施工班组		班组负责人		检验部位	
施工依据			检查依据	《混凝土结构工程施工质量验收规范》（GB 50204—2015）	

验收项目					设计要求及规范规定	最小/实际抽样数量	检查记录	检查结果
检验项目	1	绑扎钢筋	长、宽/mm		±10	—		
			网眼尺寸/mm		±20	—		
	2	绑扎钢筋骨架	长、宽/mm		±10	—		
			网眼尺寸/mm		±5	—		
	3	受力钢筋	间距/mm		±10	—		
			排距/mm		±5	—		
			保护层厚度/mm	基础	±10	—		
				柱、梁	±5	—		
				板、墙、壳	±3	—		
	4	绑扎箍筋、横向钢筋间距/mm			±20	—		
	5	钢筋弯起点位置/mm			20	—		
	6	预埋件	中心线位置/mm		5	—		
			水平高差/mm		+3，0	—		

施工单位检查评定结果	专业工长（施工员）	×××	施工班组长	×××
	一般项目满足施工规范规定要求 2021 年×月×日			

表 3-13　模板安装检验批质量验收记录

<table>
<tr><td colspan="3">单位（子单位）工程名称</td><td></td><td colspan="2">分部（子分部）工程名称</td><td colspan="2">主体结构/混凝土结构</td><td>分项工程名称</td><td>模板</td></tr>
<tr><td colspan="3">施工单位</td><td></td><td colspan="2">项目负责人</td><td colspan="2"></td><td>检验批容量</td><td>36 件</td></tr>
<tr><td colspan="3">分包单位</td><td>—</td><td colspan="2">分包单位项目负责人</td><td colspan="2">—</td><td>检验批部位</td><td>一层柱</td></tr>
<tr><td colspan="3">施工依据</td><td colspan="3">混凝土结构工程施工规范（GB 50666—2011）</td><td colspan="2">验收依据</td><td colspan="2">《混凝土结构工程施工质量验收规范》（GB 50204—2015）</td></tr>
<tr><td colspan="3">验收项目</td><td colspan="3">设计要求及规范规定</td><td>样本总数</td><td>最小/实际抽样数量</td><td>检查记录</td><td>检查结果</td></tr>
<tr><td rowspan="6">主控项目</td><td>1</td><td>模板材料质量</td><td>模板及支架用材料的技术指标应符合国家现行有关标准的规定。进场时应抽样检验模板和支架材料的外观、规格和尺寸</td><td>检查质量证明文件；观察、尺量</td><td rowspan="2">按国家现行有关标准的规定确定</td><td></td><td>—</td><td>质量证明文件齐全，检验合格</td><td>√</td></tr>
<tr><td>2</td><td>模板安装质量</td><td>现浇混凝土结构模板及支架的安装质量应符合国家现行有关标准的规定和施工方案的要求</td><td>按国家现行有关标准的规定执行</td><td></td><td>—</td><td>检验合格，符合要求</td><td>√</td></tr>
<tr><td>3</td><td>模板及支架设置</td><td>后浇带处的模板及支架应独立设置</td><td>观察</td><td>全数检查</td><td></td><td>—</td><td>—</td><td>—</td></tr>
<tr><td rowspan="3">4</td><td rowspan="3">模板安装要求</td><td>土层应坚实、平整，其承载力或密实度应符合施工方案要求</td><td rowspan="3">观察；检查土层密实度检测报告、土层承载力验算或现场检测报告</td><td rowspan="3">全数检查</td><td></td><td>—</td><td>检验合格，符合要求</td><td>√</td></tr>
<tr><td>应有防水、排水措施：对冻胀性土，应有预防冻融措施</td><td></td><td>—</td><td>检验合格，符合要求</td><td>√</td></tr>
<tr><td>支架竖杆下应有底座或垫板</td><td></td><td>—</td><td>检验合格，符合要求</td><td>√</td></tr>
<tr><td rowspan="5">一般项目</td><td rowspan="5">1</td><td rowspan="5">模板安装</td><td>模板的接缝应严密</td><td rowspan="5">观察</td><td rowspan="5">全数检查</td><td>36</td><td>全/36</td><td>抽查 36 处，合格 36 处</td><td>100%</td></tr>
<tr><td>模板内不应有杂物、积水或冰雪等</td><td>36</td><td>全/36</td><td>抽查 36 处，合格 36 处</td><td>100%</td></tr>
<tr><td>模板与混凝土的接触面应平整、清洁</td><td>36</td><td>全/36</td><td>抽查 36 处，合格 36 处</td><td>100%</td></tr>
<tr><td>用作模板的地坪、胎膜等应平整、清洁。不应有影响构件质量的下沉、裂缝、起砂或起鼓</td><td></td><td>—</td><td>—</td><td>—</td></tr>
<tr><td>对清水混凝土及装饰混凝土构件。应使用能达到设计效果的模板</td><td>36</td><td>全/36</td><td>抽查 36 处，合格 36 处</td><td>100%</td></tr>
</table>

（续）

验收项目			设计要求及规范规定			样本总数	最小/实际抽样数量	检查记录	检查结果
一般项目	2	隔离剂的质量	隔离剂的品种和涂刷方法应符合施工方案的要求。隔离剂不得影响结构性能及装饰施工；不得沾污钢筋、预应力筋、预埋件和混凝土按接处；不得对环境造成污染	检查质量证明文件；观察	全数检查		—	质量证明文件齐全，检验合格	√
	3	模板起拱高度	模板的起拱应符合现行国家标准《混凝土结构工程施工规范》（GB 50666—2011）的规定，并应符合设计及施工方案的要求	水准仪或尺量	在同一检验批内。对梁，跨度大于18m时应全数检查，跨度不大于18m时应抽查构件数量的10%，且不应少于3件；对板，应按有代表性的自然间抽查10%，且不应少于3间；对大空间结构，板可按纵、横轴线划分检查面，抽查10%，且不应少于3面		—	—	—
	4	支模、支架要求	现浇混凝土结构多层连续支模应符合施工方案的规定。上下层模板支架的竖杆宜对准。竖杆下垫板的设置应符合施工方案的要求	观察	全数检查	36	全/36	抽查36处，合格36处	100%
	5	预埋件和预留孔洞	固定在模板上的预埋件和预留孔洞不得遗漏，且应安装牢固。有抗渗要求的混凝土结构中的预埋件。应按设计及施工方案的要求采取防渗措施。预埋件和预留孔洞的位置应满足设计和施工方案的要求。当设计无具体要求时，其位置偏差应符合表4.2.9的规定	观察，尺量	在同一检验批内。对梁、柱和独立基础。应抽查构件数量的10%，且不应少于3件；对墙和板。应按有代表性的自然间抽查10%，且不应少于3间；对大空间结构，墙可按相邻轴线间高度5m左右划分检查面。板可按纵、横轴线划分检查面，抽查10%，且均不应少于3面		—	—	—

（续）

验收项目					设计要求及规范规定			样本总数	最小/实际抽样数量	检查记录	检查结果
一般项目	6	预埋件、预留孔洞允许偏差/mm	预埋板中心线位置		3	观察，尺量	在同一检验批内。对梁、柱和独立基础。应抽查构件数量的10%，且不应少于3件；对墙和板。应按有代表性的自然间抽查10%。且不应少于3间；对大空间结构，墙可按相邻轴线间高度5m左右划分检查面。板可按纵、横轴线划分检查面。抽查10%，且均不应少于3面		—	—	—
			预埋管、预留孔中心线位置		3				—	—	—
			插筋	中心线位置	5				—	—	—
				外露长度	+10				—	—	—
			预埋螺栓	中心线位置	2				—	—	—
				外露长度	+10				—	—	—
			预留洞	中心线位置	10				—	—	—
				尺寸	+10				—	—	—
	7	现浇结构模板安装允许偏差/mm	轴线位置		5	尺量	在同一检验批内。对梁、柱和独立基础。应抽查构件数量的10%，且不应少于3件；对墙和板。应按有代表性的自然间抽查10%。且不应少于3间；对大空间结构，墙可按相邻轴线间高度5m左右划分检查面。板可按纵、横轴线划分检查面。抽查10%，且均不应少于3面	36	4/4	抽查4处，合格4处	100%
			底模上表面标高		±5	水准仪或拉线尺量			—	—	—
			模板内部尺寸	基础	±10	尺量			—	—	—
				柱、墙、梁	±5			36	4/4	抽查4处，合格4处	100%
				楼梯相邻踏步高差	5				—	—	—
			柱、墙垂直	层高≤6m	8	经纬仪或吊线、尺量		36	4/4	抽查4处，合格4处	100%
				层高>6m	10			36	4/4	抽查4处，合格4处	100%
			相邻模板表面高差		2	尺量		36	4/4	抽查4处，合格4处	100%
			表面平整度		5	2m靠尺和塞尺量测		36	4/4	抽查4处，合格4处	100%

施工单位检查结果	专业工长： 项目专业质量检查员： 2022年4月9日
监理（建设）单位验收结论	专业监理工程师： （建设单位项目专业技术负责人）： 年　月　日

表 3-14 钢筋加工检验批质量验收记录

单位（子单位）工程名称				分部（子分部）工程名称		主体结构/混凝土结构		分项工程名称	钢筋
施工单位				项目负责人				检验批容量	5 种
分包单位			—	分包单位项目负责人		—		检验批部位	一层柱
施工依据			混凝土结构工程施工规范（GB 50666—2011）			验收依据		《混凝土结构工程施工质量验收规范》（GB 50204—2015）	
验收项目			设计要求及规范规定			样本总数	最小/实际抽样数量	检查记录	检查结果
主控项目	1	钢筋弯弧内直径	光圆钢筋，不应小于钢筋直径的 2.5 倍	尺量	同一设备加工的同一类型钢筋，每工作班抽查不应少于 3 件		—	—	—
			335MPa 级、400MPa 级带肋钢筋，不应小于钢筋直径的 4 倍			5	15/15	抽查 15 处，合格 15 处	√
			500MPa 级带肋钢筋。当直径为 28mm 以下时不应小于钢筋直径的 6 倍；当直径为 28mm 及以上时不应小于钢筋直径的 7 倍				—	—	—
			箍筋弯折处尚不应小于纵向受力钢筋的直径			5	15/15	抽查 15 处，合格 15 处	√
	2	钢筋弯折	纵向受力钢筋的弯折后平直段长度应符合设计要求。光圆钢筋末端作 180°弯钩时。弯钩的平直段长度不应小于钢筋直径的 3 倍	尺量	同一设备加工的同一类型钢筋，每工作班抽查不应少于 3 件	5	15/15	抽查 15 处，合格 15 处	√
	3	弯钩要求	对一般结构构件。箍筋弯钩的弯折角度不应小于 90°，弯折后平直段长度不应小于箍筋直径的 5 倍；对有抗震设防要求或设计有专门要求的结构构件。箍筋弯钩的弯折角度不应小于 135°，弯折后平直段长度不应小于箍筋直径的 10 倍	尺量	同一设备加工的同一类型钢筋，每工作班抽查不应少于 3 件	5	15/15	抽查 15 处，合格 15 处	√

（续）

<table>
<tr><th colspan="3">验收项目</th><th colspan="4">设计要求及规范规定</th><th>样本总数</th><th>最小/实际抽样数量</th><th>检查记录</th><th>检查结果</th></tr>
<tr><td rowspan="3">主控项目</td><td rowspan="2">3</td><td rowspan="2">弯钩要求</td><td colspan="2">圆形箍筋的搭接长度不应小于其受拉锚固长度，且两末端弯钩的弯折角度不应小于 135°，弯折后平直段长度对一般结构构件不应小于箍筋直径的 5 倍。对有抗震设防要求的结构构件不应小于箍筋直径的 10 倍</td><td rowspan="2">尺量</td><td rowspan="2">同一设备加工的同一类型钢筋。每工作班抽查不应少于 3 件</td><td></td><td>—</td><td>—</td><td>—</td></tr>
<tr><td colspan="2">梁、柱复合箍筋中的单肢箍筋两端弯钩的弯折角度均不应小于 135°，弯折后平直段长度应符合本条第 1 款对箍筋的有关规定</td><td>5</td><td>5/15</td><td>抽查 15 处，合格 15 处</td><td>√</td></tr>
<tr><td>4</td><td>调直钢筋性能</td><td colspan="2">盘卷钢筋调直后应进行力学性能和重量偏差检验。其强度应符合国家现行有关标准的规定。其断后伸长率、重量偏差应符合表 5.3.4 的规定</td><td>检查抽样检验报告</td><td>同一设备加工的同一牌号、同一规格的调直钢筋。重量不大于 30t 为一批。每批见证抽取 3 个试件</td><td></td><td>—</td><td>—</td><td>—</td></tr>
<tr><td rowspan="3">一般项目</td><td colspan="2" rowspan="3">钢筋加工的允许偏差/mm</td><td>受力钢筋沿长度方向的净尺寸</td><td>±10</td><td rowspan="3">尺量</td><td rowspan="3">同一设备加工的同一类型钢筋，每工作班抽查不应少于 3 件</td><td>5</td><td>5/15</td><td>抽查 15 处，合格 13 处</td><td>87%</td></tr>
<tr><td>弯起钢筋的弯折位置</td><td>±20</td><td>5</td><td>15/15</td><td>抽查 15 处，合格 15 处</td><td>100%</td></tr>
<tr><td>箍筋外廓尺寸</td><td>±5</td><td>5</td><td>15/15</td><td>抽查 15 处，合格 14 处</td><td>93%</td></tr>
<tr><td colspan="3">施工单位检查结果</td><td colspan="8">专业工长：
项目专业质量检查员：
2022 年 4 月 1 日</td></tr>
<tr><td colspan="3">监理（建设）单位验收结论</td><td colspan="8">专业监理工程师：
（建设单位项目专业技术负责人）：
年 月 日</td></tr>
</table>

表 3-15 钢筋安装检验批质量验收记录

单位（子单位）工程名称		分部（子分部）工程名称	主体结构/混凝土结构	分项工程名称	钢筋
施工单位		项目负责人		检验批容量	36 件
分包单位	—	分包单位项目负责人	—	检验批部位	一层柱
施工依据	混凝土结构工程施工规范（GB 50666—2011）		验收依据	《混凝土结构工程施工质量验收规范》（GB 50204—2015）	

验收项目			设计要求及规范规定					样本总数	最小/实际抽样数量	检查记录	检查结果
主控项目	1	受力钢筋的牌号、规格和数量	钢筋安装时，受力钢筋的牌号、规格和数量必须符合设计要求			观察，尺量	全数检查	36	全/36	抽查 36 处，合格 36 处	√
	2	受力钢筋安装位置、锚固方式	受力钢筋的安装位置、锚固方式应符合设计要求			观察，尺量	全数检查	36	全/36	抽查 36 处，合格 36 处	√
一般项目		钢筋安装允许偏差/mm	绑扎钢筋网	长、宽	±10	尺量	在同一检验批内，对梁、柱和独立基础，应抽查构件数量的 10%，且不应少于 3 件；对墙和板，应按有代表性的自然间抽查 10%，且不应少于 3 间；对大空间结构，墙可按相邻轴线间高度 5m 左右划分检查面，板可按纵、横轴线划分检查面，抽查 10%，且均不应少于 3 面		—	—	—
				网眼尺寸、	±20	尺量连续三档，取最大偏差值			—	—	—
			绑扎钢筋骨架	长	±10	尺量		36	4/4	抽查 4 处，合格 4 处	100%
				宽、高	±5			36	4/4	抽查 4 处，合格 4 处	100%
			纵向受力钢筋	锚固长度	−20			36	4/4	抽查 4 处，合格 4 处	100%
				间距	±10	尺量两端、中间各一点，取最大偏差值		36	4/4	抽查 4 处，合格 4 处	100%
				排距	±5			36	4/4	抽查 4 处，合格 4 处	100%
			纵向受力钢筋、箍筋的混凝土保护层厚度	基础	±10	尺量			—	—	—
				柱、梁	±5			36	4/4	抽查 4 处，合格 4 处	100%
				板、墙、壳	±3				—	—	—
			绑扎箍筋、横向钢筋间距		±20	尺置连续三档，取最大偏差值		36	4/4	抽查 4 处，合格 4 处	100%
			钢筋弯起点位置		20	尺量			—	—	—
			预埋件	中心线位置	5				—	—	—
				水平高差	+3，0	塞尺量测			—	—	—

施工单位检查结果	专业工长： 项目专业质量检查员： 2022 年 4 月 7 日
监理（建设）单位验收结论	专业监理工程师： （建设单位项目专业技术负责人）： 年 月 日

广西建设工程质量安全监督总站编制

表 3-16　钢筋连接检验批质量验收记录

<table>
<tr><td colspan="3">单位（子单位）
工程名称</td><td></td><td colspan="2">分部（子分部）
工程名称</td><td colspan="2">主体结构/
混凝土结构</td><td>分项工程名称</td><td>钢筋</td></tr>
<tr><td colspan="3">施工单位</td><td></td><td colspan="2">项目负责人</td><td colspan="2"></td><td>检验批容量</td><td>36 件</td></tr>
<tr><td colspan="3">分包单位</td><td>—</td><td colspan="2">分包单位项目
负责人</td><td colspan="2">—</td><td>检验批部位</td><td>一层柱</td></tr>
<tr><td colspan="3">施工依据</td><td colspan="3">混凝土结构工程施工规范
（GB 50666—2011）</td><td colspan="2">验收依据</td><td colspan="2">《混凝土结构工程施工质量验收规范》
（GB 50204—2015）</td></tr>
<tr><td colspan="3">验收项目</td><td colspan="3">设计要求及规范规定</td><td>样本
总数</td><td>最小/实际
抽样数量</td><td>检查记录</td><td>检查
结果</td></tr>
<tr><td rowspan="3">主控项目</td><td>1</td><td>钢筋的连接方式</td><td>钢筋的连接方式应符合设计要求</td><td>观察</td><td>全数检查</td><td>36</td><td>全/36</td><td>抽查 36 处，合格 36 处</td><td>√</td></tr>
<tr><td>2</td><td>机械连接性能</td><td>钢筋采用机械连接或焊接连接时，钢筋机械连接接头、焊接接头的力学性能、弯曲性能应符合国家现行有关标准的规定。接头试件应从工程实体中截取</td><td>检查质量证明文件和抽样检验报告</td><td>按现行行业标准《钢筋机械连接技术规程》（JGJ 107—2016）和《钢筋焊接及验收规程》（JGJ 18—2012）的规定确定</td><td></td><td>—</td><td>—</td><td>—</td></tr>
<tr><td>3</td><td>螺纹接头直径</td><td>钢筋采用机械连接时，螺纹接头应检验拧紧扭矩值、挤压接头应量测压痕直径。检验结果应符合现行行业标准《钢筋机械连接技术规程》（JGJ 107—2016）的相关规定</td><td>采用专用扭力扳手或专用量规检查</td><td>按现行行业标准《钢筋机械连接技术规程》（JGJ 107—2016）的规定确定</td><td></td><td>—</td><td>—</td><td>—</td></tr>
<tr><td rowspan="2">一般项目</td><td>1</td><td>钢筋接头的位置</td><td>钢筋接头的位置应符合设计和施工方案要求。有抗震设防要求的结构中。梁端、柱端箍筋加密区范围内不应进行钢筋搭接。接头末端型钢筋弯起点的距离不应小于钢筋直径的 10 倍</td><td>观察，尺量</td><td>全数检查</td><td>36</td><td>全/36</td><td>抽查 36 处，合格 31 处</td><td>86%</td></tr>
<tr><td>2</td><td>机械接头外观质量</td><td>钢筋机械连接接头、焊接接头的外观质量应符合现行行业标准《钢筋机械连接技术规程》（JGJ 107—2016）和《钢筋焊接及验收规程》（JGJ 18—2012）的规定</td><td>观察，尺量</td><td>按现行行业标准《钢筋机械连接技术规程》（JGJ 107—2016）和《钢筋焊接及验收规程》（JGJ 18—2012）的规定确定</td><td></td><td>—</td><td>—</td><td>—</td></tr>
</table>

（续）

验收项目			设计要求及规范规定			样本总数	最小/实际抽样数量	检查记录	检查结果
一般项目	3	接头面积百分率	受拉接头，不宜大于50%；受压接头，可不受限制	观察，尺量	在同一检验批内，对梁、柱和独立基础，应抽查构件数量的10%，且不应少于3件；对墙和板，应按有代表性的自然间抽查10%，且不应少于3间；对大空间结构，墙可按相邻轴线间高度5m左右划分检查面，板可按纵横轴线划分检查面，抽查10%，且均不应少于3面	36	4/4	抽查4处，合格4处	100%
			直接承受动力荷载的结构构件中，不宜采用焊接；当采用机械连接时，不应超过50%			36	4/4	抽查4处，合格4处	100%
	4	接头的设置	接头的横向净间距不应小于钢筋直径，且不应小于25mm	观察，尺量	在同一检验批内，对梁、柱和独立基础，应抽查构件数量的10%，且不应少于3件；对墙和板，应按有代表性的自然间抽查10%，且不应少于3间；对大空间结构，墙可按相邻轴线间高度5m左右划分检查面，板可按纵横轴线划分检查面，抽查10%，且均不应少于3面	36	4/4	抽查4处，合格4处	100%
			同一连接区段内，纵向受拉钢筋的接头面积百分率应符合设计要求；当设计无具体要求时，应符合下列规定： ① 梁类、板类及墙类构件，不宜超过25%；基础筏板，不宜超过50% ② 柱类构件，不宜超过50% ③ 当工程中确有必要增大接头面积百分率时，对梁类构件，不应大于50%			36	4/4	抽查4处，合格4处	100%
	5	搭接长度	箍筋直径不应小于搭接钢筋较大直径的1/4	观察，尺量	在同一检验批内，应抽查构件数量的10%，且不应少于3件	36	4/4	抽查4处，合格4处	100%
			受拉搭接区段的箍筋间距不应大于搭接钢筋较小直径的5倍，且不应大于100mm			36	4/4	抽查4处，合格4处	100%
			受压搭接区段的箍筋间距不应大于搭接钢筋较小直径的10倍，且不应大于200mm			36	4/4	抽查4处，合格4处	100%
			当柱中纵向受力钢筋直径大于25mm时，应在搭接接头两个端面外100mm范围内各设置二个箍筋，其间距宜为50mm			36	4/4	抽查4处，合格4处	100%
施工单位检查结果	专业工长： 项目专业质量检查员： 2022年4月6日								
监理（建设）单位验收结论	专业监理工程师： （建设单位项目专业技术负责人）： 年　月　日								

广西建设工程质量安全监督总站编制

表 3-17　混凝土施工检验批质量验收记录

单位（子单位）工程名称		分部（子分部）工程名称	主体结构/混凝土结构	分项工程名称	混凝土
施工单位		项目负责人		检验批容量	135m
分包单位	—	分包单位项目负责人	—	检验批部位	一层柱及夹层梁
施工依据	混凝土结构工程施工规范（GB 50666—2011）		验收依据	《混凝土结构工程施工质量验收规范》（GB 50204—2015）	

验收项目			设计要求及规范规定			样本总数	最小/实际抽样数量	检查记录	检查结果
主控项目		混凝土取样和留置	混凝土的强度等级必须符合设计要求。用于检验混凝土强度的试件应在浇筑地点随机抽取	检查施工记录及混凝土强度试验报告	对同一配合比混凝土，取样与试件留置应符合下列规定： ① 每拌制100盘且不超过100m时，取样不得少于一次 ② 每工作班拌制不足100盘时，取样不得少于一次 ③ 连续浇筑超过1000m时，每200m取样不得少于一次 ④ 每一楼层取样不得少于一次 ⑤ 每次取样应至少留置一组试件		—	检验合格，符合要求	√
一般项目	1	后浇带的留设位置及处理方法	后浇带的留设位置应符合设计要求。后浇带和施工缝的留设及处理方法应符合施工方案要求	观察	全数检查		—	—	—
	2	养护措施	混凝土浇筑完毕后应及时进行养护，养护时间以及养护方法应符合施工方案要求	观察，检查混凝土养护记录	全数检查	135	全/135	抽查135处，合格135处	100%

施工单位检查结果	专业工长： 项目专业质量检查员： 2022年4月11日
监理（建设）单位验收结论	专业监理工程师： （建设单位项目专业技术负责人）： 年　月　日

广西建设工程质量安全监督总站编制

表 3-18　现浇结构外观及尺寸偏差检验批质量验收记录

单位（子单位）工程名称		分部（子分部）工程名称	主体结构/混凝土结构	分项工程名称	现浇结构
施工单位	广西建工集团第二建筑工程有限责任公司	项目负责人		检验批容量	36 件
分包单位	—	分包单位项目负责人	—	检验批部位	一层柱及夹层梁
施工依据	混凝土结构工程施工规范（GB 50666—2011）		验收依据	《混凝土结构工程施工质量验收规范》（GB 50204—2015）	

验收项目			设计要求及规范规定			样本总数	最小/实际抽样数量	检查记录	检查结果
主控项目	1	外观质量	现浇结构的外观质量不应有严重缺陷。对已经出现的严重缺陷，应由施工单位提出技术处理方案。并经监理单位认可后进行处理；对裂缝或连接部位的严重缺陷及其他影响结构安全的严重缺陷。技术处理方案尚应经设计单位认可。对经处理的部位应重新验收	观察，检查处理记录	全数检查	36	全/36	抽查 36 处，合格 36 处	√
主控项目	2	影响结构性能或使用功能的尺寸偏差	现浇结构不应有影响结构性能或使用功能的尺寸偏差；混凝土设备基础不应有影响结构性能和设备安装的尺寸偏差。对超过尺寸允许偏差且影响结构性能或安装、使用功能的部位。并应由施工单位提出技术处理方案。经监理、设计单位认可后进行处理。对经处理的部位应重新验收	量测，检查处理记录	全数检查	36	全/36	抽查 36 处，合格 36 处	√
一般项目	1	外观质量一般缺陷	现浇结构的外观质量不应有一般缺陷。对已经出现的一般缺陷。应由施工单位按技术处理方案进行处理。对经处理的部位应重新验收	观察，检查处理记录	全数检查	36	全/36	抽查 36 处，合格 36 处	100%

（续）

验收项目			设计要求及规范规定						样本总数	最小/实际抽样数量	检查记录	检查结果
一般项目	2	现浇结构位置、尺寸允许偏差/mm	轴线位置	整体基础		15	经纬仪及尺量	按楼层、结构缝或施工段划分检验批。在同一检验批内，对梁、柱和独立基础，应抽查构件数量的10%，且不应少于3件；对墙和板，应按有代表性的自然间抽查10%，且不应少于3间；对大空间结构，墙可按相邻轴线间高度5m左右划分检查面，板可按纵、横轴线划分检查面，抽查10%，且均不应少于3面；对电梯井，应全数检查		—	—	—
				独立基础		10				—	—	—
				柱、墙、梁		8	尺量		36	4/4	抽查4处，合格4处	100%
			垂直度	柱、墙层高	≤6m	10	经纬仪或吊线、尺量			—	—	—
					>6m	12			36	4/4	抽查4处，合格4处	100%
				全高（H）≤300m		H/30000+20	经纬仪、尺量		36	4/4	抽查4处，合格4处	100%
				全高（H）>300m		H/10000且≤30mm			36	4/4	抽查4处，合格4处	100%
			标高	层高		±10	水准仪或拉线、尺量			—	—	—
				全高		±30			36	4/4	抽查4处，合格4处	100%
			截面尺寸	基础		+15，−10	尺量			—	—	—
				柱、梁、板、墙		+10，−5			36	4/4	抽查4处，合格4处	100%
				楼梯相邻踏步高差		±6				—	—	—
			电梯井	中心线位置		10				—	—	—
				长、宽尺寸		+25，0				—	—	—
			表面平整度			8	2m靠尺和塞尺量测		36	4/4	抽查4处，合格4处	100%
			预埋件中心位置	预埋板		10	尺量			—	—	—
				预埋螺栓		5				—	—	—
				预埋管		5				—	—	—
				其他		10				—	—	—
			预留洞、孔中心线位置			15				—	—	—

施工单位检查结果	专业工长： 项目专业质量检查员： 2022年4月15日
监理（建设）单位验收结论	专业监理工程师： （建设单位项目专业技术负责人）： 年　月　日

广西建设工程质量安全监督总站编制

学习情境四 装配式混凝土结构工程

案例引入

工程概况：

本工程3层及以上结构为装配整体式剪力墙结构，建筑面积为44680.64m^2；地下1层，地上16层，层高2.7m；核心筒、走道为现浇混凝土剪力墙结构，其他部位均为预制墙体，两块预制墙体之间约束构造为现浇节点；预制构件包括预制墙板、叠合板、预制楼梯。

典型任务1 装配式混凝土结构工程定位放样测量工作

知识点：

1. 装配式混凝土结构构筑物、部品、构件定位放样流程。
2. 装配式混凝土结构构筑物、部品、构件测量方法。

能力（技能）点：

1. 能根据给定施工图，进行装配式混凝土结构构筑物、部品、构件定位放样工作。
2. 能根据给定施工图，进行装配式混凝土结构构筑物、部品、构件测量工作。

实践目的

1）以实际应用为主，培养实际操作能力，提高动手能力。

2）通过现场具体操作训练，获得生产技能和施工方面实际知识，理解并系统掌握钢筋混凝土工程定位放样测量的主要内容。

实践分解任务

根据施工实际情况进行钢筋混凝土工程的定位放线施工。

实践分组

以小组为单位（6~8人为一组），在规定时间内完成以上任务。

实践场地

实训室、机房。

实践实施过程

一、每个学生提出自己的工作计划和方案并进行小组讨论

引导问题 1：楼面定位放线基本注意事项有哪些？

运用知识：

1）准备所需工具：经纬仪（或全站仪）、钢尺、盒尺、墨斗、墨汁、红蓝铅笔、粉笔等。

2）熟悉图样，最好能快速的记忆数值。

3）勘探现场开始放线，根据图样已知的控制点或现场确定的控制点，图样上的距离、角度关系测量确定轴线的具体位置。

4）将各条轴线、墙线等用墨线弹出作为施工依据。

施工层放线时，应先在结构平面上校核投测轴线，再按投测控制线引放其他细部施工控制线，且每次控制轴线的放样必须独立施测两次，经校核无误后方可使用。

5）测量施工注意事项。

① 为了做到防患于未然，每一工序均有专人复核。

② 测量仪器在有效的检定周期内，检定合格后使用于工程，并有专人负责。

③ 阴雨、曝晒天气在野外作业时一定打伞，以防损坏仪器。

④ 非专业人员不能操作仪器，以防损坏而影响精度。

⑤ 对平面轴线控制网和高程平面控制网定期复核。

⑥ 由于专业多，施工分项多，为保证各班组相互配合，以求紧密搭接，施工测量应与各专业工种密切配合，并制定切实可行的与施工同步的测量措施。

⑦ 施工测量记录附有必要的图文说明。

引导问题 2：主要方法

运用知识：

1）在楼层内建立轴线控制网（内控法），控制点不少于 4 个，如图 4-1 所示。

2）所有主控线、轴线交叉位置必须采用红油漆做好标识，如图 4-2 所示。

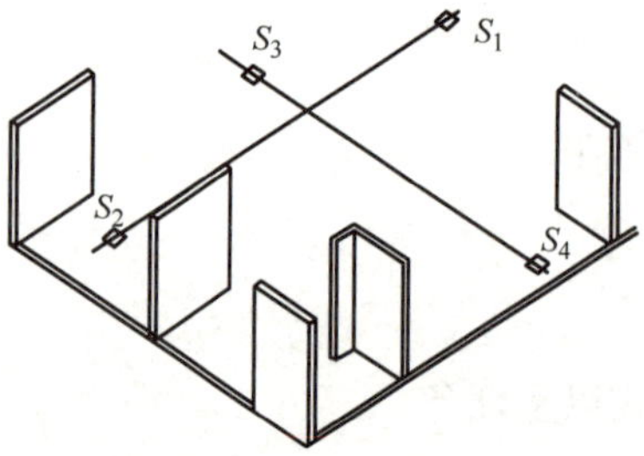

图 4-1　建立轴线控制网

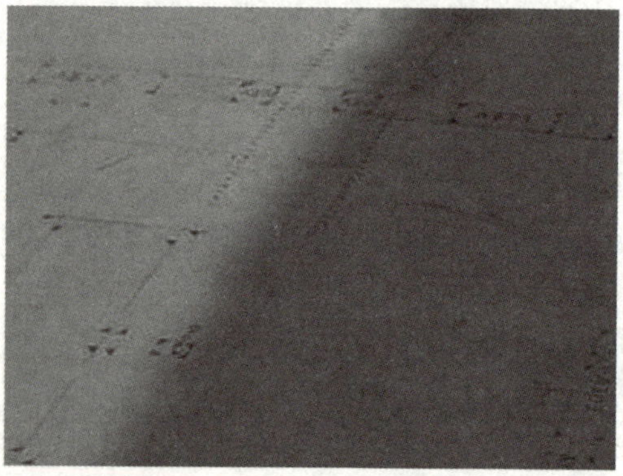

图 4-2　用红油漆做好标识

3）结构放线采用双线控制，控制线与定位线间距按照 300mm 引测，轴线、墙柱控制

线、周边方正线在混凝土浇筑完成后同时引测，如图 4-3 所示。

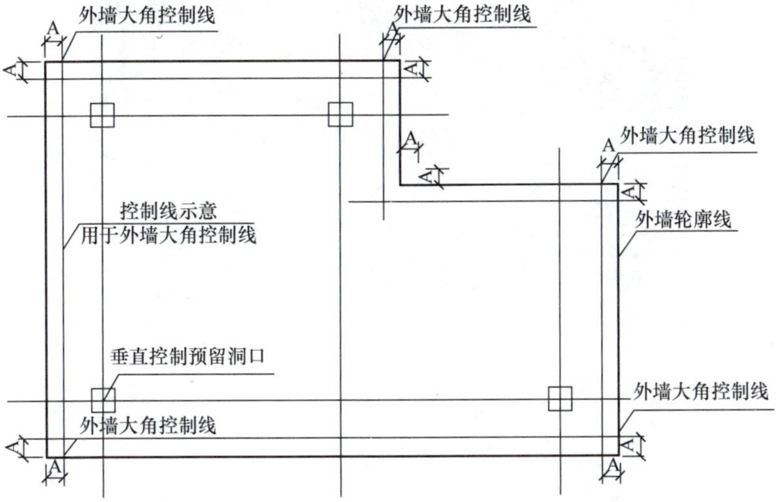

图 4-3　结构放线

4）预制墙体的安装首先在浇筑好的楼板上弹墙体线及 200mm 控制线，在预制墙体上弹 500mm 水平控制线，如图 4-4 ~ 图 4-7 所示。

图 4-4　水平控制线弹设展示（一）

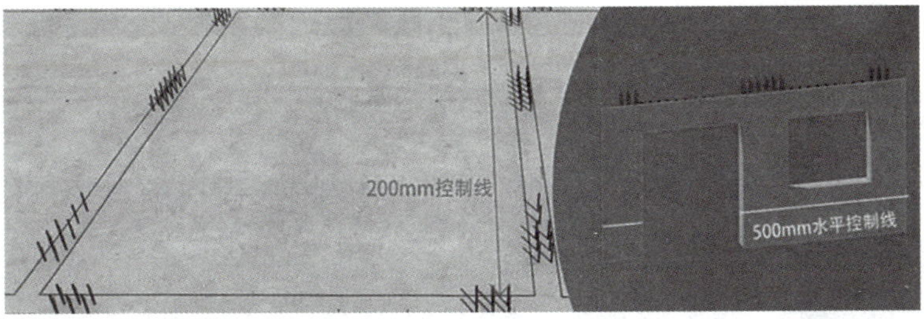

图 4-5　水平控制线弹设展示（二）

5）梁、板的放样。待墙拆模后，进行高程传递，用水准仪引测，立即在墙上用墨线弹出每层 +0.500m（或 +0.1000m）线，不得漏弹，再根据此线向上引测出梁、板底模板 100mm 控制线，如图 4-8 所示。

叠合梁、叠合板板底支撑支设时也应该先做好定位，如图 4-9、图 4-10 所示。

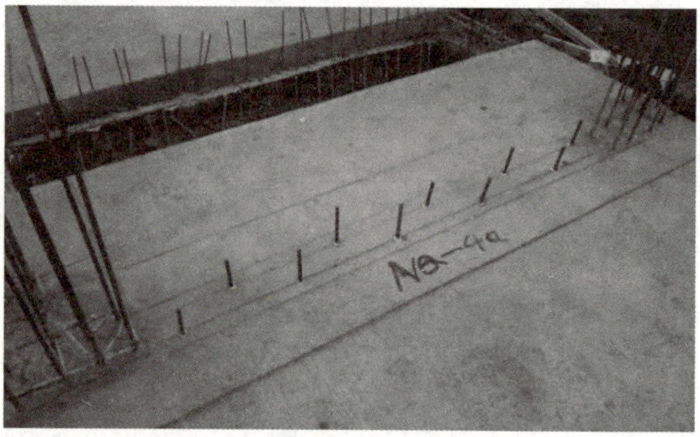

图 4-6　墙体平面位置线实例

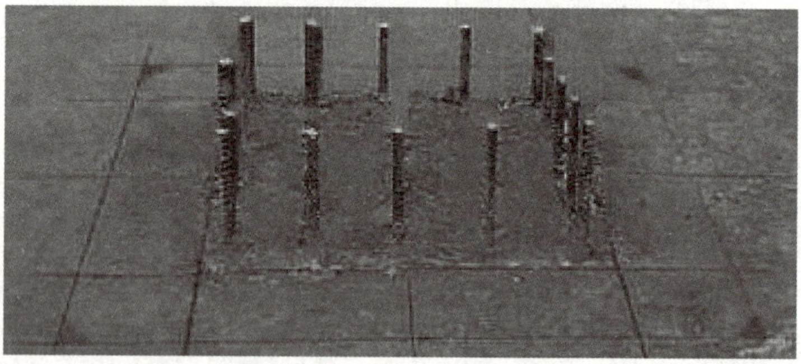

图 4-7　柱平面位置线实例

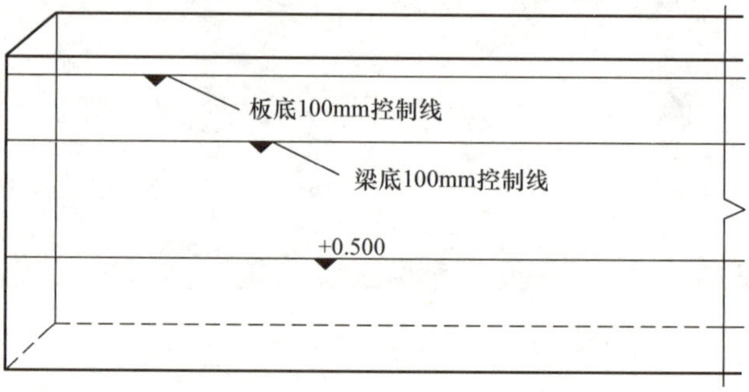

图 4-8　梁板控制线示意

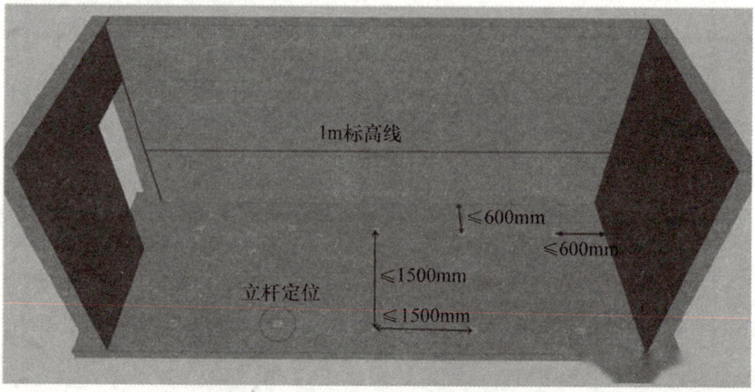

图 4-9　板底支撑架放线示意图

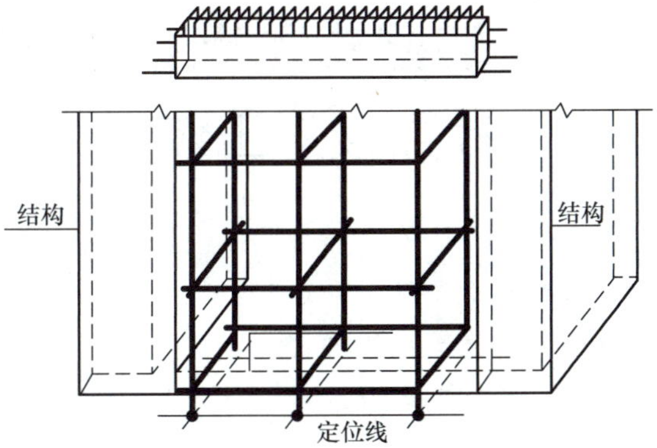

图 4-10　叠合梁梁底支撑架放线示意图

6）模板安装完成后，按照装修图样在模板上做水电预埋的精确定位，如图 4-11 所示。

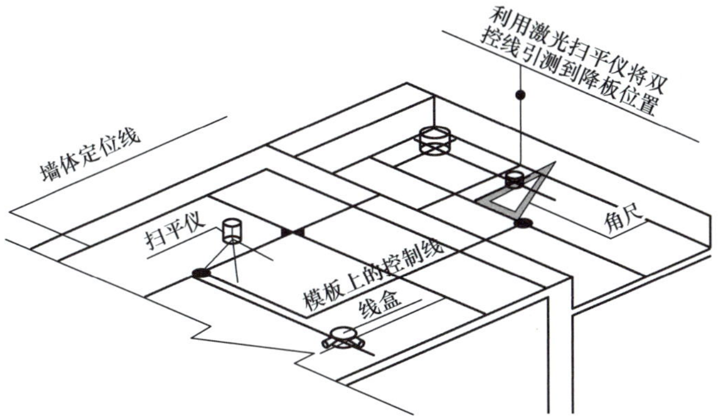

图 4-11　水电预埋定位示意

二、教师审查每个小组的工作方案并提出整改建议

整改建议记录：

三、各小组进一步优化方案并确定最终工作方案

最终工作方案记录：

实践成果

1）实践作业。

2）工作情境模拟操作。

典型任务2 装配式混凝土结构工程尺寸参数核对工作

知识点：

1. 装配式混凝土结构工程施工图样、图集尺寸识读。
2. 装配式混凝土结构施工位置参数核对。
3. 装配式混凝土结构施工尺寸参数核对。

能力（技能）点：

1. 能够应用图样、图集对装配式混凝土结构构筑物尺寸等参数进行核对。
2. 能够应用图样、图集对装配式混凝土结构部品尺寸等参数进行核对。
3. 能够应用图样、图集对装配式混凝土结构构件尺寸等参数进行核对。

实践目的

1）以实际应用为主，培养实际操作能力，提高动手能力。

2）通过现场具体操作训练，获得生产技能和施工方面实际知识，理解并系统掌握装配式混凝土结构工程尺寸参数核对工作内容。

实践分解任务

根据施工实际情况进行装配式混凝土结构工程尺寸参数核对工作。

实践分组

以小组为单位（6~8人为一组），在规定时间内完成以上任务。

实践场地

实训室、机房。

实践实施过程

一、每个学生提出自己的工作计划和方案并进行小组讨论

引导问题1：装配式混凝土结构工程尺寸参数核对工作内容是什么？

运用知识：

1. 预制构件复核

1）检查构件外观，如图4-12所示。

2）复核构件尺寸，检查预埋件及预留孔洞、构件粗糙面。

2. 放线复核

1）复核主控线尺寸。

2）复核控制线尺寸标高。

3）复核垫块标高厚度。

4）复核墙柱垂直度。

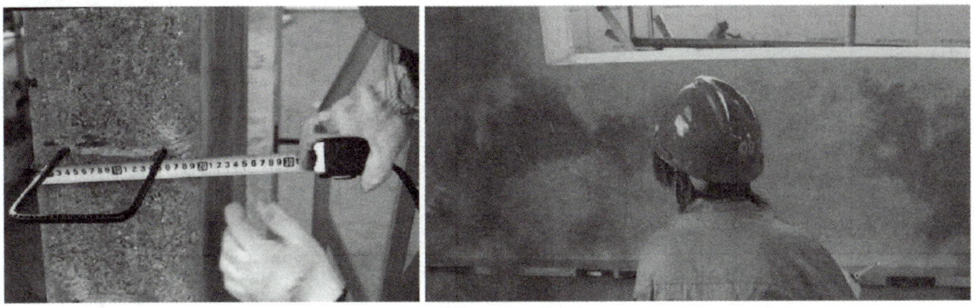

图4-12　复核构件尺寸实例

引导问题2：复核标准都有哪些？

运用知识：

1. 检查构件外观质量

质量合格证明文件齐全的构件进场后，应重点检查在装卸及运输过程中是否有损坏（表4-1）或缺陷（表4-2），及是否有影响吊装的问题，如灌浆套筒或锚浆孔内是否清洁，预埋件位置是否正确。

构件直接从车上吊装时，检查效率要高，不能占用太多时间，要提前做出检查预案。不易检查到的地方可以用手机自拍杆拍照检查。检查要在光线充足处进行，叠合板吊走一块检查一块。

表4-1　构件进场外观检查项目

序号	检查项目		检查标准
1	装卸、运输过程中对构件的损坏	磕碰掉角	不应出现
		碰撞裂缝	
		装饰层损坏	
		外露钢筋弯折	
2	影响直接安装环节	套筒、预埋件规格、位置、数量	参照《装配式混凝土建筑技术标准》（GB/T 51231—2016）
		灌浆套筒或锚浆孔内是否清洁	
		外露连接钢筋规格、数量、位置	
		配件是否其齐全	
		构件几何尺寸	
3	表面观感	外观缺陷见表4-2	不应有缺陷

表4-2　构件外观质量缺陷表

名称	现象	严重缺陷	一般缺陷
露筋	构件内钢筋未被混凝土包裹	纵向受力钢筋有露筋	其他钢筋有少量露筋
蜂窝	混凝土表面缺少水泥砂浆而形成石子外露	构件主要受力部位有蜂窝	其他部位有少量蜂窝

（续）

名称	现象	严重缺陷	一般缺陷
孔洞	混凝土中孔穴深度和长度均超过保护层厚度	构件主要受力部位有孔洞	其他部位有少量孔洞
夹渣	混凝土中央有杂质且深度超过保护层	构件主要受力部位有夹渣	其他部位有少量夹渣
疏松	混凝土中局部不密实	构件主要受力部位有疏松	其他部位有少量疏松
裂缝	裂缝从混凝土表面延伸至混凝土内部	构件主要受力部位有影响结构性能或使用功能的裂缝	其他部位有少量不影响结构性能或使用功能的裂缝
连接部位缺陷	构件连接处混凝土有缺陷及连接钢筋、连接件松动	连接部位有影响结构传力性能的缺陷	连接部位有基本不影响结构传力性能的缺陷
外形缺陷	缺棱掉角、棱角不直、翘曲不平、飞边凸肋等	清水混凝土构件有影响使用功能或装饰效果的外形缺陷	其他混凝土构件有不影响使用功能的外形缺陷
外表缺陷	构件表面麻面、掉皮、起砂、沾污等	具有重要装饰效果的清水混凝土构件有外表缺陷	其他混凝土构件有不影响使用功能的外表缺陷

注：此表引自国家标准《装配式混凝土建筑技术标准》（GB/T 51231—2016）。

2. 预制构件尺寸偏差检验

参照《装配式混凝土结构技术规程》（JGJ 1—2014），预制构件尺寸允许偏差及检验方法应符合表4-3～表4-6的规定。预制构件有粗糙面时，与粗糙面相关的尺寸允许偏差可适当放松。

表4-3 预制构件尺寸允许偏差及检验方法

<table>
<tr><th colspan="3">项目</th><th>允许偏差/mm</th><th>检验方法</th></tr>
<tr><td rowspan="4">长度</td><td rowspan="3">楼板、梁、柱</td><td><12m</td><td>±5</td><td rowspan="4">尺量检查</td></tr>
<tr><td>≥12m 且<18m</td><td>±10</td></tr>
<tr><td>≥18m</td><td>±20</td></tr>
<tr><td colspan="2">墙板</td><td>±4</td></tr>
<tr><td rowspan="2">宽度</td><td colspan="2">楼板、梁、柱</td><td>±5</td><td rowspan="2">尺量一端及中部、取其中偏差绝对值较大处</td></tr>
<tr><td colspan="2">墙板</td><td>±3</td></tr>
<tr><td rowspan="6">高度</td><td colspan="2">楼板</td><td>±5</td><td rowspan="6">尺量一端及中部、取其中偏差绝对值较大处</td></tr>
<tr><td colspan="2">内墙板</td><td>±3</td></tr>
<tr><td rowspan="3">夹心保温外墙板</td><td>内叶</td><td>0，±3</td></tr>
<tr><td>外叶</td><td>±3</td></tr>
<tr><td>总厚度</td><td>±3</td></tr>
<tr><td colspan="2">柱、梁</td><td>±5</td></tr>
<tr><td rowspan="2">表面平整度</td><td colspan="2">楼板、梁、柱、墙板内表面</td><td>5</td><td rowspan="2">2m 靠尺和塞尺量测</td></tr>
<tr><td colspan="2">墙板外表面</td><td>3</td></tr>
<tr><td rowspan="2">侧向弯曲</td><td colspan="2">楼板、梁、柱</td><td>L/750 且≤20</td><td rowspan="2">拉线、直尺量测最大侧向弯曲处</td></tr>
<tr><td colspan="2">墙板</td><td>L/1000 且≤20</td></tr>
</table>

（续）

项目		允许偏差/mm	检验方法
翘曲	楼板	10	调平尺在两端量测
	墙板	5	
对角线差	楼板	5	尺量两个对角线
	墙板	±5	
预留孔	中心线位置	5	尺量检查
	孔尺寸	±5	
预留洞	中心线位置	10	尺量检查
	洞口尺寸、深度	±10	
预埋件	预埋板中心线位置	5	尺量检查
	预埋板与混凝土平面高差	0，－5	
	预埋螺栓孔中心线位置	2	
	预埋螺栓外露长度	+10，－5	
	预埋套筒、螺母中心线位置	2	
	预埋套筒、螺母与混凝土表面高差	0，－5	
预留插筋	中心线位置	3	尺量检查
	外露长度	±5	
键槽	中心线位置	5	尺量检查
	长度、深度、宽度	±5	

注：1. L 为构件最长边的长度（mm）。

2. 检查中心线、螺栓和孔道位置偏差时，应沿纵横两个方向量测，并取其中偏差较大值。

3. 此表引自《装配式混凝土结构技术规程》（JGJ 1—2014）。

表 4-4　轴线竖向投测的允许误差

高度/m	允许误差/mm
每层	3
$30 < H \leqslant 60$	10
$60 < H \leqslant 90$	15
$90 < H \leqslant 120$	20

表 4-5　各部位放线的允许误差

项目	允许误差/mm
外廓主轴线长度	+15
细部轴线	+2
承重墙、梁、柱边线	+3
非承重墙边线	+3
门窗洞口线	+3

表 4-6 标高竖向投测的允许误差

高度/m	允许误差/mm
每层	3
30 < H≤60	±10
60 < H≤90	±15
90 < H≤120	±20

引导问题 3：装配整体式混凝土结构工程隐蔽验收内容是什么?

运用知识： 装配整体式混凝土结构工程中的隐蔽工程主要有后浇混凝土部位的钢筋隐蔽工程、钢筋套筒灌浆、浆锚搭接连接、避雷带、电线通信管线穿线导管、各种预埋件等。装配式结构后浇混凝土部位在浇筑前应进行隐蔽工程验收，其验收项目应包括下列内容：

1）钢筋的牌号、规格、数量、位置、间距等，箍筋弯钩的弯折角度及平直段长度。

2）钢筋的连接方式、接头位置、接头数量、接头面积百分率、搭接长度、锚固方式及锚固长度。

3）预埋件、预留管线的规格、数量、长度、位置及固定措施。

4）混凝土粗糙面的质量，键槽的规格、数量、位置。

5）预制混凝土构件接缝处防水、防火等构造做法。

6）保温及其节点施工。

7）其他隐蔽项目。

二、教师审查每个小组的工作方案并提出整改建议

整改建议记录：

三、各小组进一步优化方案并确定最终工作方案

最终工作方案记录：

实践成果

1）实践作业。

2）工作情境模拟操作。

典型任务3　装配式混凝土结构工程施工机械、人力、运输协调工作

知识点：

1. 装配式混凝土结构工程施工施工机械的选择和配备。
2. 装配式混凝土结构工程施工人力的选择和配备。
3. 装配式混凝土结构工程施工运输条件的选择。

能力（技能）点：

1. 能够根据施工交底协调施工机械进行装配式混凝土结构工程施工。
2. 能够根据施工交底协调人力进行装配式混凝土结构工程施工。
3. 能够根据施工交底协调运输进行装配式混凝土结构工程施工。

实践目的

1）以实际应用为主，培养实际操作能力，提高动手能力。

2）通过现场具体操作训练，获得生产技能和施工方面实际知识，理解并系统掌握的装配式混凝土结构工程施工机械、人力、运输协调工作主要内容。

实践分解任务

根据施工实际情况进行装配式混凝土结构工程施工机械、人力、运输协调工作。

实践分组

以小组为单位（6～8人为一组），在规定时间内完成以上任务。

实践场地

实训室、机房。

实践实施过程

一、每个学生提出自己的工作计划和方案并进行小组讨论

引导问题1：装配式混凝土结构工程施工机械有哪些？

运用知识：现场吊装所需的机具设备有：塔式起重机、经纬仪、水准仪、塔尺、水平尺、冲击钻、橡胶垫、专用吊钩、铁锤、撬棍、扳手、切割机、专用吊装横梁（墙板、楼板、楼梯、阳台等）、空压机、砂浆搅拌枪、灌浆机等。

1. 吊装工具（图 4-13 ~ 图 4-23）

图 4-13　万向吊具

图 4-14　U 形环

图 4-15　钢丝绳

图 4-16　吊环

图 4-17　万向吊环

图 4-18　卸扣

图 4-19　接驳器

图 4-20　调节葫芦

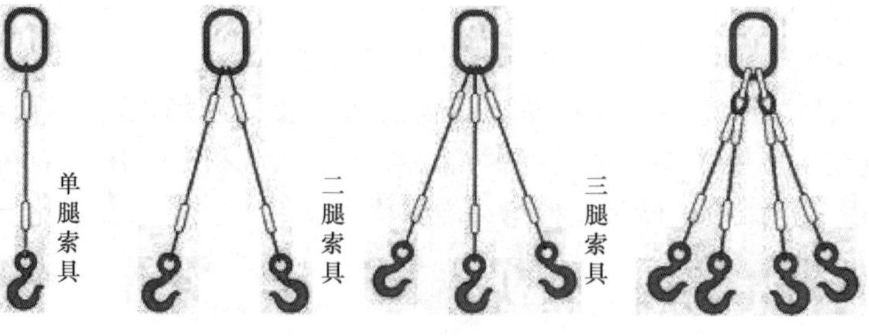

图 4-21　索具

图 4-22　牵引绳

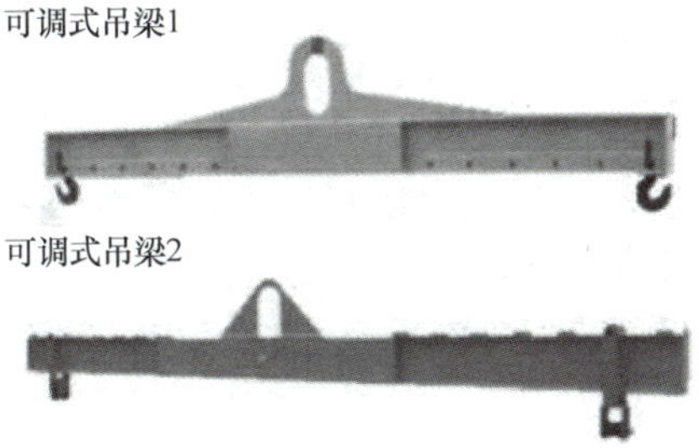

图 4-23　专用吊具

2. 主要机械的选择

（1）塔式起重机（图 4-24）　在装配式建筑中，塔式起重机要承担更多的施工任务，不仅包括建筑材料、施工机具运输工作；还需要负责所有 PC 构件的吊运安装工作。因此塔式起重机起重能力要求高、型号一般比传统施工大，吊装预制构件占用时间长，频率高，依懒性大。考虑上述因素，每栋楼宜布置 1 台塔式起重机，对于不占关键工期的别墅 1 台塔式起重机可以覆盖 2 ~3 栋左右。

图 4-24　塔式起重机

型号选择主要考虑三大技术参数：工作幅度 、起重高度、起重量。

塔式起重机布置的基本要求：

1）满足塔式起重机覆盖的要求。

2）群塔施工安全距离要求。

3）塔式起重机和架空线边线的最小安全距离。

4）满足塔式起重机基础设置的要求。

5）便于附墙，安装和拆除。

6）塔式起重机与堆场、道路布置关系。

塔式起重机布置实例如图 4-25 所示。

图 4-25　塔式起重机布置实例

（2）施工电梯的布置　因为预制构件依赖节点的混凝土强度，因此施工电梯的附墙位置应尽量避开预制构件构件。如无法避开预制构件，非承重 PC 构件不能用作附墙。如在 PC 构件上附墙，应提前进行深化设计，预留孔洞。施工电梯附墙与预制构件连接时，布置位置一般选择阳台位置，并搭设临时通道。

引导问题 2：装配式混凝土结构工程劳动力都有什么要求？

运用知识：现场安装所需人员有：塔式起重机司机、指挥员、司索员、吊装辅助人员、测量员、灌浆工、木工、混凝土工、架子工、杂工等。

施工队组的建立要认真考虑专业、工种的合理配合，技工、普工的比例要满足合理的劳动组织，要符合流水施工组织方式的要求，确定建立施工队组（是专业施工队组，或是混合施工队组），要坚持合理、精干的原则；同时制定出该工程的劳动力需要量计划。信号员、起重机械驾驶员、架子工等特殊工种，必须持证上岗。

以下是例如某工程构建吊装人员安排：塔式起重机司机（1 人），塔式起重机指挥（2 人）；PC 构件安装－堆场挂钩（2 人），楼面安装（4 人）；PC 板校正（2 人）；测量放线、埋件定位、预埋负责人（1 人）；钢筋工（1 人），电焊工（1 人）；现场管理人员（2 人）。

引导问题 3：装配式混凝土结构工程运输都有哪些要求？

运用知识：

1）加固措施：运输时应采取绑扎固定措施，构件接触部位应用垫衬。

2）水平放置：预制叠合楼板、预制阳台板、预制空调板、预制楼梯、预制柱、梁等。

3）竖直立放：平面墙板、复合保温或形状特殊的墙板（≥80°）。

4）车速控制：板车速度控制在为 30～50km/h，通过运距计算往返时间。

5）运输时间：运输通常在 20:00 以后。

6）超限排查：对主要道路、桥洞等限载、限高进行排查。

7）道路承载能力核验：场区内道路及堆场应能满足承载需求。

8）临时堆放场地：应在起重机作业半径覆盖范围内，避免二次搬运；场地地面要求平整、坚实，有良好的排水措施。场地布置应考虑构件之间的人行通道，方便现场人员作业，道路宽度不宜小于 600mm。

运输与放置示意图如图 4-26～图 4-33 所示。

图 4-26　墙板放置

图 4-27　楼梯板放置

图 4-28　叠合板放置

图 4-29　墙板放置架

图 4-30　墙板运输

图 4-31　叠合板运输

图 4-32　楼梯板运输

图 4-33　阳台板运输

二、教师审查每个小组的工作方案并提出整改建议

整改建议记录：

三、各小组进一步优化方案并确定最终工作方案

最终工作方案记录：

实践成果

1）实践作业。

2）工作情境模拟操作。

典型任务4 装配式混凝土结构工程施工和质量监督工作

知识点：

1. 装配式混凝土结构工程施工工艺流程。
2. 装配式混凝土结构工程施工工艺标准。
3. 装配式混凝土结构工程施工质量监督。

能力（技能）点：

1. 能够按照《建筑施工手册》，监督装配式混凝土结构分项工程施工工艺流程符合工艺标准。
2. 能够填写装配式混凝土结构分项工程施工监督报告。

实践目的

1）以实际应用为主，培养实际操作能力，提高动手能力。

2）通过现场具体操作训练，获得生产技能和施工方面实际知识，理解并系统掌握装配式混凝土结构工程施工和质量监督工作的主要内容。

实践分解任务

根据施工实际情况进行装配式混凝土结构工程施工和质量监督工作。

实践分组

以小组为单位（6～8人为一组），在规定时间内完成以上任务。

实践场地

实训室、机房。

实践实施过程

一、每个学生提出自己的工作计划和方案并进行小组讨论

引导问题1：墙板安装施工工艺流程及施工方法是怎样的？

运用知识：

1. 工艺流程

作业准备→定位放线、找平→预制墙板起吊→预制墙板定位→预制墙板斜支撑安装→预制墙板精调→套筒灌浆操作（养护期不少于12h）→现浇墙体及节点钢筋绑扎→预留、预埋管线施工→现浇墙体及现浇节点支模→墙体及节点混凝土浇筑→拆模、养护。

2. 施工要点

（1）使用定位钢板控位预埋墙板底部插筋，如图 4-34 所示。

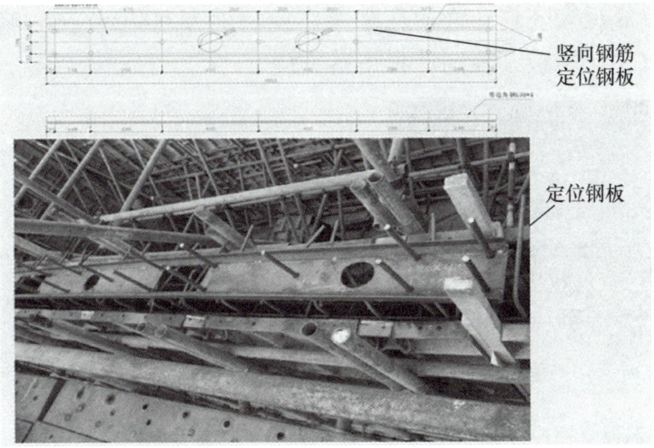

图 4-34 定位钢板使用实例

（2）定位放线，如图 4-35 所示。

图 4-35 定位放线实例

（3）找平及清理，如图 4-36 所示。

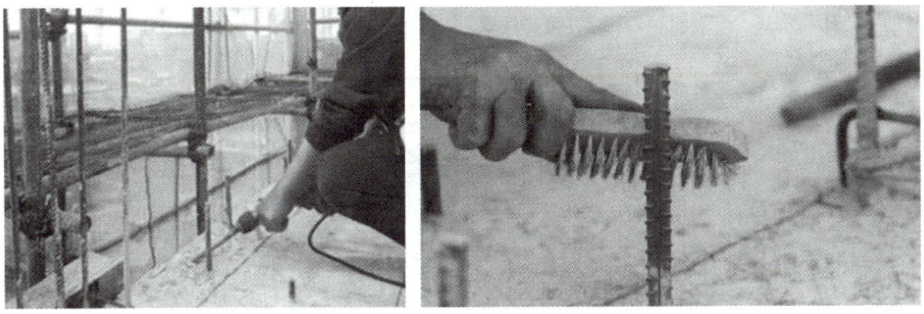

图 4-36 找平、清理实例

（4）用钢筋定位钢板复核连接钢筋，并矫正偏位钢筋，如图 4-37 所示。

1）连接钢筋高度根据墙板配筋图确定，如需切割应采用无齿锯切割，严禁使用钢筋切断机切断。切割时保证插入套筒段钢筋无飞边毛刺，如图 4-38 所示。

2）墙板、暗柱放线完毕后，清理墙板底部混凝土面，然后采用 PE 条对灌浆区进行分仓，如图 4-39 所示。

（5）墙板吊装

1）墙板吊离地面200～300mm时略作停顿，检查塔式起重机稳定性能等，确认无误后继续提升，使之慢慢靠近安装作业面；在距离作业层上方600mm左右略作停顿，如图4-40所示，施工人员可以手扶墙板，控制墙板下落方向。

图4-37　钢筋定位钢板复核连接钢筋示意

图4-38　连接钢筋实例

图4-39　PE条分仓实例

图4-40　墙板下降扶板控制

2）墙板按照边线缓慢下落就位，连接钢筋与套筒位置对准，墙板就位安装斜支撑，然后才能摘钩（预制墙板内提前预埋安装斜支撑用套筒，上下两道支撑通过顶板与墙体预埋套筒采用螺栓固定牢固），如图4-41、图4-42所示。

图4-41　支撑件安装实例

图4-42　斜支撑安装实例

3）墙体垂直度校正：墙体垂直度采用靠尺检查，通过旋转斜支撑调整墙板垂直度，如图4-43、图4-44所示。

（6）套筒灌浆

1）检查灌浆孔道：确认套筒内部无杂质、孔道畅通，如图 4-45 所示。

2）墙体校正完采用坐浆料进行封仓，如图 4-46 所示，封边完成后应对砂浆进行养护，封边砂浆抗压强度达到 20MPa 以上且与上下面混凝土粘结牢固后，方可进行灌浆施工。

图 4-43　调整墙板垂直度

图 4-44　墙板垂直度检查

图 4-45　进行套筒内部检查

图 4-46　坐浆封仓

3）灌浆料拌和。先加入指定量拌合水，再加入 70% 干粉料高速搅拌 1min，最后加入剩余 30% 干粉料继续高速搅拌 2min，搅拌结束后静置 2min 后方可使用，如图 4-47 ~ 图 4-50 所示。

图 4-47　加入指定量拌合水

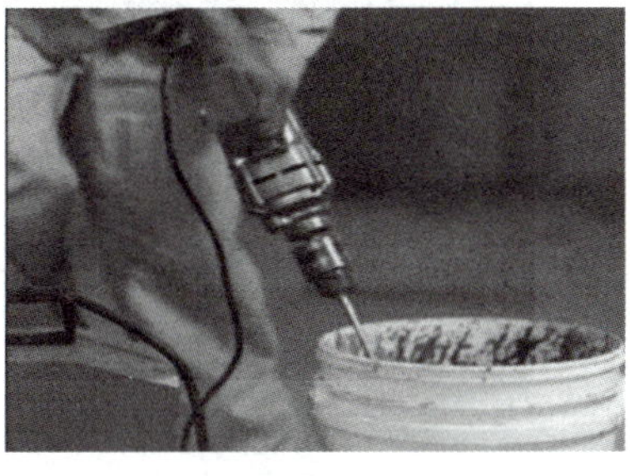

图 4-48　加入 70% 干粉料搅拌

4）初始流动度测试：使用前用截锥圆模进行初始流动度测试，如图 4-51 所示。
浆料倒满截锥圆桶后用双手均匀缓慢提升截锥圆模，让浆料自由流动，如图 4-52 所示。
用钢尺进行流动度测量，即时流动度大于等于 300mm，如图 4-53 所示。

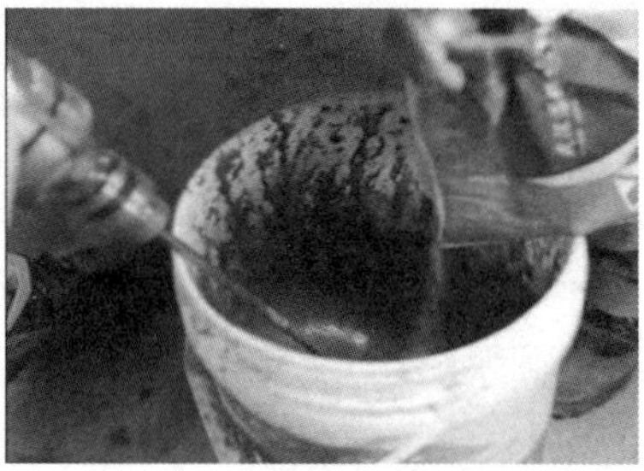
图 4-49　加入剩余 30% 干粉料

图 4-50　搅拌结束后静置 2min

图 4-51　将浆液倒入截锥圆模

图 4-52　均匀缓慢提升截锥圆模

5）灌浆。向灌浆设备装料斗（桶）内加入清水并启动灌浆设备，对装料斗（桶）和注浆喷嘴进行冲洗和润滑处理，持续开动灌浆设备，直至把所有的水从装料斗（桶）和注浆喷嘴中排出；将套筒灌浆料拌合物倒入灌浆设备装料斗（桶）并启动灌浆设备，直至圆柱状套筒灌浆料拌合物从注浆喷嘴连续流出，方可灌浆，过程如图 4-54 ~ 图 4-57 所示。

图 4-53　测量即时流动度

图 4-54　拌合物倒入灌浆设备装

图 4-55　封堵溢浆孔

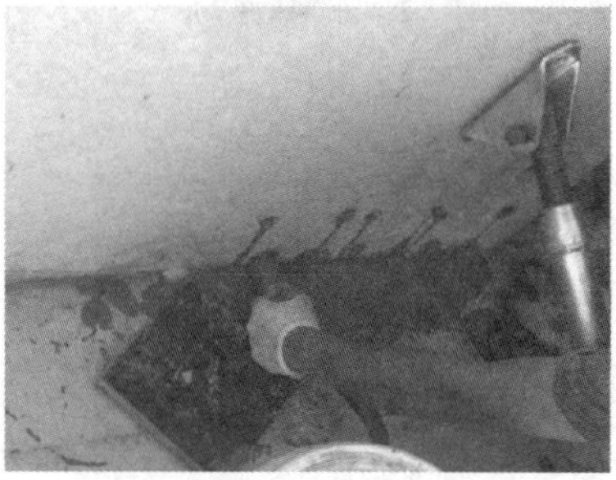
图 4-56　注浆施工

图 4-57　完成注浆

6）现场灌浆料试块制作：每工作班（每层）不少于 1 组标准养护试块，试块大小为 40mm × 40mm × 160mm，测试 28d 抗压强度，如图 4-58、图 4-59 所示。

图 4-58　浆料试模

图 4-59　浆料试块

7）清理灌浆设备和场地：如图 4-60 所示，灌浆完成后，应将灌浆设备装料斗（桶）装满水，启动灌浆设备，直至清洁的水从注浆喷嘴流出并排净，方可关闭灌浆设备。灌浆工作面上散落的浆料及垃圾及时清理干净，回收的浆料不得二次使用。

图 4-60　场地清理

（7）现浇节点钢筋绑扎　模板安装完毕后可按照钢筋绑扎的要求进行现浇节点的绑扎，如图 4-61 所示。

（8）现浇墙体及节点支模　钢筋绑扎完成后进行现浇节点的模板安装，模板可采用胶合板模板、铝合金模板、钢框定型模板，如图 4-62 所示，预制墙板的现浇节点采用钢框定型模板（面板为多层板模板）。

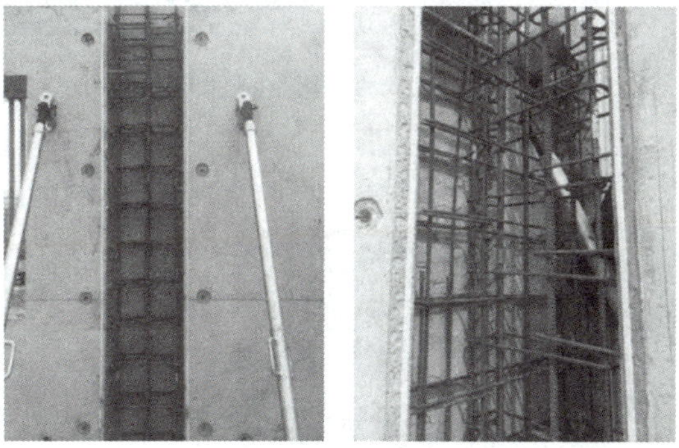

图 4-61　现浇节点钢筋绑扎

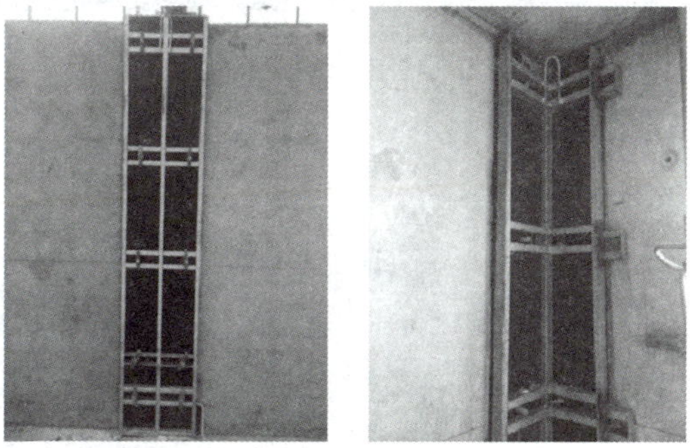

图 4-62　现浇节点模板安装

（9）墙体及预制墙板现浇节点混凝土浇筑　预制墙板连接用灌浆套筒灌浆超过 12h 后方可进行混凝土浇筑。混凝土浇筑前，用地泵将与混凝土同配合比的无石子砂浆泵送至现场料斗内，用铁锹将同配合比无石子砂浆均匀倒入墙内，不得用泵管直接输入。用振捣棒振捣平齐，保证上下层混凝土接槎处的厚度为 50 ~ 100mm，然后再浇筑混凝土。

混凝土应连续并分层浇筑，第一次混凝土浇筑厚度控制在 500mm 左右，以后每层厚度为1.25倍振捣棒有效作用长度，分层下料以标尺竿逐段逐部位检查，浇筑标高为预制墙板高度加一个浮浆层。

引导问题2：混凝土装配式建筑的叠合板如何安装？

运用知识：

1. 工艺流程

作业准备→定位、弹线及复核→支撑体系安装→叠合板起吊、就位→叠合板校正→嵌缝腻子封堵→叠合层施工（板缝处支撑及模板→机电线盒、管线安装→板面层钢筋绑扎→钢筋隐蔽验收、检验批验收→叠合层混凝土浇筑）。

2. 施工要点

（1）叠合板安装定位放线　根据叠合板拆分图在墙体上放出现浇板带及叠合板安装边线，如图4-63所示。

（2）叠合板起吊、吊装、就位　按照厂家标识的吊点将叠合板吊离地面300~500mm时略作停顿，检查塔式起重机稳定性等，确认无误后起吊，起吊时使叠合板保持水平，然后吊至作业层上空，如图4-64~图4-66所示。

图4-63　在墙体上放出现浇板带及叠合板安装边线

图4-64　叠合板支撑体系安装

图4-65　叠合板起吊、升空

（3）嵌缝腻子封堵　叠合板校正完毕验收无误后，墙体四周与板缝不再单独支模，采用嵌缝腻子封堵严密，避免浇筑混凝土时出现接缝部位的漏浆，如图4-67所示。

（4）墙体斜支撑埋件的施工　叠合板安装校正完毕后，根据预制墙板支撑体系布置图，

图 4-66　叠合板就位

对预埋螺栓进行定位，并弹线标出，要求预埋螺栓定位必须准确，如图 4-68 所示。

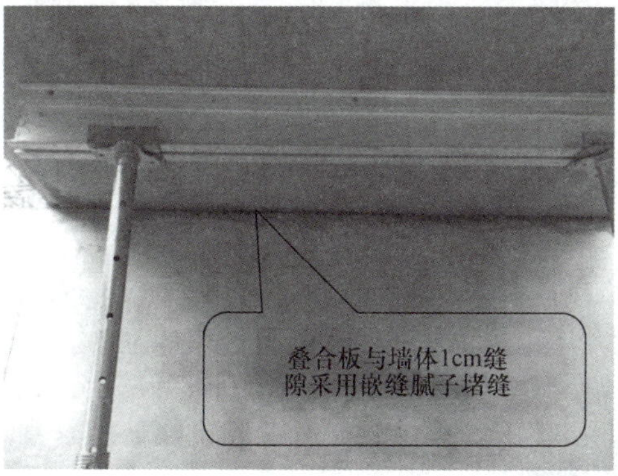

图 4-67　嵌缝腻子封堵

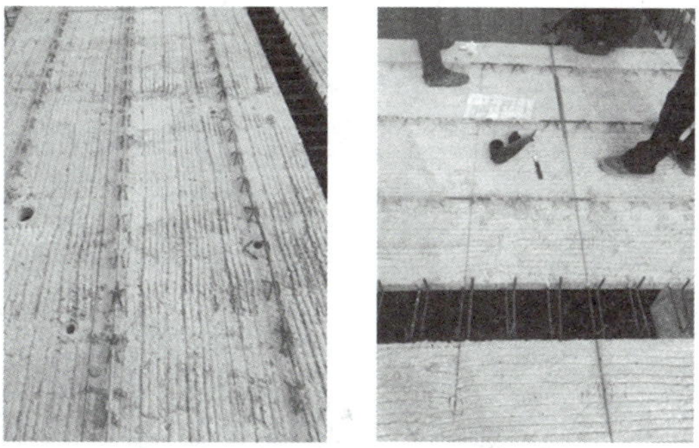

图 4-68　预埋螺栓进行定位

预埋螺栓固定采用预埋螺栓与附加钢筋焊接固定，预埋螺栓在预埋定位前，必须用胶带将预埋螺栓螺纹缠裹好，保证在浇筑混凝土时不被污染，如图 4-69 所示。

钢筋绑扎、水电等所有预留预埋完成后进行叠合层（现浇层）的施工。

引导问题 3：混凝土装配式的楼梯如何安装？

运用知识：工艺流程：作业准备→定位放线→楼梯上下口找平→楼梯板起吊→楼梯板就位、校正→焊接固定→填缝。

图 4-69　墙体斜支撑预埋件安装

施工要点：楼梯吊装前先弹出安装控制线，楼梯梁部位根据标高控制线采用高强坐浆料进行坐浆，如图 4-70 所示，安装时溢出浆料应及时清理干净。预制楼梯采用四点吊装，配合倒链下落就位调整索具铁链长度，使楼梯段休息平台处于水平位置，试吊预制楼梯板，检查吊点位置是否准确，吊索受力是否均匀等；试吊高度不应超过 1m。楼梯间周边梁板叠合后，测量并弹出相应楼梯构件端部和侧边的控制线。安装时将楼梯吊至梁上方 30 ~ 50cm 后，调整楼梯位置使上下平台锚固筋与梁箍筋错开，板边线基本与控制线吻合。用就位协助设备等将构件根据控制线精确就位，先保证楼梯两侧准确就位，再使用水平尺和导链调节楼梯水平，最后缓缓放下楼梯，坐稳后卸钩。楼梯板基本就位后，根据控制线，利用撬棍微调、校正。预留螺栓和预制楼梯端部的预留螺栓孔一定要确保居中对正。过程如图 4-71 ~ 图 4-74 所示。

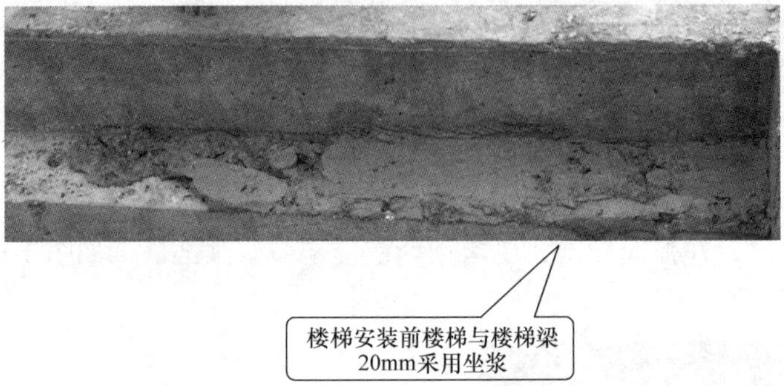

图 4-70　楼梯坐浆

图 4-71　楼梯起吊

图 4-72　安装调整

图 4-73　就位

图 4-74　收钩完成

二、教师审查每个小组的工作方案并提出整改建议

整改建议记录：

三、各小组进一步优化方案并确定最终工作方案

最终工作方案记录：

实践成果

1）实践作业。

2）工作情境模拟操作。

典型任务5 装配式混凝土结构工程施工记录填写工作

知识点：

1. 装配式混凝土结构工程竣工验收标准、规范。
2. 装配式混凝土结构工程施工记录。

能力（技能）点：

能够按照《建筑工程竣工验收资料标准》填写装配式混凝土结构工程施工记录。

实践目的

1）以实际应用为主，培养实际操作能力，提高动手能力。

2）通过现场具体操作训练，获得生产技能和施工方面实际知识，理解并系统掌握装配式混凝土结构工程施工记录填写工作的方法。

实践分解任务

根据施工实际情况进行装配式混凝土结构工程施工记录填写工作。

实践分组

以小组为单位（6～8人为一组），在规定时间内完成以上任务。

实践场地

实训室、机房。

实践实施过程

一、每个学生提出自己的工作计划和方案并进行小组讨论

引导问题1：装配式混凝土结构工程竣工验收标准、规范有哪些？

运用知识：《混凝土结构工程施工质量验收规范》（GB 50204—2015）；《混凝土结构工程施工规范》（GB 50666—2011）；《装配式混凝土建筑技术标准》（GB/T 51231—2016）；《装配式混凝土结构技术规程》（JGJ 1—2014）。

引导问题2：装配式混凝土结构工程施工记录怎样填写？

运用知识：

预制构件检验记录（表4-7）。

装配式结构施工检验记录（表4-8）。

表 4-7　装配式结构预制构件检验批质量验收记录

	×××××××××工程	分部（子分部）工程名称	主体结构分部－混凝土结构子分	分项工程名称	装配式结构分项
	××××建设有限公司	项目负责人		检验批容量	梁：68 件 板：43 件
—	—	分包单位项目负责人	—	检验批部位	二层梁
施工依据	《混凝土结构工程施工规范》（GB 50666—2011）		验收依据	《混凝土结构工程施工质量验收规范》（GB50204—2015）	

		验收项目			设计要求及规范规定	最小/实际抽样数量	检查记录	检查结果
主控项	1	预制构件进场检验			第 9.2.2 条	—	试验合格，报告编号	√
主控项	2	预制构件外观质量			第 9.2.3 条	5	共 5 处，检查 5 处，全部合格	√
主控项	3	预制构件的埋件等			第 9.2.4 条	5	共 5 处，检查 5 处，全部合格	√
一般项目	1	外观质量一般缺陷			第 9.2.6 条	5	共 5 处，检查 5 处，全部合格	100%
	2	长度/mm	楼板、梁、柱、桁架	<12m	±5	3	共 3 处，检查 3 处，全部合格	100%
				≥12m 且小于 18m	±10	—	—	
				≥18m	±20	—	—	
			墙板		±4	—	—	
	3	楼板、梁、柱、桁架宽度、高（厚）度/mm			±5	—	共 3 处，检查 3 处，全部合格	100%
		墙板宽度、高（厚）度/mm			±4	—	—	
	4	表面平整度	楼板、梁、柱、墙板内表面		5	—	—	
			墙板外表面		3	—	—	
	5	侧向弯曲/mm	梁、柱、板		L/750 且≤20	—	—	
			墙板、桁架		L/1000 且≤20	—	共 3 处，检查 3 处，全部合格	100%
	6	翘曲	楼板		L/750	—	—	
			墙板		L/1000	—	—	
	7	对角线	楼板		10	—	—	
			墙板		5	—	—	
	8	预留孔	中心线位置		10	—	共 3 处，检查 3 处，全部合格	100%
			洞口尺寸、深度		±10	—	—	
	9	预留洞	中心线位置		10	—	—	
			洞口尺寸、深度		±10	—	—	
	10	预埋件	预埋件中心线位置		5	—	—	
			预埋板与混凝土面平面高差		0，－5	—	—	
			预埋螺栓		2	—	—	
			预埋螺栓外露长度		+10，－5	—	—	
			预埋套筒、螺母中心线位置		2	—	—	
			预埋套筒、螺母与混凝土面平面高差		±5	—	—	
	11	预留插筋	中心线位置		5	—	—	
			外露长度		+10，－5	—	—	
	12	键槽	中心线位置		5	—	—	
			长度、宽度		±5	—	—	
			深度		±10	—	—	

施工单位检查结果	主控项目全部合格，一般项目满足规范规定要求 专业工长： 项目专业质量检查员： 年　月　日
监理单位验收结论	验收合格 专业监理工程师： 年　月　日

表 4-8　装配式结构施工检验批质量验收记录（范例）

单位（子单位）工程名称	工程 1	分部（子分部）工程名称	主体结构分部 - 混凝土结构子分部	分项工程名称	装配式结构分项
施工单位		项目负责人		检验批容量	梁：10 件　柱：11 件
分包单位	—	分包单位项目负责人	—	检验批部位	装配式结构施工检验批质量验收记录（最新版）
施工依据	《混凝土结构工程施工工艺标准》（DBJ/T 61－31—2016）	验收依据	《混凝土结构工程施工质量验收规范》（GB 50204—2015）		

验收项目			设计要求及规范规定	最小/实际抽样数量	检查记录	检查结果
主控项目	1	预制构件进场检查	第 9.4.1 条	—	质量证明文件齐全，检验合格，报告编号 2145	√
	2	预制构件的连接	第 9.4.2 条	—/11	共 11 处，全部检查，合格 11 处	√
	3	接头和拼缝的混凝土强度	第 9.4.3 条	—/11	共 11 处，全部检查，合格 11 处	√
一般项目	1	预制构件支承位置和方法	第 9.4.4 条	—/11	共 11 处，全部检查，合格 10 处	91%
	2	安装控制标志	第 9.4.5 条	—	控制标准符合要求	√
	3	预制构件吊装	第 9.4.6 条	—	构件吊装符合设计及规范的规定	√
	4	临时固定措施和位置校正	第 9.4.7 条	—	—	—
	5	接头和拼缝的质量要求	第 9.4.8 条	—	接头和拼缝质量符合设计要求	√

施工单位检查结果	主控项目全部合格，一般项目满足规范规定要求：检查评定合格	专业工长：××× 项目专业质量检查员：××× 年　月　日
监理单位验收结论	验收合格	专业监理工程师：××× 年　月　日

二、教师审查每个小组的工作方案并提出整改建议

整改建议记录：

三、各小组进一步优化方案并确定最终工作方案

最终工作方案记录：

实践成果

1）实践作业。

2）工作情境模拟操作。

学习情境五　钢结构工程

案例引入

工程概况：

本工程为××工厂钢结构单层工业厂房，刚架组立由 H 型钢柱、H 型钢梁和钢屋架构成，①～⑫轴长度为85.8m，Ⓐ～Ⓕ轴宽度为24m，见工程平面布置图（图5-1～图5-8）。

基础形式为柱下独立基础，基础埋深为－1.500m，独立基础顶至－0.050m 为钢筋混凝土基础柱。钢柱与基础连接采用地脚螺栓固定。

典型任务1　钢结构工程定位放样测量工作

知识点：

1. 钢结构构筑物、部品、构件定位放样流程。
2. 钢结构构筑物、部品、构件测量方法。

能力（技能）点：

1. 能根据给定施工图，进行钢结构构筑物、部品、构件定位放样工作。
2. 能根据给定施工图，进行钢结构构筑物、部品、构件测量工作。

实践目的

1）理解并系统掌握钢结构单层工业厂房工程定位放样测量工作的主要内容及工作流程。

2）通过具体操作训练，培养钢结构单层工业厂房工程定位放样测量工作实际操作能力。

实践分解任务

1）根据基础平面图完成柱下独立基础的定位放样工作。

2）根据基础顶至－0.050m 柱平面图完成基础柱的定位放样工作。

3）根据预埋锚栓平面布置图完成柱脚螺栓的定位放样工作。

实践分组

以小组为单位（6～8 人为一组），在规定时间内完成以上任务。

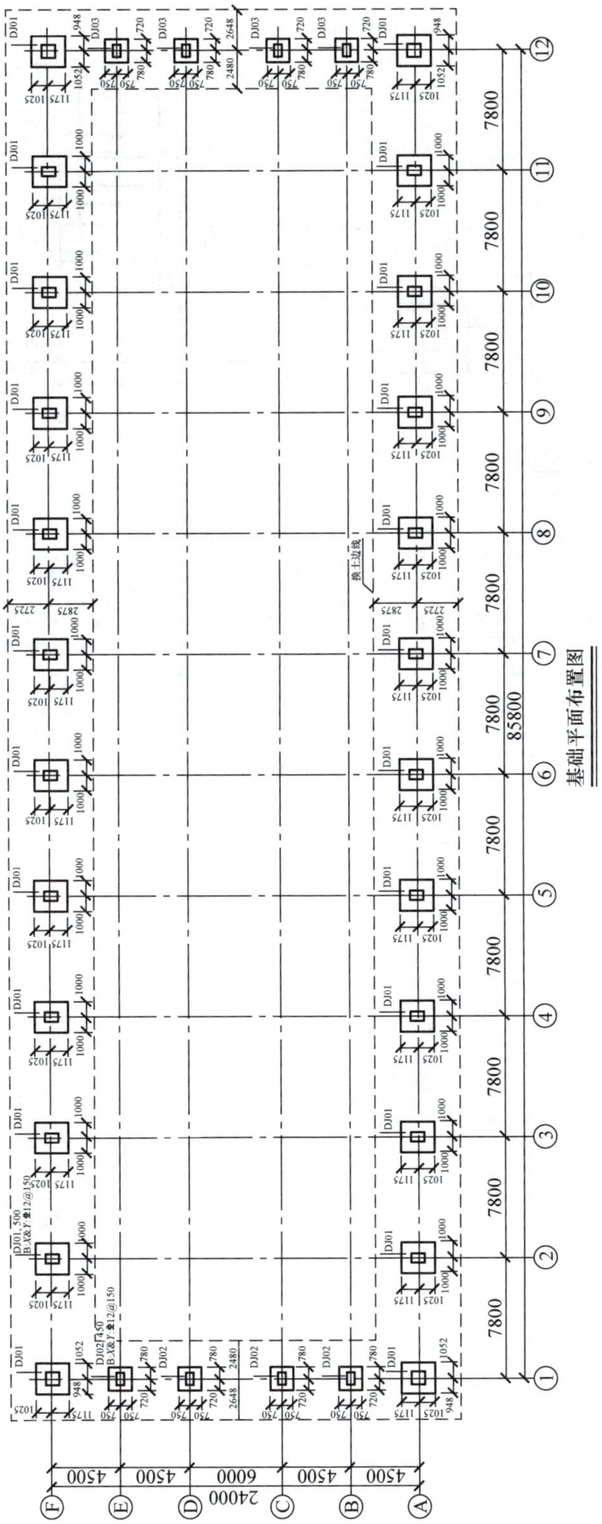

图 5-1　钢结构厂房平面图

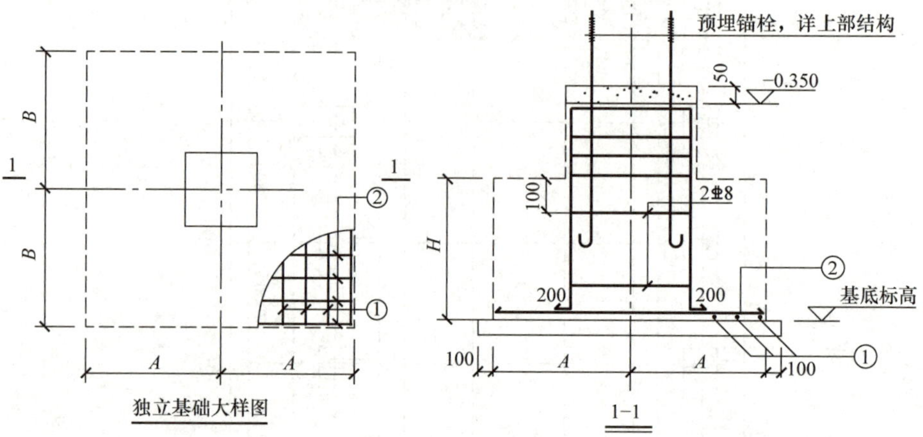

基础图表

基础编号	基础类型	基础平面尺寸				基础高度	钢筋选用		备注
		A		B		H	①	②	
DJ$_J$01	独立基础	1000		1100		500	⌀12@150	⌀12@150	基础定位详基础平面布置图（除特殊标明外，基础底标高为−1.500）
DJ$_J$02	独立基础	750		750		450	⌀12@150	⌀12@150	

图 5-2　钢结构厂房独立柱基础图

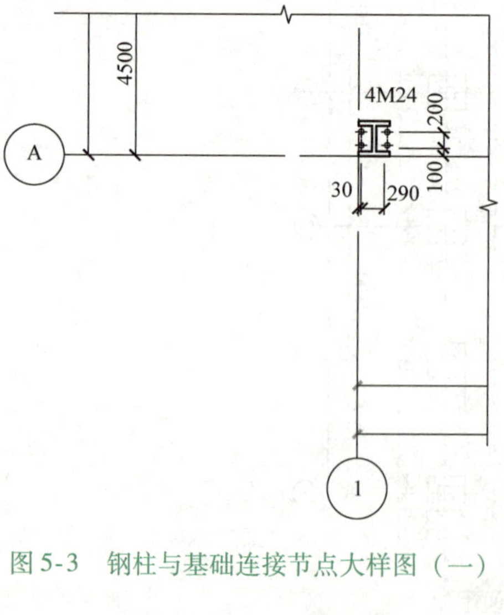

图 5-3　钢柱与基础连接节点大样图（一）

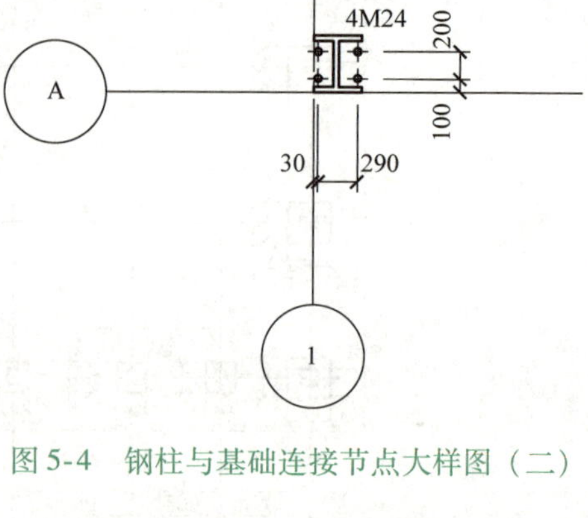

图 5-4　钢柱与基础连接节点大样图（二）

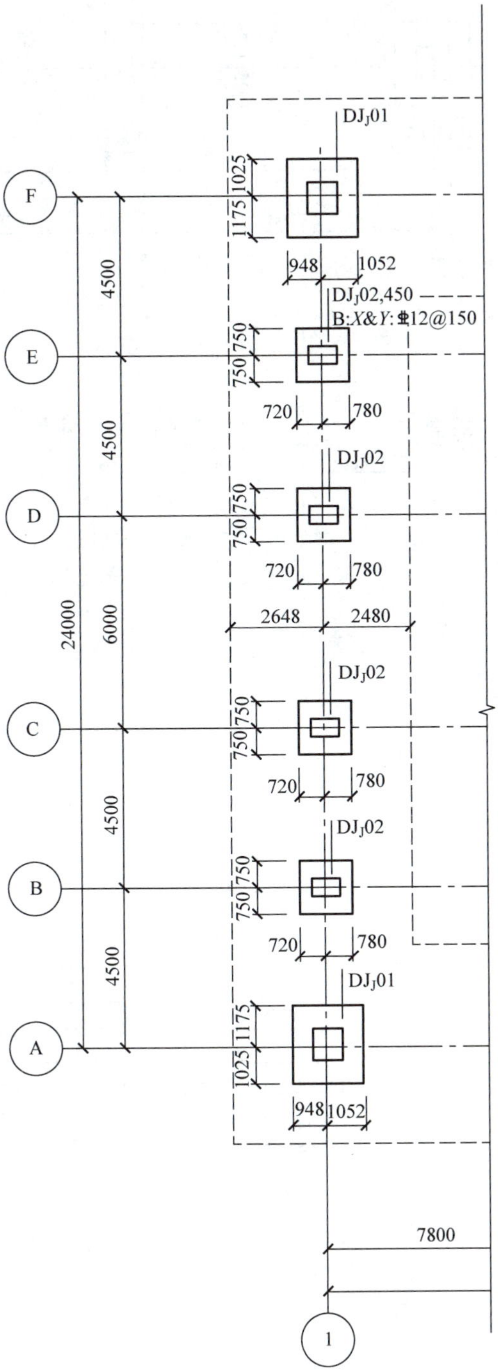

图 5-5　钢结构厂房基础平面图（一）

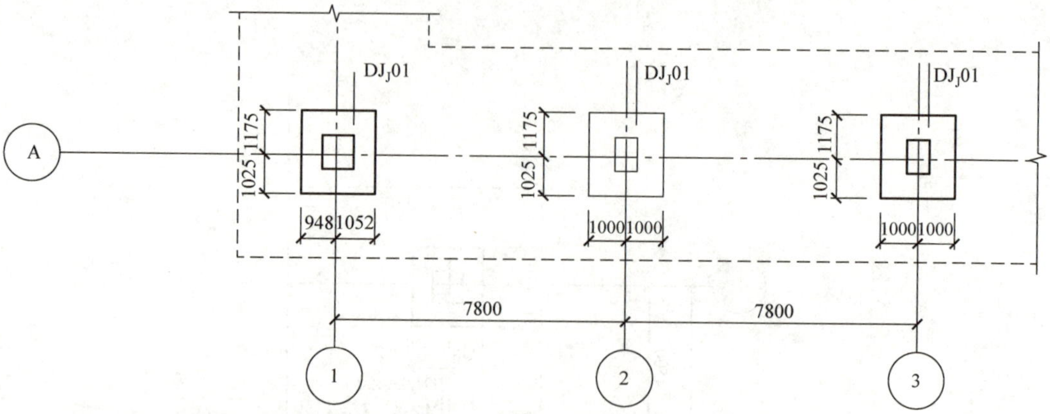

图 5-6　钢结构厂房基础平面图（二）

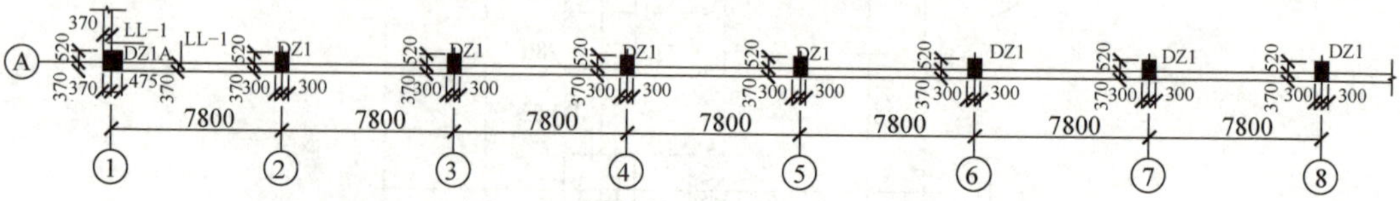

图 5-7　钢结构厂房基础柱平面图

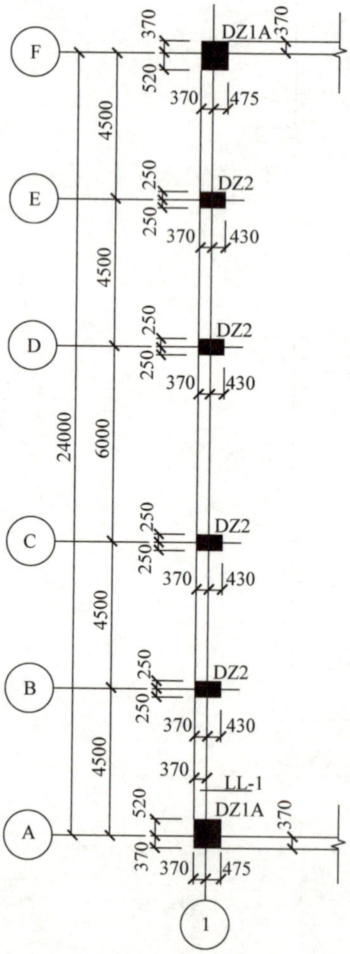

柱表

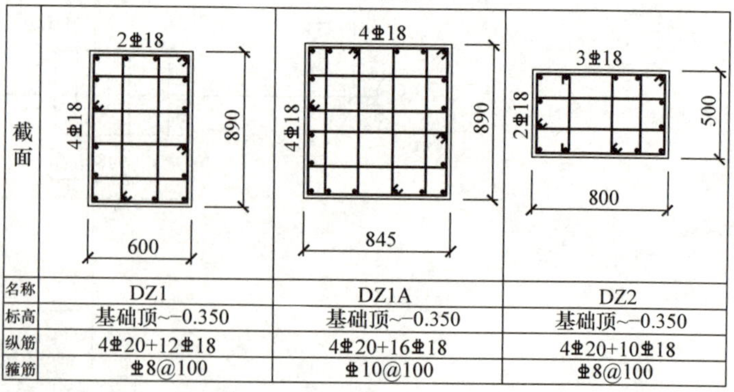

名称	DZ1	DZ1A	DZ2
标高	基础顶~-0.350	基础顶~-0.350	基础顶~-0.350
纵筋	4⌀20+12⌀18	4⌀20+16⌀18	4⌀20+10⌀18
箍筋	⌀8@100	⌀10@100	⌀8@100

图 5-8　钢结构厂房基础柱平面图及尺寸图

实践场地

实训室、机房。

实践实施过程

一、每个学生提出自己的工作计划和方案并进行小组讨论

引导问题1：独立柱基础的定位放样测量工作内容及流程是什么？

运用知识：建筑定位、放轴线控制桩→放开挖边线→基坑开挖→校核基坑轴线、标高→柱下独立基础定位放线测量。

1. 建筑定位、放轴线控制桩

用水准仪和经纬仪或全站仪或 GPS 等测量仪器与定位测设技术，按规划部门确认的“建筑红线图”定位出建筑外轮廓线和 ±0.000 标高。本工程①~⑫轴长度为 85.8m，Ⓐ~Ⓕ轴宽度为 24m，如图 5-1 所示；独立柱基标高如图 5-2 所示。

在建筑物四大角（①轴与Ⓐ轴交点处，①轴与Ⓕ轴交点处，⑪轴与Ⓐ轴交点处，⑪轴与Ⓕ轴交点处）打木桩（于木桩顶部钉小圆钉指示点位）定位，拉轴线，并在四边轴线延长线上距离基坑上口边缘 0.5~1.0m 处天然地面上设置“龙门板”或“控制桩”，用小圆钉标记好“控制轴线”，龙门板顶面标高通常是“ ±0.000 标高”；为防止土方开挖损坏定位标志，确定土方开挖边线后，需将控制桩和控制标高设置在基坑开挖边线一定距离外，在施工场地附近的视线良好稳固处设立建筑轴线控制桩和 ±0.000m 或 +0.500m 标高控制桩，如图 5-9 所示。

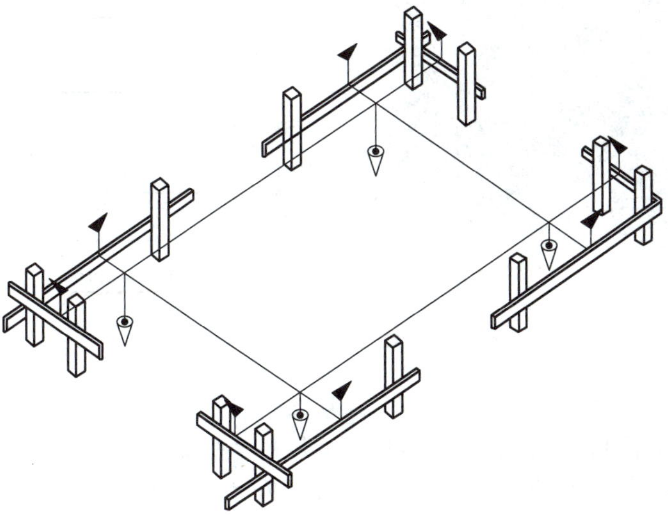

图 5-9 建筑物定位、放控制轴线

2. 放开挖边线

开挖前根据控制轴线，再考虑开挖深度、结合放坡、施工作业面宽度等因素确定挖土边线位置，放出基础上口挖土灰线，如图 5-10 所示，标出挖土范围。同时在四周设置龙门板，

以便施工时复核轴线位置。本工程采用全面开挖基坑的方式开挖土方，根据土层性质，边坡系数 K 取0.7。

3. 基坑开挖

按开挖边线、边坡系数进行基坑开挖，开挖过程中注意控制开挖深度。如有基础垫层，坑底（槽）标高应为图上标注的基底标高减去垫层厚度。

4. 校核基坑轴线、标高

开挖完成后，从地面控制桩和控制标高，用水准仪或全站仪或采用其他测量手段，将轴线引测到坑底，校核基坑轴线和基坑底标高。

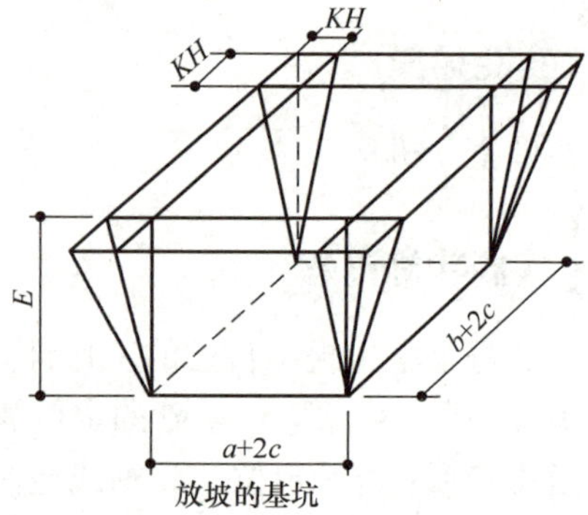

图5-10 基坑上口开挖边线

5. 柱下独立基础定位放线测量

基础混凝土垫层标高即为基底标高，浇筑基础混凝土垫层后，用水准仪、经纬仪或全站仪或采用其他测量手段，从控制标高引测，复核垫层标高；从控制桩引测，把每个柱下独立基础的轴线弹在垫层上，再按照图样上每个柱下独立基础的尺寸弹出基础边线作为独立柱基侧模板安装边线，弹出柱子轴线和柱子边线，保证柱插筋安装位置正确。柱下独立基础定位放线如图5-11所示。

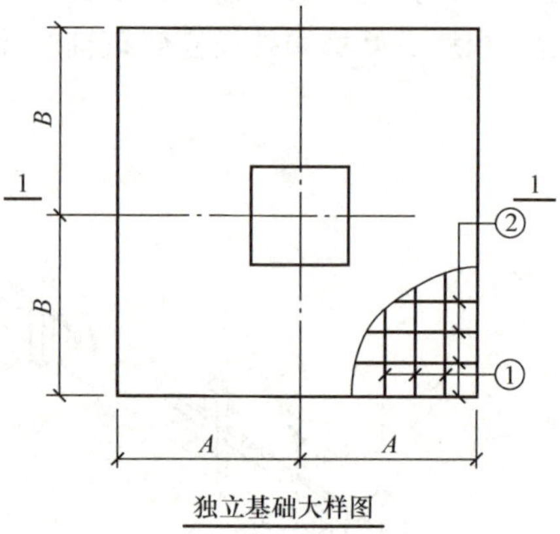

图5-11 柱下独立基础定位放线

引导问题2：柱下独立基础施工完成后，基础柱施工前应进行哪些测量复核工作？

运用知识： 独立柱基混凝土浇筑完成后，测量每个基础上表面标高，引测轴线，在每个独立柱基上表面弹出柱子的轴线与边线，保证柱模安装位置正确。

引导问题3：为保证定位准确，钢柱安装施工前，对基础柱应进行哪些测量复核工作？

运用知识：

1）本工程基础形式为柱下独立基础，独立基础顶至 -0.050m 为钢筋混凝土基础柱，基础柱施工完成后，钢柱安装前，复测基础柱顶面标高并在基础顶面弹线，以便复核基础轴线及地脚螺栓位置是否正确。基础柱轴线和标高是否正确是确保钢结构安装质量的基础，应根据基础柱的验收资料复核各项数据，并标注在基础表面上。

2）钢柱与基础连接采用地脚螺栓固定，地脚螺栓位置准确才能保证柱子安装就位。在弹出基础轴线后，应根据基础图样的尺寸，用钢卷尺量出地脚螺栓距离轴线尺寸，校核地脚螺栓位置是否准确。钢柱与基础连接如图 5-12 所示。

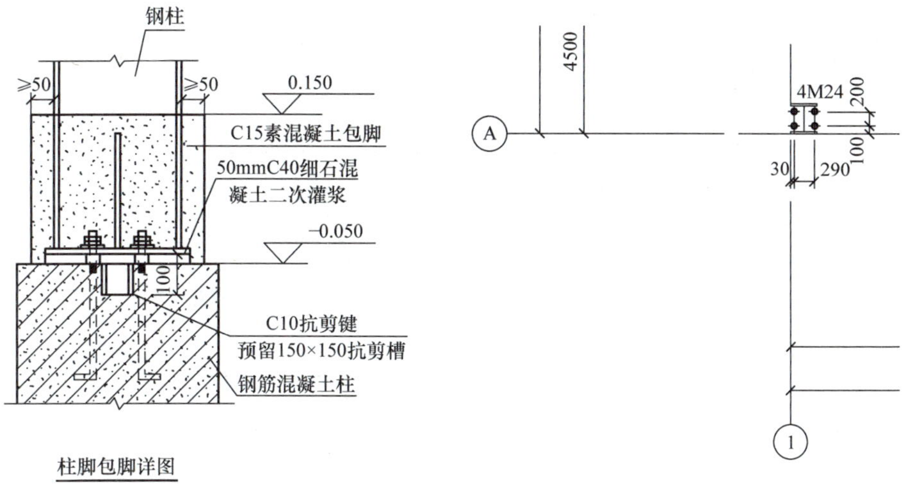

图 5-12　钢柱与基础连接

引导问题 4：钢结构工程安装施工中的测量定位工作内容？

运用知识：在安装前、安装中及竣工后均应做好测量定位工作来保证工程质量，测量预控程序如图 5-13所示。

引导问题 5：钢结构单层工业厂房安装施工的定位放样测量工作？

运用知识：

1）在每个构件上弹出安装的定位墨线和校正用墨线，作为构件安装、对位、校正的依据，具体做法如下：

① 柱子：在柱身三面弹出安装中心线，在柱顶与牛腿面上还要弹出安装屋架及吊车梁的定位线。

② 屋架：屋架上弦顶面应弹出几何中心线；并从跨中向两端分别弹出天窗架、屋面板或檩条的安装定位线；在屋架两端弹出安装中心线。

③ 梁：在两端及顶面弹出安装中心线。

2）安装施工中，柱子安装中心线对齐基础上弹出的轴线，吊车梁两端的安装中心线对齐柱子牛腿上的吊车梁安装定位线，保证梁位置正确；屋架安装中心线对齐梁顶的屋架安装定位线，保证柱子、梁、屋架等构件的定位准确。

二、教师审查每个小组的工作方案并提出整改建议

整改建议记录：

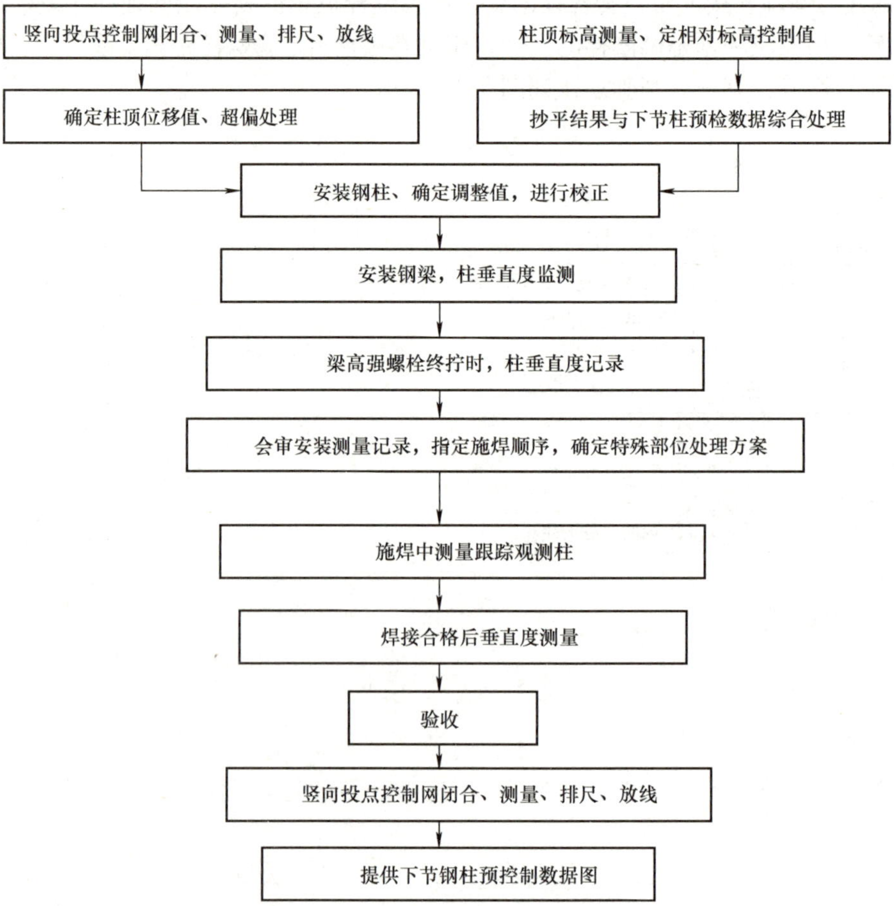

图 5-13　测量预控程序

三、各小组进一步优化方案并确定最终工作方案

最终工作方案记录：

实践成果

1）实践作业。

2）工作情境模拟操作。

典型任务 2　钢结构工程尺寸参数核对工作

知识点：

1. 钢结构工程施工图、图集尺寸识读。
2. 钢结构施工位置参数核对。
3. 钢结构施工尺寸参数核对。

能力（技能）点：

1. 能够应用图样、图集对钢结构构筑物尺寸等参数进行核对。
2. 能够应用图样、图集对钢结构部品尺寸等参数进行核对。
3. 能够应用图样、图集对钢结构构件尺寸等参数进行核对。

实践目的

1）能够应用图样、图集对钢结构构筑物尺寸等参数进行核对。

2）能够应用图样、图集对钢结构部品尺寸等参数进行核对。

3）能够应用图样、图集对钢结构构件尺寸等参数进行核对。

实践分解任务

1）能够应用图样、图集核对柱下独立基础以及基础柱的间距、尺寸。

2）能够应用图样、图集核对钢柱、钢梁、钢屋架等构件部品的尺寸参数。

3）能够应用图样、图集核对钢结构构件的尺寸参数。

实践分组

以小组为单位（6~8 人为一组），在规定时间内完成以上任务。

实践场地

实训室、机房。

实践实施过程

一、每个学生提出自己的工作计划和方案并进行小组讨论

引导问题 1：本工程柱下独立基础以及基础柱的间距、尺寸分别是多少？

运用知识：

1）识读基础平面图（图 5-5、图 5-6），读出①~⑫轴间距，Ⓐ~Ⓕ轴间距及总长度和宽度。

2）识读基础大样图及基础图表（图 5-2），读出 DJ01、DJ02 两种独立柱基的尺寸。

3）识读基础顶至 -0.05m 柱平面图（图 5-7、图 5-8），读出基础柱 DZ1、DZ1A、DZ2

的尺寸及配筋。

引导问题2：钢结构部品尺寸分别是多少？

运用知识：识读钢架立面图、屋面支撑布置图、柱间支撑布置图等，读出柱、梁、屋架、天窗、檩条、联系梁等钢结构部品尺寸。

引导问题3：钢结构构件的尺寸分别是多少？

运用知识：识读钢结构设计总说明，读出钢柱、钢梁的型钢组合截面大样（图5-14）及对倒角、焊缝的要求，结合具体构件深化设计图，读出柱、柱脚、梁、梁柱接头、屋架等构件的细部尺寸。

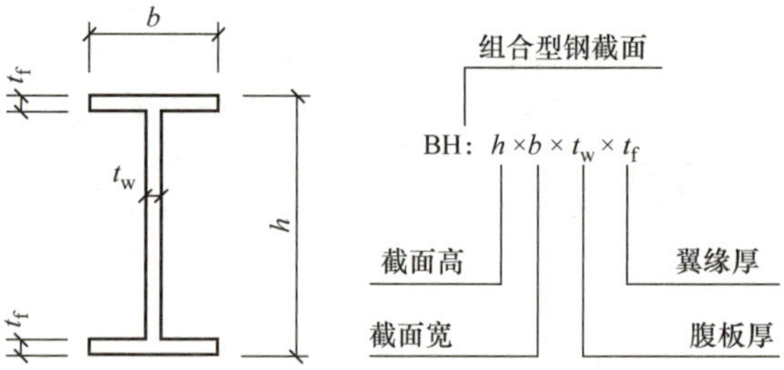

图5-14　钢柱、钢梁的型钢组合截面大样

二、教师审查每个小组的工作方案并提出整改建议

整改建议记录：

三、各小组进一步优化方案并确定最终工作方案

最终工作方案记录：

实践成果

1）实践作业。

2）工作情境模拟操作。

典型任务3　钢结构工程施工机械、人力、运输协调工作

知识点：

1. 钢结构工程施工施工机械的选择和配备。
2. 钢结构工程施工人力的选择和配备。
3. 钢结构工程施工运输条件的选择。

能力（技能）点：

1. 能够根据施工交底协调施工机械进行钢结构工程施工。
2. 能够根据施工交底协调人力进行钢结构工程施工。
3. 能够根据施工交底协调运输进行钢结构工程施工。

实践目的

1）了解钢结构工程施工机械种类、特点及其适用性。

2）了解钢结构工程施工需要的工种。

3）了解钢结构工程施工运输机械种类。

实践分解任务

1）认识钢结构施工定位放线用的测量定位仪器、钢结构安装需要的焊接、切割及其辅助设备、钢结构安装需要的检测仪器的特点及实用性。

2）了解起重工、起重作业司索信号工、电工、电焊工等钢结构安装需用的特殊工种要求。

3）认识钢结构施工用到的垂直运输设备的种类、参数等特殊要求。

实践分组

以小组为单位（6～8人为一组），在规定时间内完成以上任务。

实践场地

实训室、机房。

实践实施过程

一、每个学生提出自己的工作计划和方案并进行小组讨论

引导问题1：钢结构工程施工定位放线一般会用到哪些测量仪器、器具？

运用知识：水准仪、经纬仪或全站仪；测尺（塔尺、钢卷尺）等；墨斗、棉线、红蓝铅笔、记号笔等。

引导问题 2：钢结构安装需要的垂直运输设备有哪些？

运用知识：

1）履带式起重机：吊装工程量较大的单层装配式结构宜选用履带式起重机。

2）汽车式起重机：工程位于市区或工程量较小的装配式结构宜选用汽车式起重机。

3）塔式起重机：钢结构高层建筑的安装采用的机械主要是塔式起重机，应根据结构平面的几何形状和尺寸，构件的质量等进行选用。一般情况下，应尽可能采用外附着式起重机，拆装方便，其塔基可选在地下层或另设塔基；当选择内爬式塔式起重机时，塔式起重机一般设在电梯井处。

塔式起重机的位置和性能应能满足以下要求：臂杆长度对建筑物具有足够的覆盖面；有足够的起重机能力，并满足不同位置构件起吊质量的要求；钢丝绳容量需满足起吊高度和起重能力的要求；起吊速度要有足够的档次，以满足安装需要。当多机作业时，应考虑当塔式起重机为水平臂杆时，臂杆要有足够的高差，能够安全运转而不碰撞；各塔式起重机之间应有足够的安全距离，确保臂杆与塔身互不相碰。

引导问题 3：钢结构安装需要的焊接、切割及其辅助设备有哪些？

运用知识：

1）焊接设备常用的有：焊接发电机、焊接整流器、焊接变压器、埋弧焊机、明弧焊机，电渣焊机和栓钉焊机等，目前国产的电焊机种类很多，分为直流和交流两大类。

2）一般下料、加工常用的切割设备有手动和自动割枪、各种切（气）割机、切断机、下料机、剪切机、联合剪冲机等。压型钢板及薄钢板的切割设备为空气等离子弧切割机和空气等离子弧切割机。

3）辅助设备有远红外线烘干箱（烘干焊条）和空气压缩机（作为碳弧气刨、空气等离子切割机及风动机具的风源）等。用于打磨的各种砂轮机、用于清焊渣的风动打渣机、电焊条保温桶、焊接多用尺、用于预热和后热 4 个喷嘴的散发式火焰抢、碳弧气刨枪等。

引导问题 4：钢结构安装需要的检测仪器有哪些？

运用知识：焊接与气割仪器仪表包括找寻焊缝中缺陷与裂纹的超声波探伤仪、检测焊缝表面缺陷与裂纹的磁粉探伤仪、检测焊缝表面延迟裂纹的着色颜料、各种温度计、手持风速仪、气压表、电流表、电压表、测厚仪、百分表、游标卡尺、放大镜等。

引导问题 5：钢结构安装需要的紧固工具有哪些？

运用知识：高强螺栓扳子，包括扭剪型和扭矩型螺栓用扳子，后者分为电动与手动两种。

引导问题 6：钢结构安装所涉及的工种有哪些？

运用知识：起重工、起重作业司索信号工、电工、电焊工等。

二、教师审查每个小组的工作方案并提出整改建议

整改建议记录：

三、各小组进一步优化方案并确定最终工作方案

最终工作方案记录：

实践成果

1）实践作业。

2）工作情境模拟操作。

典型任务4 钢结构工程施工和质量监督工作

知识点：

1. 钢结构工程分项工程施工工艺流程。
2. 钢结构工程分项工程施工工艺标准。
3. 钢结构工程分项工程施工质量监督。

能力（技能）点：

1. 能够监督钢结构施工是否符合工艺流程与工艺标准。
2. 能够填写钢结构工程施工质量监督报告。

实践目的

1）理解并系统掌握钢结构工程工艺流程及其施工要点。

2）掌握钢结构工程质量检验的主要内容。

实践分解任务

1）根据施工实际情况选择钢结构工程合理的施工流程。

2）根据建筑工程质量验收方法及验收规范进行钢结构工程的质量检验。

3）填写钢结构工程质量验收记录。

实践分组

以小组为单位（6~8人为一组），在规定时间内完成以上任务。

实践场地

实训室、机房。

实践实施过程

一、每个学生提出自己的工作计划和方案并进行小组讨论

引导问题1：单层工业厂房钢结构工程安装施工工艺流程包括哪些步骤？施工要点有哪些？

运用知识：

1. 构件堆放

1）堆放的场地应平整坚实，无积水。

2）堆放时应按构件的种类、型号、安装顺序分区存放。

3）钢结构底层应设有垫枕，并且应有足够的支承面，以防支点下沉。

4）相同型号的钢构件叠放时，各层钢构件的支点应在同一垂直线上，并应防止钢构件被压坏和变形。

2. 构件的吊装工艺

构件的吊装工作包括钢柱、吊车梁、钢屋架等的安装。

（1）钢柱的吊装

1）钢柱的吊升（图5-15）。钢柱的吊升可采用自行式起重机或塔式起重机，用旋转法或滑行法吊升。当钢柱较重时，可采用双机抬吊。

图5-15　钢柱吊升

2）钢柱的校正与固定（图5-16）。钢柱的校正包括平面位置、标高、垂直度的校正。

① 平面位置的校正：用经纬仪从两个方向检查钢柱的安装准线。如果发现轴线不重合时，对钢柱应先松地脚螺栓再用撬杠拨动等措施使柱底位移到轴线基准点。对于重型钢柱可采用螺旋千斤顶加链条套环托座沿水平方向矫正。

② 标高：在吊升前应安放标高控制块以控制钢柱底部标高。

③ 垂直度的校正：用经纬仪检查钢柱的垂直度，如超过允许偏差，用千斤顶进行校正。

④ 固定：为防止钢柱校正后的轴线位移，应在柱底板四边用10mm厚钢板定位，并电焊牢固。

钢柱复校后，紧固地脚螺栓，并将承重垫块上下点焊固定，防止走动，如图5-17所示。

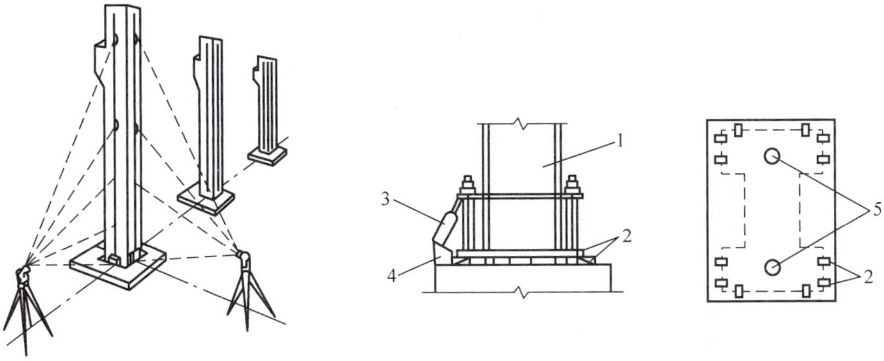

图5-16　钢柱校正与固定

1—钢柱　2—承重块　3—千斤顶　4—钢托座　5—标高控制块

（2）钢吊车梁的吊装

1）吊车梁的吊升。

① 钢吊车梁可用自行式起重机吊装，也可以用塔式起重机、桅杆式起重机等进行吊装，如图5-18所示。

图 5-17　钢柱柱脚固定

图 5-18　吊升吊车梁

② 吊车梁吊装时应注意钢柱吊装后的位移和垂直度的偏差，认真做好临时标高垫块工作，严格控制定位轴线，实测吊车梁搁置处梁高制作的误差。

2）钢吊车梁的校正与固定。吊车梁校正的内容包括标高、垂直度、轴线、跨距的校正，如图 5-19 所示。

① 标高的校正可在屋盖吊装前进行。校正时用千斤顶或起重机对梁作竖向移动，并垫钢板，使其偏差在允许范围内。

② 吊车梁轴线的校正（图 5-20）可用通线法和平移轴线法，跨距的检验用钢尺测量，跨度大的车间用弹簧秤拉测，如超过允许偏差，可用撬棍、钢楔、花篮螺钉、千斤顶等纠正。

图 5-19　钢吊车梁校正与固定

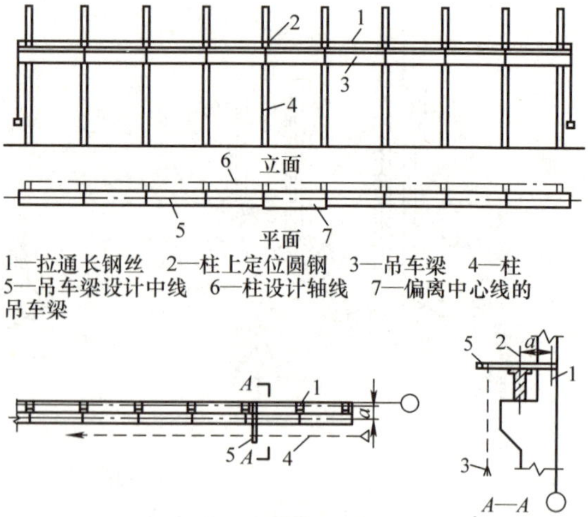

图 5-20　吊车梁轴线与标高校正

（3）钢屋架的吊装与校正　屋架吊装可采用自行式起重机、塔式起重机或桅杆式起重机等进行吊装。屋架的临时固定可用临时螺栓和冲钉。钢屋架的侧向稳定性差，必要时应绑几道衫木杆作为临时加固措施。如果起重机的起重量、起重臂的长度允许时，应先拼装两榀屋架及其上部的天窗架、檩条、支撑等成为整体，然后再一次吊装。

钢屋架的校正内容主要包括垂直度和弦杆的正直度，垂直度用垂球检验，弦杆的正直度用拉紧的缆风绳进行检验，如图 5-21 所示。

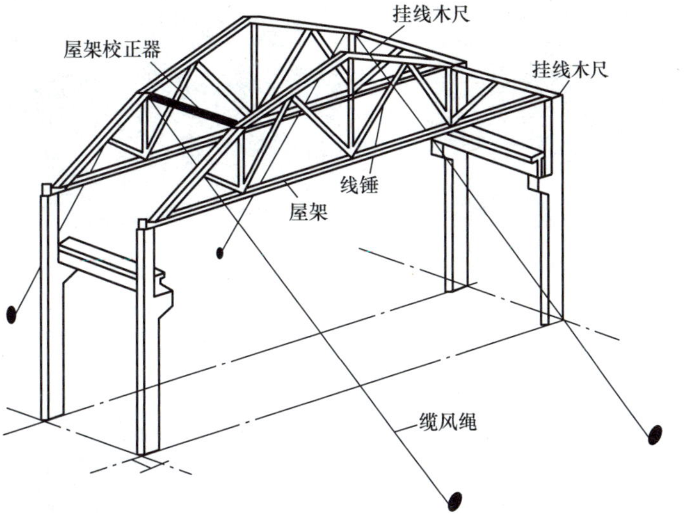

图 5-21 钢屋架校正

屋架的最后固定，用电焊或高强螺栓进行固定。用焊接固定时应避免在屋架的两端同侧同时施焊，防止焊缝收缩造成屋架倾斜。当屋架焊缝全部完成后起重机才可以松钩。只有等屋架矫正完毕最后固定并安装了若干块屋面板（或安装完上弦支撑）后才能将屋架矫正器取下。

引导问题 2：钢结构的连接方式有哪几种？

运用知识：钢结构连接方法通常有三种：焊接、铆接和螺栓连接等。

钢构件的连接接头应经检查合格后方可紧固或焊接。焊接和高强度螺栓并用的连接，当设计无特殊要求时，应按先栓后焊的顺序施工。

引导问题 3：钢结构高强螺栓连接施工有哪些施工要点？

运用知识：

1. 摩擦面的处理

高强度螺栓连接构件摩擦面可用喷砂、喷（抛）丸、酸洗或砂轮打磨等方法进行处理。如图 5-22 所示，处理好的摩擦面应有保护措施，不得涂油漆或污损。摩擦面的抗滑移系数应符合设计要求。

2. 连接板安装

高强度螺栓板面接触要平整，如图 5-23 所示。

3. 高强度螺栓安装

（1）安装要求

1）钢结构拼装前，应清除飞边、毛刺、焊接飞溅物。摩擦面应保持干燥、整洁，不得在雨中作业。

图 5-22　摩擦面处理

图 5-23　高强度螺栓连接

2）高强度螺栓连接副应按批号分别存放，并应在同批内配套使用，如图 5-24 所示。

3）施工前，高强度大六角头螺栓连接副应按出厂批号复验扭矩系数；扭剪高强度螺栓连接副应按出厂批号复验预拉力。复验合格后方可使用。

图 5-24　高强度螺栓连接副

（2）安装方法

1）高强度螺栓安装前接头应采用冲钉和螺栓临时连接，临时螺栓的数量应为接头上螺栓总数的 1/3，并不少于两个，冲钉使用数量不宜超过临时螺栓数量的 30%。对错位的螺栓孔应用铰刀或粗锉刀处理规整，处理时应先紧固临时螺栓主板至迭间无间隙，以防切屑落入。钢结构应在临时螺栓连接状态下进行安装精度校正。

2）钢结构安装精度调整达到校准规定后便可安装高强螺栓。先安装接头中未装临时螺栓和冲钉的螺孔。在这些安装上的高强度螺栓用普通扳手充分拧紧后，再逐个用高强度螺栓换下冲钉和临时螺栓。

4. 高强度螺栓的紧固

高强度螺栓拧紧可分为初拧和终拧。对于大型节点应分初拧、复拧和终拧，复拧扭矩应等于初拧扭矩，初拧扭矩值不得小于终拧扭矩值的 30%，一般为终拧扭矩的 60% ~ 80%。高强度螺栓的安装应按一定顺序施拧，宜由螺栓群中央顺序向外拧紧。并应在当天终拧完毕，其外露丝扣不得少于 3 扣。对已紧固的高强度螺栓，应逐个检查验收。对终拧用电动扳手紧固的扭剪型高强度螺栓，应以目测尾部梅花头拧掉为合格。施工扭矩值的检查在终拧完成 1h 后、48h 内进行。

引导问题 4：钢结构工程安装应验收哪些项目？

运用知识：

1. 钢柱子安装质量检验

单层钢结构中钢柱安装的允许偏差见表 5-1。

2. 钢梁安装质量检验

钢吊车梁安装允许偏差见表 5-2。

表 5-1　单层钢结构中钢柱安装的允许偏差

项目			允许偏差/mm	图例	检验方法
柱脚底中心线对定位轴线的偏移			5.0	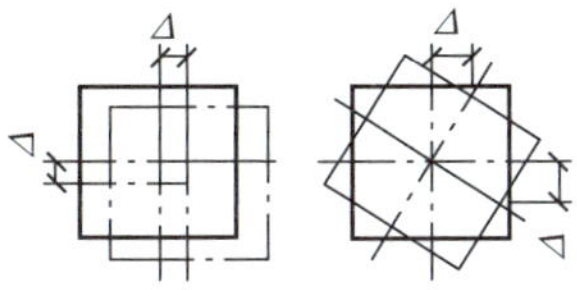	用吊线和钢尺检查
柱基准点标高	有吊车梁的柱		+3.0 -5.0	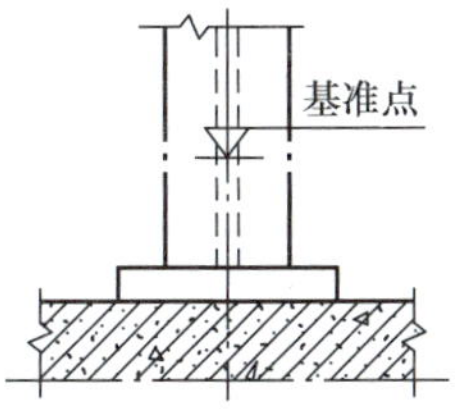	用水准仪检查
	无吊车梁的柱		+5.0 -8.0		
弯曲矢高			H/1200 且不大于 15.0		用经纬仪或拉线和钢尺检查
柱轴线垂直度	单层柱	H<10m	10.0	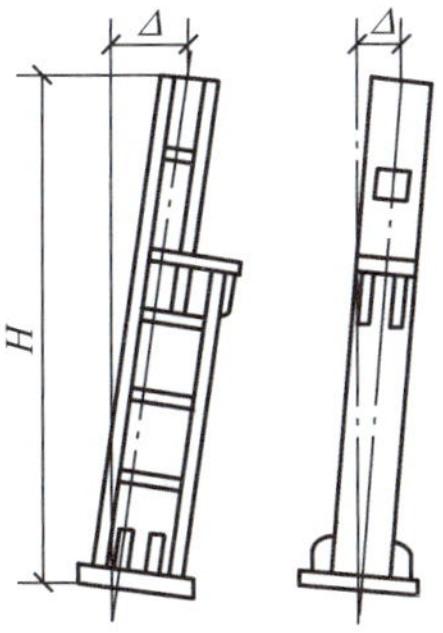	用经纬仪或吊线和钢尺检查
		H>10m	H/1000 且不大于 25.0		
	多节柱	单节柱	H/1200 且不大于 10.0		
		柱全高	35.0		

表 5-2　钢吊车梁安装允许偏差

项目	允许偏差/mm	图例	检验方法
梁跨中的垂直度 Δ	h/500	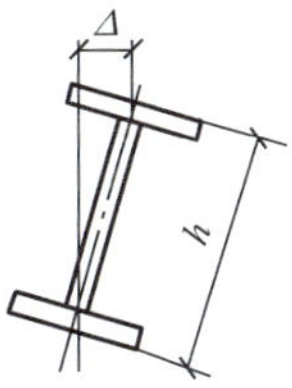	用吊线和钢尺检查

（续）

项目		允许偏差/mm	图例	检验方法
侧向弯曲矢高		l/1500且不大于10.0		用拉线和钢尺检查
垂直上拱矢高		10.0		
两端支座中心位移（Δ）	安装在钢柱上，对牛腿中心的偏移	5.0	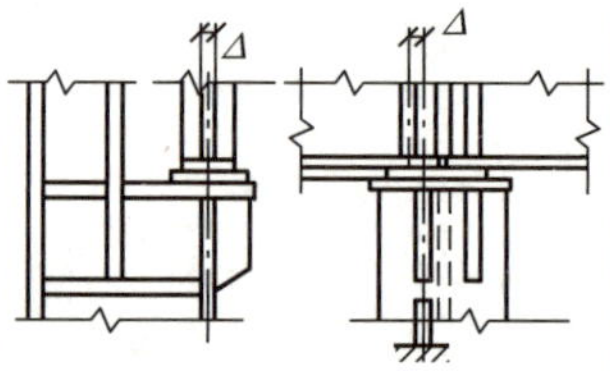	
	安装在混凝土柱上，对定位轴线偏移	5.0		
吊车梁支座加劲板中心与柱子承压加劲板中心偏移（Δ_1）		t/2		用吊线和钢尺检查
同跨间内同一横截面吊车梁顶面高差Δ	支座处	10.0	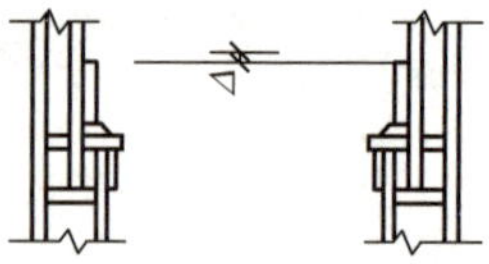	用经纬仪水准仪和钢尺检查
	其他处	15.0		
同跨间内同一横截面下挂式吊车梁底面高差Δ		10.0		
同列相邻两柱间吊车梁顶面高差Δ		l/1500且不大于10.0	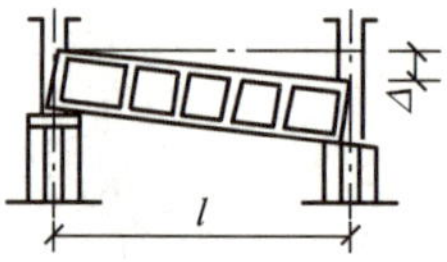	用水准仪和钢尺检查
同跨间任一截面的吊车梁中心跨距		±10.0	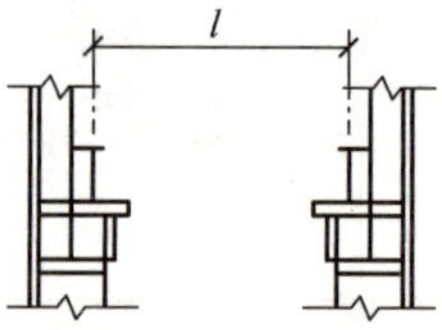	用经纬仪和光电测距仪检查；跨度小时，可用钢尺检查
相邻两吊车梁接头部位	中心错位	3.0	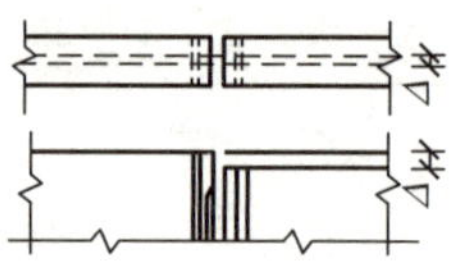	用钢尺检查
	上承式顶面高差	1.0		
	上承式底面高差	1.0		
轨道中心对吊车梁腹板轴线偏移Δ		t/2	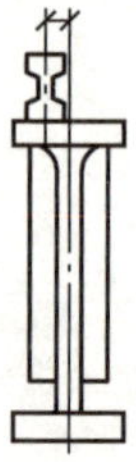	用吊线和钢尺检查

3. 钢屋架安装质量检验

钢屋架允许偏差见表 5-3。

表 5-3　钢屋架允许偏差

<table>
<tr><th>项目</th><th colspan="2">允许偏差/mm</th><th>图例</th></tr>
<tr><td>跨中的垂直度</td><td colspan="2">$h/250$ 且不大于 15.0</td><td>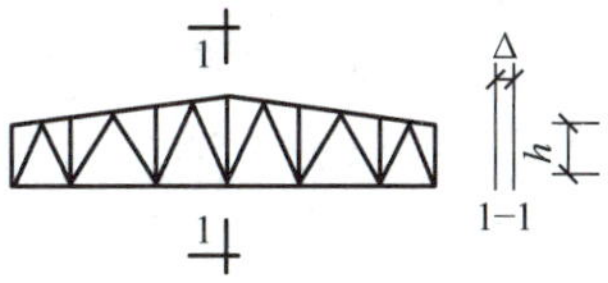</td></tr>
<tr><td rowspan="3">侧向弯曲矢高 f</td><td>$l \leqslant 30$m</td><td>$l/1000$ 且不大于 10.0</td><td rowspan="3">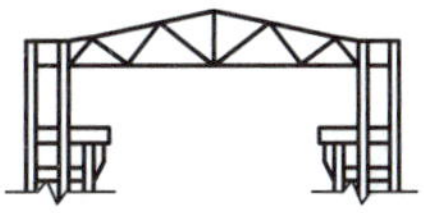
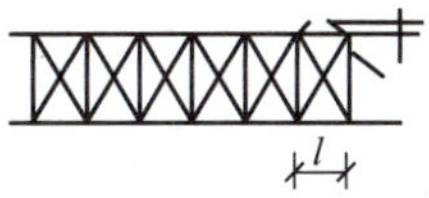
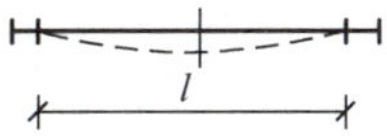</td></tr>
<tr><td>30m $< l \leqslant 60$m</td><td>$l/1000$ 且不大于 30.0</td></tr>
<tr><td>$l > 60$m</td><td>$l/1000$ 且不大于 50.0</td></tr>
</table>

二、教师审查每个小组的工作方案并提出整改建议

整改建议记录：

三、各小组进一步优化方案并确定最终工作方案

最终工作方案记录：

实践成果

1）实践作业。

2）工作情境模拟操作。

典型任务5 钢结构工程施工记录填写工作

知识点：

1. 钢结构工程竣工验收标准、规范。
2. 钢结构工程施工记录。

能力（技能）点：

能够按照《建筑工程竣工验收资料标准》填写钢结构工程施工记录。

实践目的

能够按照《建筑工程竣工验收资料标准》填写钢结构工程施工记录。

实践分解任务

1）了解钢结构施工记录表格及其内容。

2）能够按照《建筑工程竣工验收资料标准》填写钢结构工程施工记录。

实践分组

以小组为单位（6～8人为一组），在规定时间内完成以上任务。

实践场地

实训室、机房。

实践实施过程

一、每个学生提出自己的工作计划和方案并进行小组讨论

引导问题1：本工程应该填写的施工记录有哪些？

运用知识：①柱脚锚固检验批质量验收记录；②钢零部件加工检查记录；③高强度螺栓连接记录；④单层钢结构安装记录；⑤钢结构防腐涂料涂装工程记录；⑥钢结构制作（安装）焊接工程记录。

引导问题2：柱脚锚固检验批施工记录应包括哪些项目？

运用知识：柱脚锚固检验批质量验收记录见表5-4。

引导问题3：钢零部件加工施工记录应包括哪些项目？

运用知识：钢零部件加工检查记录见表5-5。

引导问题4：高强度螺栓连接施工记录应包括哪些项目？

运用知识：高强度螺栓连接记录见表5-6。

表 5-4　柱脚锚固检验批质量验收记录

允许偏差/mm	埋入式	柱轴线位移	5		
		柱标高	±5.0		
	端承式	支承面标高	±3.0		
		支承面水平度	L/1000 且≤5.0		
		螺栓中心线偏移	4.0		
		螺栓之间中心距	±2.0		
		螺距露出长度	0～+30		
		螺纹露出长度	0～+30		

表 5-5　钢零部件加工检查记录

允许偏差/mm	直径（D）		±D/500 且不应大于±5.0		
	构件长度（L）		±3.0		
	管口圆度		D/500 且不应大于 5.0		
	弯曲矢高		L/1500 且不应大于 5.0		
	钢筋孔径偏差	中间	1.2d～1.5d		
		外侧	1.2d～1.5d		
		长圆孔宽	1.2d～1.5d		
	钢筋孔距	任意	±1.5		
		两端	±2.0		
	钢筋轴线偏差		1.5		

表 5-6　高强度螺栓连接记录

验收项目			设计要求及规范规定	最小/实际抽样数量	检查记录	检查结果
主控项目	1	成品进场	第 4.4.1 条	—		
	2	扭矩系数或预拉力复验	第 4.2.2 条或第 4.4.3 条	—		
	3	抗滑移系数试验	第 6.3.1 条	—		
	4	终拧扭矩	第 6.3.2 条或第 6.3.3 条	—		

（续）

验收项目			设计要求及规范规定	最小/实际抽样数量	检查记录	检查结果
主控项目	1	成品进场检验	第4.4.4条	—		
	2	表面硬度试验	第4.4.5条	—		
	3	施拧顺序和初拧、复拧扭矩	第6.3.4条			
	4	连接外观质量	第6.3.5条	—		
	5	摩擦面外观	第6.3.6条	—		
	6	扩孔	第6.3.7条	—		

引导问题5：单层钢结构安装施工记录应包括哪些项目？

运用知识：单层钢结构安装施工记录见表5-7。

表5-7 单层钢结构安装施工记录

验收项目			设计要求及规范规定	最小/实际抽样数量	检查记录	检查结果
主控项目	1	吊装梁（桁架）	第8.3.1条	—		
	2	端部铣平精度	第8.4.1条	—		
	3	外形尺寸	第8.5.1条	—		
一般项目	1	焊接H型钢接缝	第8.2.1条	—		
	2	焊接H型钢精度	第8.2.2条	—		
	3	焊接组装精度	第8.3.2条	—		
	4	顶紧接触面	第8.3.3条	—		
	5	轴线交点错位	第8.3.4条	—		
	6	焊缝坡口精度	第8.4.2条	—		
	7	铣平面保护	第8.4.3条	—		
	8	外形尺寸	第8.5.2条	—		

引导问题6：钢结构防腐涂料涂装施工记录应包括哪些项目？

运用知识：钢结构防腐涂料涂装施工记录见表5-8。

表5-8 钢结构防腐涂料涂装施工记录

施工质量验收规范的规定		施工单位检查评定记录
涂料性能	第4.9.1条	√
涂装基层验收	第14.2.1条	√
涂层厚度	第14.2.2条	√
涂料质量	第4.9.3条	√
表面质量	第14.2.3条	√
附着力测试	第14.2.4条	√
标志	第14.2.5条	√

引导问题7：钢结构制作（安装）焊接施工记录应包括哪些项目？

运用知识：钢结构制作（安装）焊接施工记录见表5-9。

表5-9　钢结构制作（安装）焊接施工记录

1	焊接材料外观质量	第4.3.4条	√
2	预热和后热处理	第5.2.7条	√
3	焊接外观质量	第5.2.8条	√
4	焊缝尺寸偏差	第5.2.9条	√
5	凹形象焊接	第5.2.10条	√
6	焊缝感观	第5.2.11条	√

二、教师审查每个小组的工作方案并提出整改建议

整改建议记录：

三、各小组进一步优化方案并确定最终工作方案

最终工作方案记录：

实践成果

1）实践作业。

2）工作情境模拟操作。

学习情境六 屋面及防水工程

案例引入

工程概况：

某中学综合楼项目；所在气候区域：夏热冬暖南区。

1）本项目屋面防水等级统一按“I级”考虑，屋面设温度缝，为有组织排水，见屋顶层平面图，如图6-1所示（见书后插页）。

2）各种屋面工程的施工均应按《屋面工程技术规范》（GB 50345—2012）中的有关规定实施。

3）屋面防水做法见屋面防水工程做法表，屋面节点索引见屋面平面图，内容如下：

① 8~10mm厚防滑地砖铺平拍实，缝宽5~8mm，1∶1水泥砂浆填缝（掺建筑胶）。

② 25mm厚1∶3干硬性水泥砂浆。

③ 60mm厚C20细石混凝土，内配钢筋双向Φ4@150。

④ 0.4mm厚PE膜或0.8mm厚土工布。

⑤ 50mm厚绝热挤塑聚苯板（燃烧等级为B1级），（按40mm厚进行节能计算）。

⑥ 4mm厚SBS高聚物改性沥青防水卷材。

⑦ 刷基层处理剂一道。

⑧ 20mm厚1∶2.5水泥砂浆找平层。

⑨ 30mm厚（最薄处）粉煤灰陶粒混凝土找坡3%。

⑩ 钢筋混凝土屋面板，表面清扫干净保温隔热平屋面。

4）出屋面砖砌墙泛水做法参照《平屋面》（15ZJ201）（第13页大样1）（图6-8b）。

5）管道出屋面泛水做法参照《平屋面》（15ZJ201）（第40页大样1）（图6-11）。

6）屋面天沟落水口做法参照《平屋面》（15ZJ201）（第21页大样2）（图6-6）。

7）屋面出入口大样参照《平屋面》（15ZJ201）（第16页大样1）（图6-10）。

8）本工程为平屋面，采用建筑材料找坡，保温隔热平屋面，30mm厚（最薄处）粉煤灰陶粒混凝土找坡3%。

典型任务1 屋面及防水工程定位放样测量工作

知识点：

1. 能根据给定施工图，对屋面及防水工程细部构造进行放样工作。
2. 能根据给定施工图，对屋面及防水工程坡度、流水方向进行放样工作。

能力（技能）点：

1. 屋面及防水工程细部构造放样流程。
2. 屋面及防水工程坡度、流水方向放样流程。

实践目的

1）以实际应用为主，培养实际操作能力，提高动手能力。

2）通过现场具体操作训练，获得生产技能和施工方面实际知识，理解并系统掌握屋面及防水工程细部构造，能根据给定施工图，对屋面及防水工程坡度、流水方向进行放样。

实践分解任务

1）根据给定施工图，对屋面及防水工程坡度、流水方向的找坡层、防水层、保护层进行放样。

2）根据给定施工图，对屋面及防水工程细部构造进行放样。

实践分组

以小组为单位（6~8 人为一组），在规定时间内完成以上任务。

实践场地

实训室、机房。

实践实施过程

一、每个学生提出自己的工作计划和方案并进行小组讨论

引导问题 1：屋面防水工程坡度、流水方向放样流程是什么？

运用知识：工艺流程：基层清理、基层应干燥→计算灰饼标高→灰饼找坡（坡度、最薄处按设计要求）

1. 基层清理

找坡层铺设前要事先检查基层。现浇混凝土结构层表面高出的部分须剔平，凹处用水泥砂浆分层填实，基层表面的杂物、灰尘、污垢等必须事先清除干净。

2. 计算灰饼标高

按屋面图样（图 6-2）可知，本工程为平屋面，采用建筑材料找坡，坡度为 3%，单向找坡。天沟宽度为 300mm，自天沟边到分水线最大距离为 [900 + 6900 + 2700 - 200(墙厚) - 300(天沟)]mm = 10000mm × 3% = 300mm；天沟内自墙边至水落杯口距离为（2800 + 2800 + 400 - 200）mm = 5800mm × 1% = 58mm。天沟内灰饼最高为 [58 + 30(最薄处)] mm = 88mm；最薄处为 30mm。最后可知屋面灰饼最高为（300 + 88）mm = 388mm，最薄处为 88mm。

3. 灰饼找坡

按设计坡度及流水方向，找出屋面坡度走向，确定找坡层的厚度范围。灰饼间距以 1.5 ~ 2m 为宜。

引导问题 2：屋面卷材防水层施工放样要点是什么？

运用知识：卷材铺贴前应在找平层上对卷材铺贴位置弹线放样，放样顺序与卷材铺贴顺

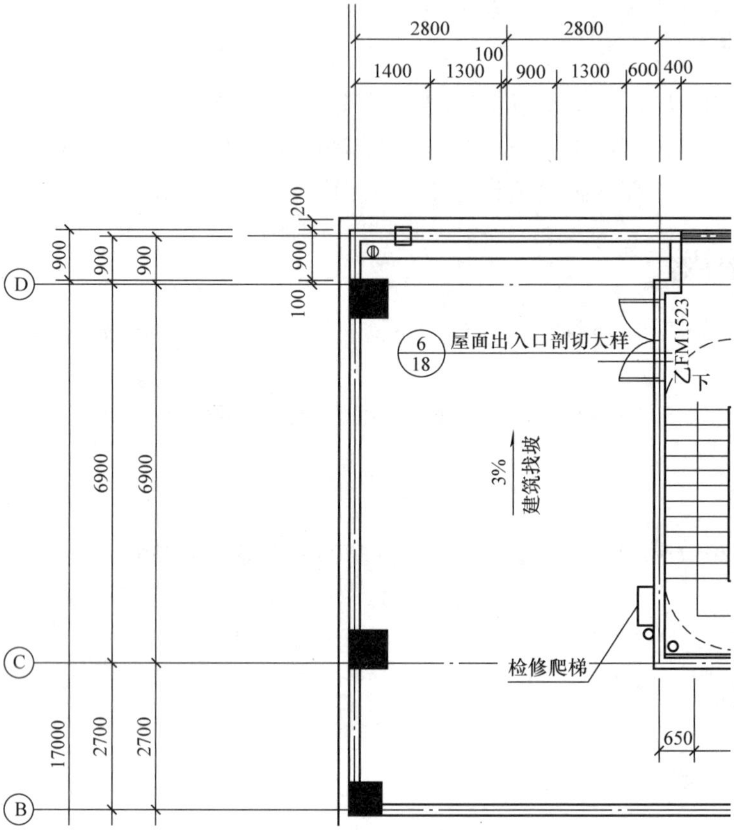

图 6-2　屋面建筑施工图

序一致。

1）在一个单跨房屋铺贴时，先铺贴排水比较集中的部位（天沟、檐沟具体尺寸见大样），按标高由低到高铺贴，坡与立面的卷材应由下向上铺贴，使卷材按流水方向搭接。

2）铺贴方向一般视屋面坡度而定，当坡度在3%以内时，卷材宜平行于屋脊方向铺贴；坡度在3%～15%时，卷材可根据当地情况决定平行或垂直于屋脊方向铺贴，以免卷材溜滑。本工程屋面排水坡度为3%，卷材按长边平行于屋脊方向铺贴弹线放样。

3）卷材平行于屋脊方向铺贴时，长边搭接不小于80mm；短边搭接，平屋面不应小于100mm，坡屋面不小于150mm，相邻两幅卷材短边接缝应错开不小于500mm；上下两层卷材应错开1/3或1/2幅度。本工程屋面卷材按长边平行于屋脊方向铺贴，为单层4mm厚SBS改性沥青防水卷材，长边搭接不小于80mm；短边搭接，平屋面不应小于100mm；弹线放样时应注意相邻两幅卷材短边接缝应错开不小于500mm。平行于屋脊的搭接缝，应顺流水方向搭接，如图6-3所示；上下两层卷材不得相互垂直铺贴。

4）本工程屋面卷材按长边平行于屋脊方向铺贴，为单层4mm厚SBS改性沥青防水卷材，长边搭接不小于80mm；短边搭接，平屋面不应小于100mm；弹线放样时应注意相邻两幅卷材短边接缝应错开不小于500mm，如图6-4所示。

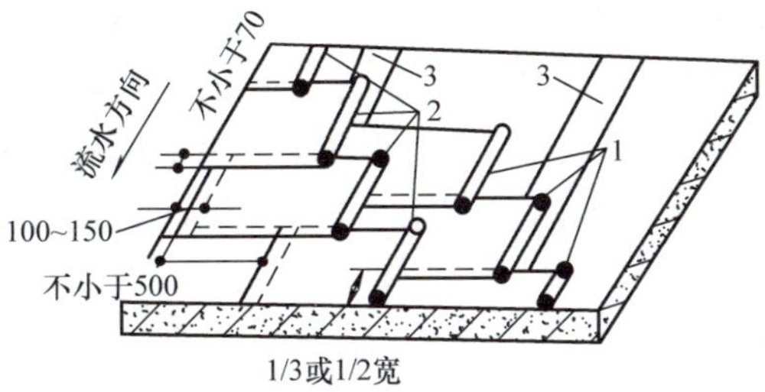

图 6-3　卷材搭接要求

1—上层卷材　2—下层卷材　3—变形缝附加层

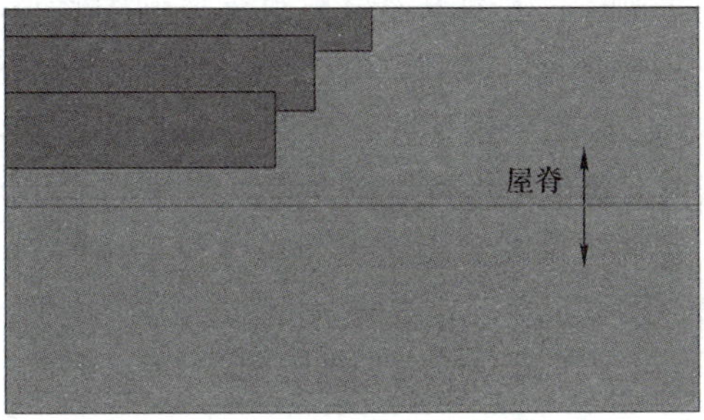

图 6-4　平行于屋脊方向铺贴示意图

引导问题 3：防水工程细部放样要点是什么？

运用知识：

1. 卷材防水转角

女儿墙阴阳角部位按规定做成圆角，女儿墙泛水（阴角）均应做防水附加层，当砖砌女儿墙卷材收头在女儿墙压顶下时，在墙顶（圆角）也做附加增强层。附加增强层的做法是先用防水涂料或密封材料涂封，距角每边 100mm，干燥后进行防水附加层铺贴。在阴阳角处卷材应按放样图进行剪切后铺贴，如图 6-5 所示。

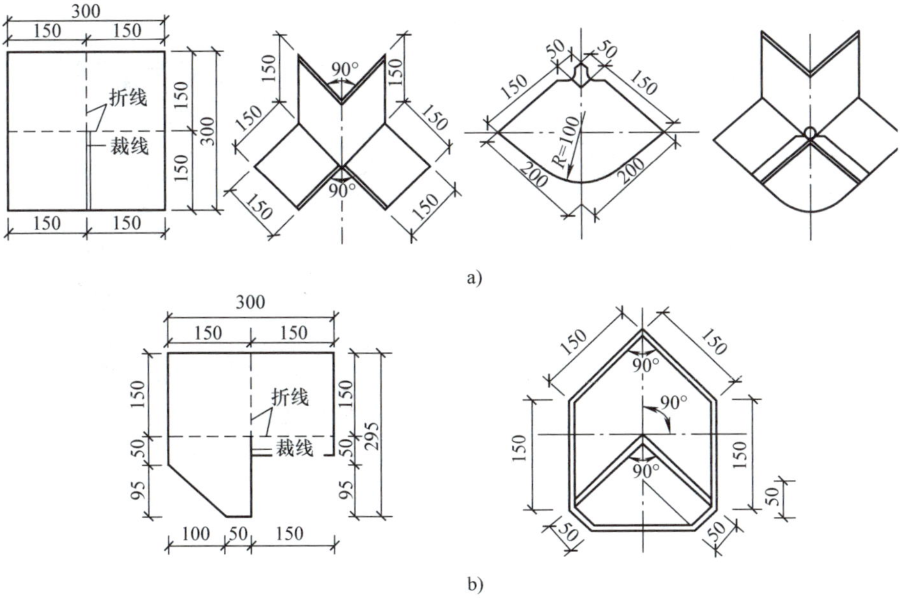

图 6-5　防水卷材阴阳角附加层

a）阳角附加层　b）阴角附加层

2. 卷材防水屋面水落口

在水落口埋设时，应考虑水落口设防增加的附加层和柔性密封层的厚度、天沟和沟檐排水坡度的加大尺寸。

本工程屋面天沟落水口做法参照《平屋面》（15ZJ201）（第 21 页大样 2），如图 6-6 所示，在水落口杯埋设时，水落口杯与竖管承插口的连接处应用密封材料嵌填密实，防止该部位在暴雨时产生倒水现象。水落口周围直径500mm范围内，排水坡度不应小于5%。防水卷材卷入水落口内50mm。水落口杯与基层接触处应留宽20mm、深20mm的凹槽，嵌填密封材料。雨水口安装时，将附加防水层、防水卷材铺贴在雨水斗周边或雨水斗底盘口外边缘，填满防水密封膏后，即将压板盖上，并插入螺栓使压板固定，再用防水密封膏做封边处理。屋面（天沟）板预留洞口应详见雨水口产品型号要求。采用非预埋安装时，四周应用水泥砂浆密实填充，并做找平层，如图6-7所示。

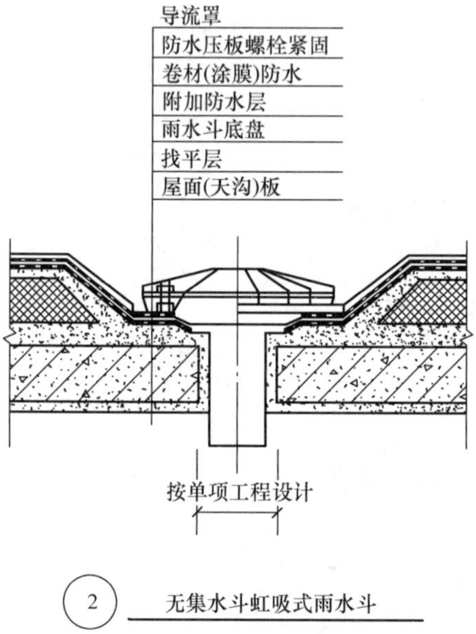

图6-6　水落口大样

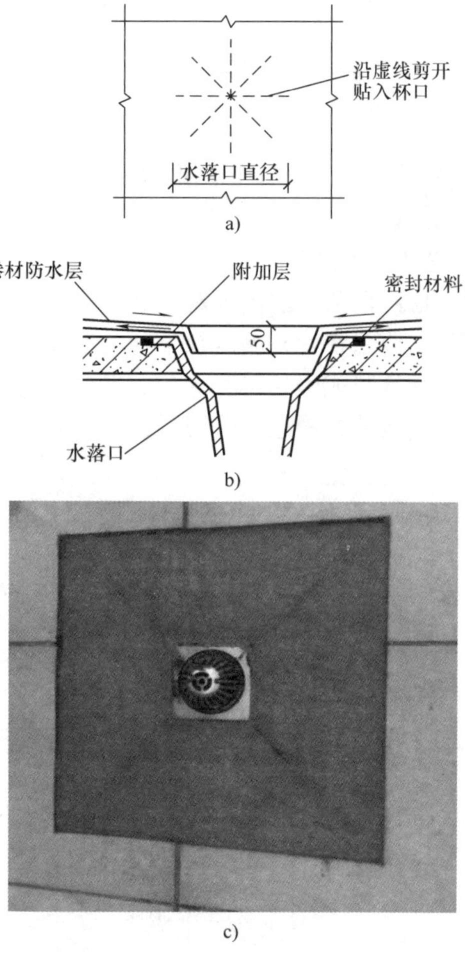

图6-7　卷材施工

3. 出屋面砖砌墙泛水做法

本工程出屋面砖砌墙泛水做法参照《平屋面》（15ZJ201）（第13页大样1），如图6-8所示。

铺贴泛水处的卷材应采用满粘法。女儿墙泛水处附加防水层在平面和立面的宽度均不应小于250mm。高于女儿墙泛水处的防水层泛水高度不应小于250mm，泛水上部的墙体应做防水处理。泛水收头应根据泛水高度和泛水墙体材料确定。墙体为砖墙时，用20mm宽的薄钢板材衬条与水泥钉钉牢并用密封材料封闭严密，压顶应做防水处理，如图6-9所示。

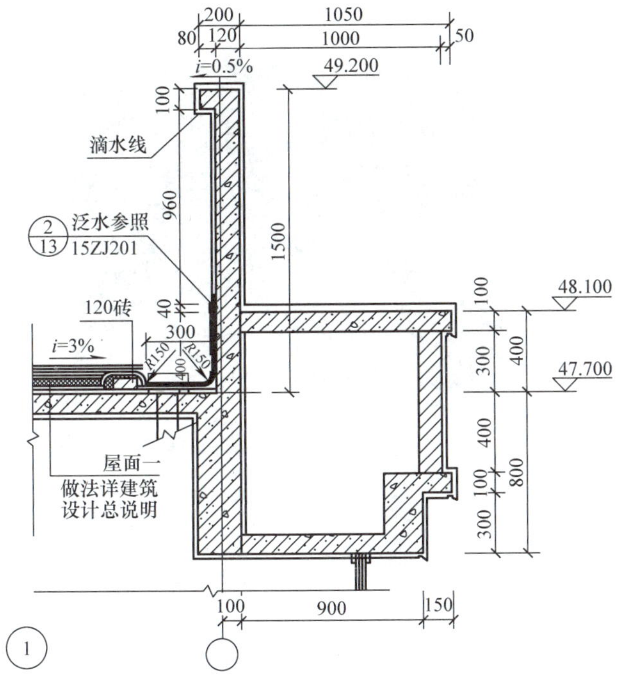

女儿墙剖切大样一1:20

a)

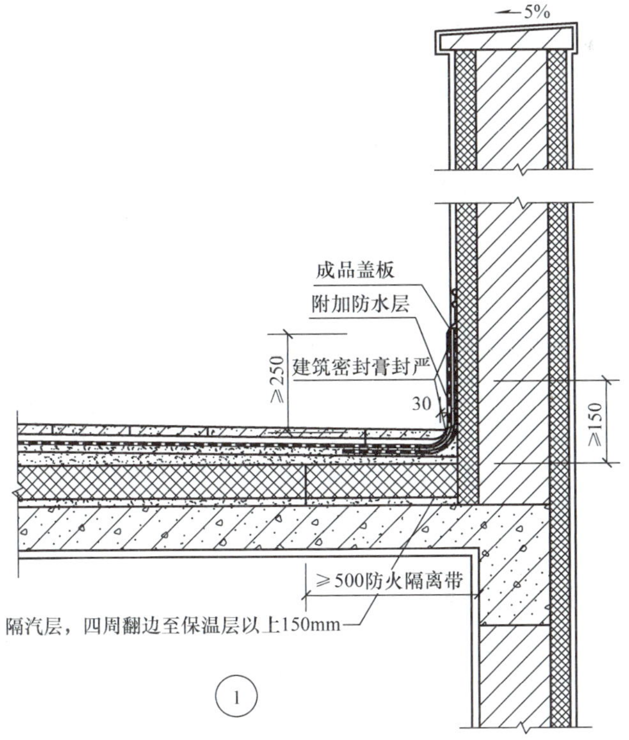

b)

图 6-8　出屋面砖砌墙泛水做法

a)

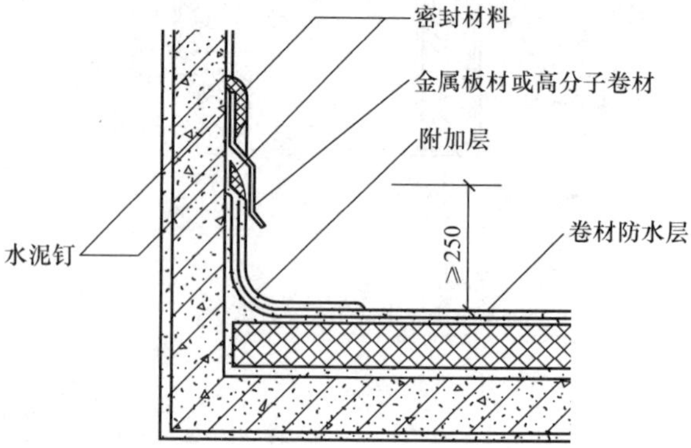

b)

图 6-9 屋面泛水

a）工程实例 b）出屋面砖砌墙泛水

4. 屋面出入口

本工程屋面出入口大样参照《平屋面》（15ZJ201）（第 16 页大样 1），如图 6-10 所示，铺贴屋面出入口泛水处的卷材应采用满粘法。屋面出入口泛水处附加防水层在平面和立面的宽度均不应小于 250mm。泛水上部的墙体应做防水处理。立面防水卷材收头应根据泛水高度和泛水墙体材料确定，本案例中墙体为砖墙时，立面卷材收头可直接压于踏步板下，外砌保护墙，抹 20mm 厚聚合物水泥砂浆，踏步板与卷材接口处用油膏嵌填密实。

5. 伸出屋面管道

本工程管道出屋面泛水做法参照《平屋面》（15ZJ201）（第 40 页大样 1），如图 6-11 所示，伸出屋面管道的周围与找平层或细石混凝土防水层之间，应预留 20mm × 20mm 的凹槽，并用密封材料嵌填严密；在管道根部直径 300mm 范围内，找平层应抹出高度不小于 30mm 的圆台；管道根部四周应增设附加层，附加层的高度不小于 250mm、平面宽 300mm；卷材与管道交接处用金属管箍紧。

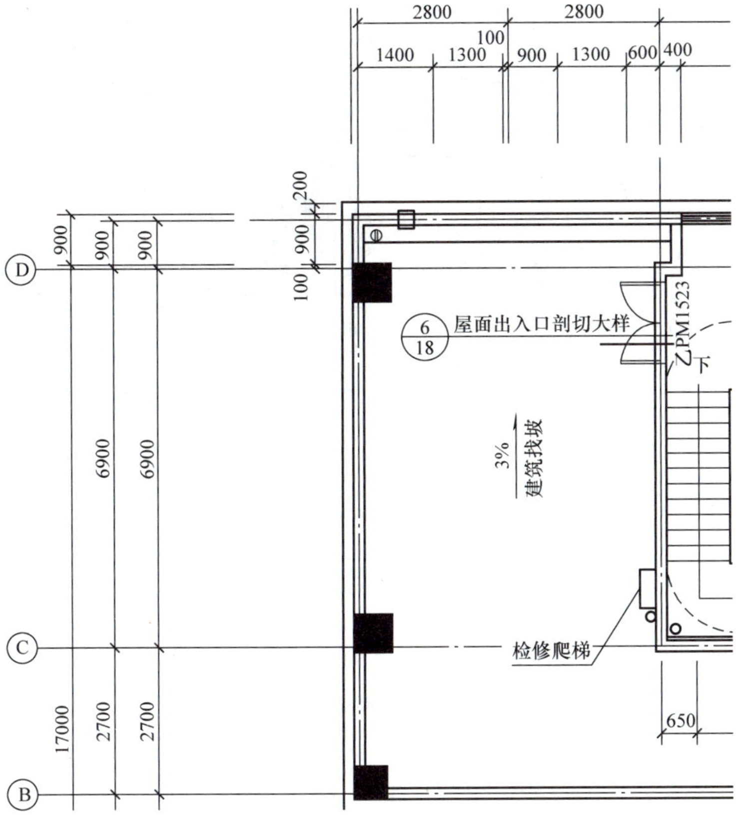

a)

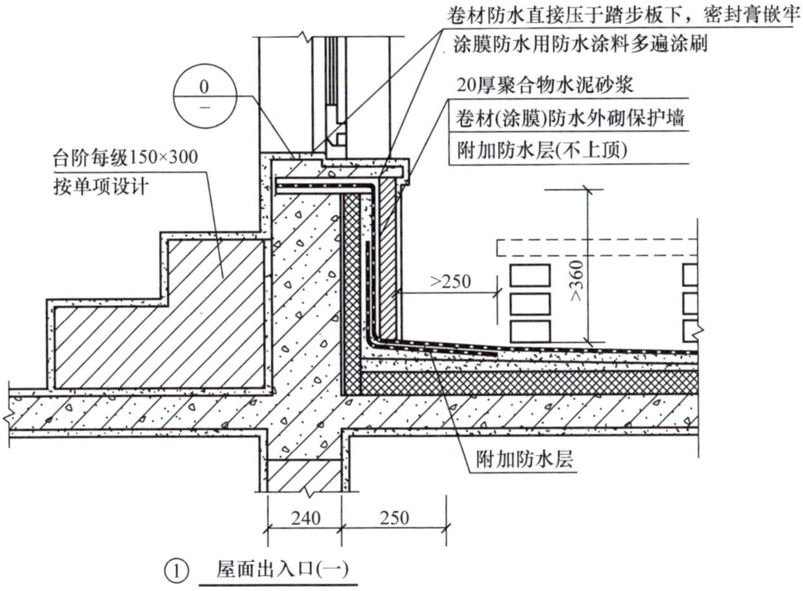

b)

图 6-10　屋面出入口

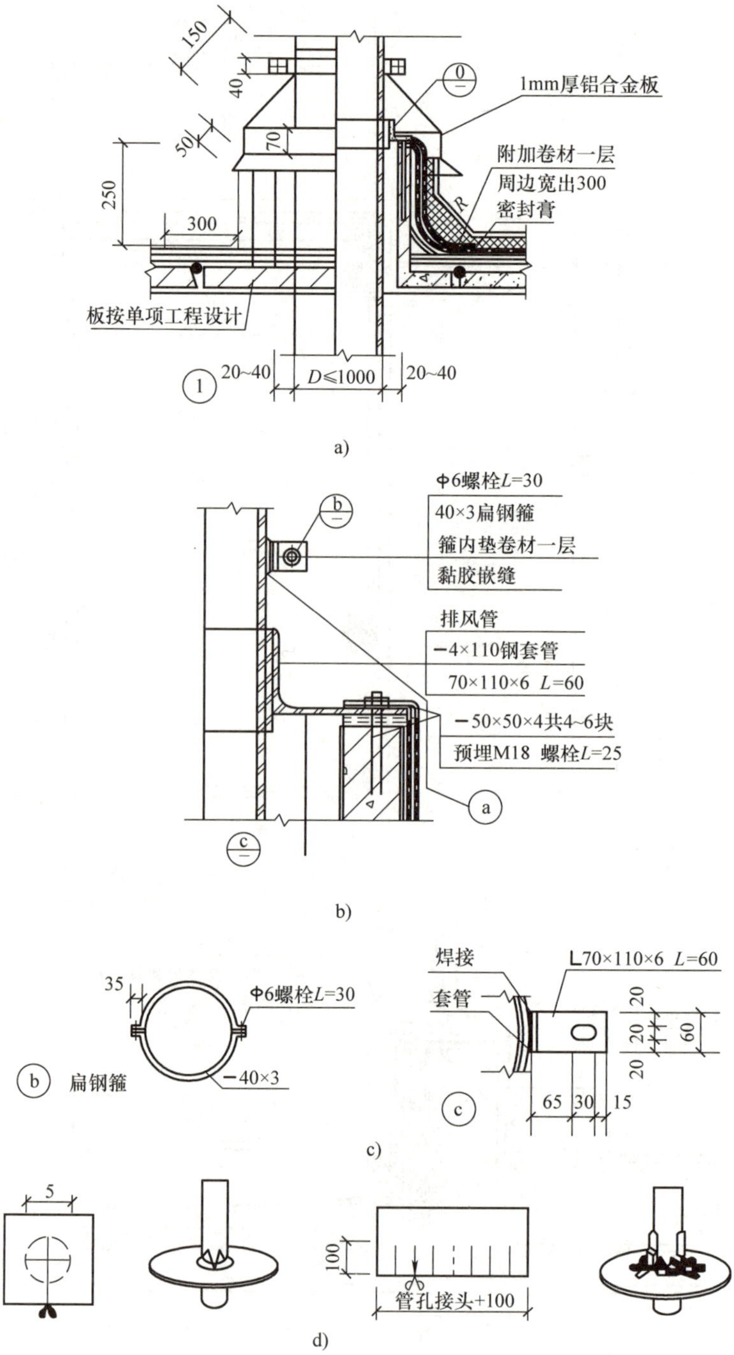

图6-11　管道出屋面泛水

二、教师审查每个小组的工作方案并提出整改建议

整改建议记录：

三、各小组进一步优化方案并确定最终工作方案

最终工作方案记录：

实践成果

1）实践作业。

2）工作情境模拟操作。

典型任务 2 屋面及防水工程尺寸参数核对工作

知识点：

1. 屋面工程分层构造图识读。
2. 屋面工程防水厚度等参数核对。
3. 屋面工程防水层次等参数核对。

能力（技能）点：

1. 能够应用图样、图集对屋面工程防水厚度等参数进行核对。
2. 能够应用图样、图集对屋面工程防水层次等参数进行核对。

实践目的

1）以实际应用为主，培养实际操作能力，提高动手能力。

2）通过具体操作训练，获得生产技能和施工方面实际知识，理解并系统掌握屋面工程分层构造图识读，能够应用图样、图集对屋面工程防水厚度、防水层次等参数进行核对。

实践分解任务

1）根据能根据给定施工图，对屋面工程分层构造图识读。

2）根据施工实际情况根据给定施工图，对屋面工程防水厚度；屋面工程防水层次等参数核对。

实践分组

以小组为单位（6～8 人为一组），在规定时间内完成以上任务。

实践场地

实训室、机房。

实践实施过程

一、每个学生提出自己的工作计划和方案并进行小组讨论

引导问题 1：屋面工程防水的层次（图 6-12）有哪些？

运用知识：

1. 屋面找平层

1）屋面施工完成后，表面因存在凹凸不平或者坡度等情况而需要进行找平铺设的基层，一般采用水泥砂浆、细石混凝土、沥青砂等材料，便于后续如防水层、保温层等工序的施工。

2）本工程案例使用 20mm 厚 1∶2.5 水泥砂浆找平层。

3）水泥砂浆找平层材料要求。

① 水泥：宜采用硅酸盐水泥、普通硅酸盐水泥，其强度等级不应小于 32.5 级。进场时应对其品种、强度等级、出厂日期等进行检查，并应对其强度、安全性及其他的性能指标进行抽样复验。当在使用中对水泥质量有怀疑或水泥出厂超过三个月（快硬硅酸盐水泥超过一个月）时，应复查试验，并按复验结果使用。不同品种的水泥，不得混合使用。

图 6-12　屋面工程防水的层次

② 砂：宜采用中砂或粗砂，含泥量应不超过设计规定。

③ 水：拌合用水宜采用饮用水。

2. 找坡层

找坡层宜采用轻骨料混凝土；本工程案例使用的找坡层为 30mm 厚（最薄处）粉煤灰陶粒混凝土（找坡 3%），找坡材料应分层铺设和适当压实，表面应平整。

（1）作业条件

1）基层处理完毕，屋面水电安装工程完毕并验收合格。

2）表面清扫干净，且要求干燥、平整，不得有松散、开裂、空鼓等缺陷。

3）在轻骨料混凝土找坡层施工前，须再次对屋面结构板标高进行测定，校对屋面做法厚度与现场实际标高的偏差情况，将屋面上人孔、变形缝、雨水管等部位找准位置，以备下道工序方便施工。

（2）材料要求

1）采用强度等级为 32.5 级的普通硅酸盐水泥、矿渣硅酸盐水泥。应有出厂合格证书及性能检测报告。材料进场需核查其品种、规格、强度等级、出场日期等，并进行外观检查，做好进场验收记录。进场后应对其凝结时间、安定性和抗压强度进行复验。

2）页岩陶粒：颗粒粒度 5～16mm。

（3）配合比要求　页岩陶粒混凝土的配合比为 1:8（重量比），即 1 份水泥 8 份页岩陶粒颗粒。

3. 基层处理剂

为了增强防水材料与基层之间的黏结力，在防水层施工前，预先在基层上涂刷涂料。涂刷前，找平层表面要平整、干净，涂刷要薄而均匀，不得有空白、麻点、气泡。涂刷宜在铺油毡前 1～2h 进行，使油层干燥而不沾灰尘。常用的冷底子油如图 6-13 所示。

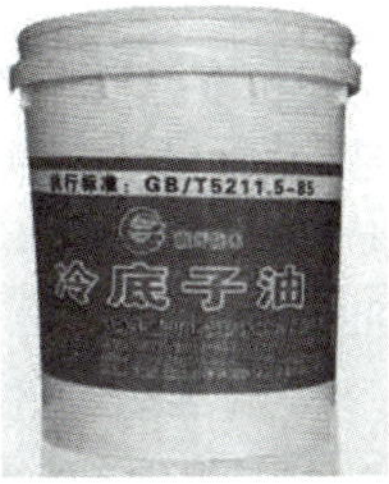

图 6-13　基层处理剂

4. 卷材防水层

1）高聚物改性沥青防水卷材：以合成高分子聚合物改性沥青为涂盖层，纤维织物或纤维毡为胎体、粉状、粒状、片状或薄膜材料为覆面材料制成可卷曲的片状防水材料。高聚物改性沥青卷材具有纵横向拉力大、延伸率好、韧性强、耐低温、耐老化、耐紫外线、耐温差变化、自愈力粘合等优良性能，是目前常用的防水卷材。常用品牌有“SBS”　“APP ”，宽度均为 1m，厚度为 2～

5mm，长度为 5 ~20m，3mm 及以上可单道设防。

2）本工程案例使用的卷材防水层为 4mm 厚 SBS 高聚物改性沥青防水卷材，如图 6-14 所示。

5. 屋面保温层

我国气候北冷南热，为了使房间内部温度能够满足使用要求以及建筑节能的需要，应在屋面留设保温层。

1）保温材料：应当选择轻质、多孔、导热系数小的保温材料。根据保温材料的成品特点和施工工艺的不同，可以把保温材料分为散料、现场浇筑的拌合物和板块料三种。散料式和现场浇筑式保温层具有良好的可塑性，还可以用来替代找坡层。板块式保温材料具有施工速度快、保温效果好、避免湿作业的优点，且在工程中应用得比较广泛。

2）本工程案例使用的保温材料为 50mm 厚绝热挤塑聚苯板（燃烧等级为 B1 级），其为板块式保温材料，保温性能好，吸水率低，可设置在防水层上，如图 6-15 所示。

图 6-14　高聚物改性沥青防水卷材

图 6-15　挤塑聚苯板

① 挤塑聚苯板应符合规定的质量要求，保温材料运到施工现场后应提供相关的合格证与出厂检验报告等资料，并及时报监理、建设单位对材料取样送检，合格后方可使用。

② 挤塑聚苯板应铺贴平整，板材的排列竖向错缝、交错相接，板与板之间靠紧靠实，超出 2mm 的缝隙应用聚苯板填塞。

6. 隔离层

为减少结构变形和温度应力对防水层的不利影响，应在防水层与基层之间设置隔离层，让防水层能自由伸缩并提高抗伸缩变形能力。本工程隔离层采用直接铺 0.4mm 厚 PE 塑料薄膜的方法，如图 6-16 所示。在浇筑细石混凝土前，应做好隔离层成品保护工作，不能踩踏破坏。

图 6-16　塑料薄膜

7. 混凝土刚性防水层

本工程混凝土刚性防水层采用 60mm 厚 C20 细石混凝土，内配钢筋双向Φ4@ 150 冷拔丝。

分格缝留置：分格缝应设置在结构屋面板的支承端、屋面转折处、防水层与突出屋面结构的交接处等，并应按纵横不大于 6.0m 间距进行分格，缝宽以 10～20mm 为宜。

钢筋网施工：钢筋网铺设按设计要求，直径为 4mm、间距为 150mm 双向钢丝网片。网片采用绑扎，其位置以居中偏上为宜，保护层不小于 10mm。绑扎钢丝的搭接长度必须大于 250mm；焊接搭接长度不小于 25 倍直径，在一个网片的同一断面内接头不超过钢丝断面积的 25%。分格缝处钢丝要断开。为保证钢丝位置的准确，可采用先在隔离层上满铺钢丝绑扎成形后，再按分格缝位置剪断的方法施工，如图 6-17 所示。

1）材料要求：水泥宜用强度等级不低于 42.5 级普通硅酸盐水泥；砂用中砂，含泥量小于 3%；石子采用最大粒径不超过 15mm，级配良好，含泥量小于 1% 的砾石。细石混凝土水灰比不应大于 0.55；水泥最小用量不应小于 $330kg/m^3$；含砂率宜为 35%～40%；灰砂比应为 1∶2.5～1∶2。

2）浇筑混凝土前，应将隔离层表面浮渣、杂物清理干净；检查隔离层质量及平整度、排水坡度和完整性；支好分格缝模板，标出混凝土浇捣厚度。混凝土终凝后，用麻袋覆盖后浇水养护不少于 14d，养护期间要保证覆盖材料的湿润，并禁止闲人上屋面踩踏或在上继续施工。

3）分格缝处理：分格缝下部填泡沫条，上部填专用密封膏密封，如图 6-18 所示。

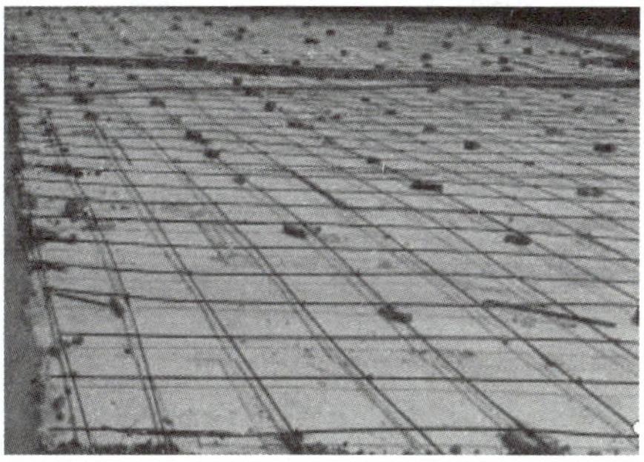

图 6-17　混凝土刚性防水层钢丝网

图 6-18　密封膏密封

8. 块料面层

本工程屋面为上人屋面，屋面面层使用 8～10mm 厚防滑地砖铺平拍实，缝宽 5～8mm，1∶1水泥砂浆填缝（掺建筑胶）。

引导问题 2：屋面防水工程构造的区分有哪些？

运用知识：

1. 正置式屋面（图 6-19a）

保温层设在结构层与防水层之间。这是目前最常用的一种做法，保温层设在屋盖系统的低温一侧，保温效果好并且符合热工原理。同时，由于保温层是摊铺在结构层之上的，符合受力的原则，构造也简单。为了防止室内空气中的水蒸气随热气流上升，透过结构层进入保温层，从而降低保温效果，应当在保温层下面设置隔汽层。隔汽层一般是在找平层上铺一毡二油（涂热沥青一道）或采用与屋面防水材料相同的卷材（厚度可以薄一些）进行处理。

2. 倒置式屋面（图 6-19b）

保温层设置在防水层上面。这种做法又称为“倒置式保温屋面”，其构造层次为保温层、防水层、结构层。这种屋面对采用的保温材料有特殊的要求，应当使用具有吸湿性低、耐气候性强的憎水材料作为保温层（如聚苯乙烯泡沫塑料板或聚氯酯泡沫塑料板），并在保温层上加设钢筋混凝土、卵石、砖等较重的保护层（覆盖层）。

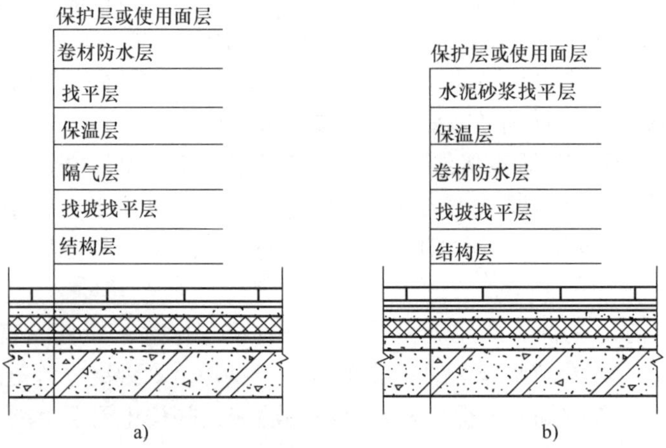

图 6-19　卷材防水屋面构造层次示意

a）正置式屋面　b）倒置式屋面

引导问题 3：屋面防水等级与防水层的选用有哪些？

运用知识：屋面防水工程一般包括屋面卷材防水、屋面涂膜防水、屋面刚性防水、瓦屋面防水、屋面接缝密封防水。根据建筑物的性质、重要程度、使用年限功能要求及防水层耐用年限等，将屋面防水分为两个等级，并按不同等级进行设防，防水屋面的常用类型有卷材防水屋面、涂抹防水屋面和刚性防水屋面等级。

《屋面工程技术规范》（GB 50345—2012）中对屋面防水等级和设防要求规定如下：

【Ⅰ级】建筑物类别：重要建筑和高层建筑；

设防要求：两道防水设防；

防水层选用材料：宜选用高聚物改性沥青防水卷材、合成高分子防水卷材、金属板材、合成高分子防水涂料、高聚物改性沥青防水涂料、细石防水混凝土、平瓦、油毡瓦等材料。

【Ⅱ级】建筑物类别：一般建筑；

设防要求：一道防水设防；

防水层选用材料：宜选用高聚物改性沥青防水卷材、合成高分子防水卷材、三毡四油沥青防水卷材、金属板材、高聚物改性沥青防水涂料、合成高分子防水涂料、细石防水混凝土、平瓦、油毡瓦等材料。

本工程屋面防水等级统一按“Ⅰ级”考虑，使用高聚物改性沥青防水卷材、细石防水混凝土两道防水设防。

二、教师审查每个小组的工作方案并提出整改建议

整改建议记录：

三、各小组进一步优化方案并确定最终工作方案

最终工作方案记录：

实践成果

1）实践作业。

2）工作情境模拟操作。

典型任务3 屋面及防水工程施工机械、人力、运输协调工作

知识点：

1. 屋面及防水工程施工施工机械的选择和配备。
2. 屋面及防水工程施工人力的选择和配备。
3. 屋面及防水工程施工运输条件的选择。

能力（技能）点：

1. 能够根据施工交底协调施工机械进行屋面及防水工程施工。
2. 能够根据施工交底协调人力进行屋面及防水工程施工。

实践目的

1）以实际应用为主，培养实际操作能力，提高动手能力。

2）通过现场具体操作训练，获得生产技能和施工方面实际知识，了解屋面及防水工程施工施工机械的选择和施工人力的选择。

实践分解任务

能根据给定施工图选择和配备屋面及防水工程施工施工机械。

实践分组

以小组为单位（6~8人为一组），在规定时间内完成以上任务。

实践场地

实训室、机房。

实践实施过程

一、每个学生提出自己的工作计划和方案并进行小组讨论

引导问题1：屋面及防水工程施工施工机械、机具有哪些？

运用知识：

1. 清理基层的工具

主要包括：铁锹、锤子、錾子、油工铲刀、钢丝刷、平铲、扫帚、吹尘器、墩布、铁皮小刮板等。

2. 取料配料工具

主要包括：台秤、弹簧秤、电动搅拌器、搅拌筒、装料小桶等。

3. 底层涂料涂覆工具

主要包括：滚刷、刮板、油漆刷、塑料刮板、小抹子、橡胶刮板等。

4. 热熔卷材工具

主要包括：汽油喷灯或液化气喷枪等。

5. 裁剪卷材工具

主要包括：壁纸刀、钢卷尺等。

6. 防水、堵漏工具

主要包括：注浆机、灌浆机、堵漏填缝机等。

7. 排水工具、设备

主要包括：水桶、水盆、排水泵、排水管等。

8. 检测工具

主要包括：0.5～1m 钢直尺、精度为 0.1mm 的钢尺、钢针、坡度尺、楔形塞尺、卡尺、靠尺、放大镜、有刻度的塑料量筒、秒表、吸墨纸或报纸、粉笔、工作登高扶梯、带有密封缘口的规定尺寸方框等。

9. 防火及安全工具

主要包括：防火器材、防护网、安全绳等。

引导问题 2：屋面及防水工程施工施工机械、机具的用途有哪些？

运用知识：

常用的防水施工机具分为四大类，即：一般施工机具、热熔卷材施工机具、热焊接卷材施工机具和堵漏施工机具。

1. 一般施工机具

1）常用的有扫帚、小平铲（油灰刀，腻子刀）、钢丝刷、油漆刷、皮风箱（皮老虎）、榔头、錾子等，如图 6-20 所示。

扫帚

小平铲

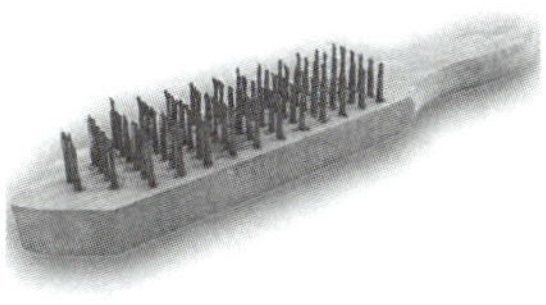

钢丝刷

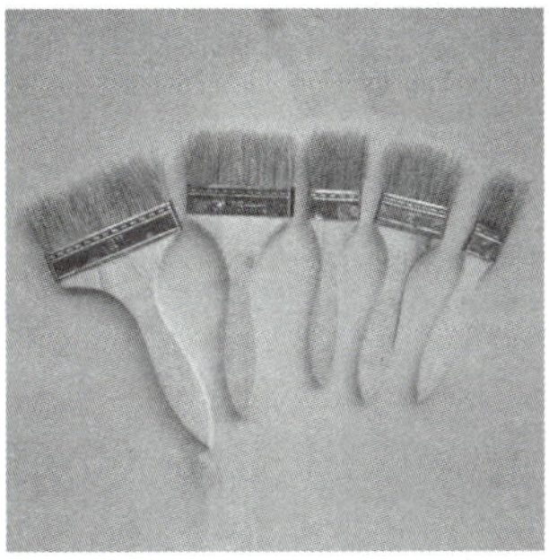

油漆刷

皮风箱

图 6-20　常用施工机具

2）清理基层用大扁铲，修旧屋面时，铲除原有的防水层。一般自制，铲头宽 40 ~ 60mm，铲把用直径为 25mm 的钢管，长度 1.3 ~ 1.5m，如图 6-21 所示。

3）电动搅拌器：用于搅拌聚氨酯防水涂料，以及其他糊状材料。自制，用钢筋焊成搅拌杆，夹在手持电钻上即可，如图 6-22 所示。

图 6-21　大扁铲

图 6-22　电动搅拌器

4）手压辊：用于卷材施工时，复杂部位的压边，直径 40mm、长 100mm 钢制，如图 6-23所示。

5）手动挤压枪：用于嵌填筒装密封材料，如图 6-24 所示。

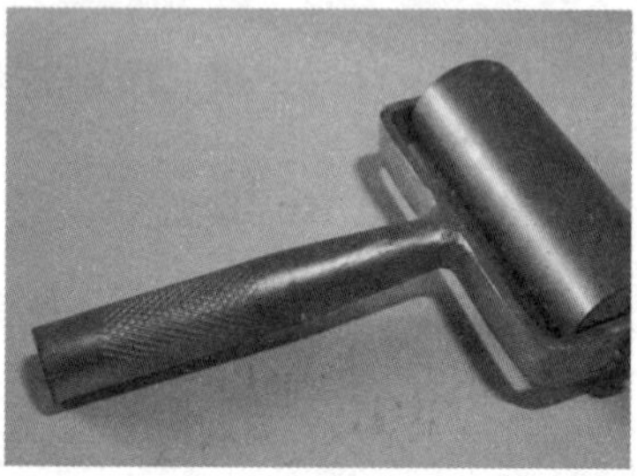

图 6-23　手压辊

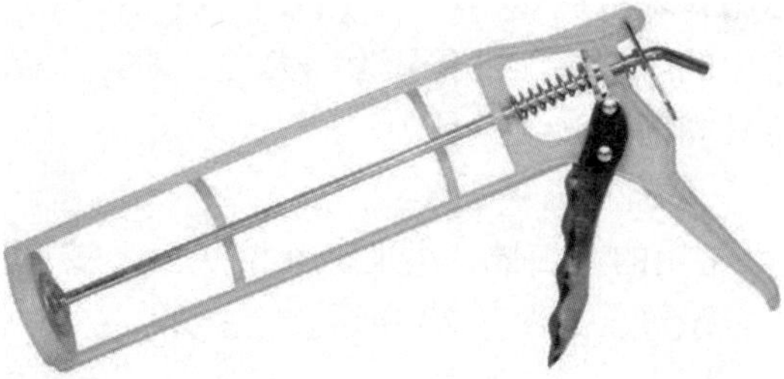

图 6-24　手动挤压枪

6）压辊：用于卷材施工压边，直径 50mm、长 600mm，用钢管自制，如图 6-25 所示。

7）滚动刷：用于涂刷打底料、胶粘剂等；规格：直径 60mm、长 125mm，直径 60mm、长 250mm，如图 6-26 所示。

图 6-25　压辊

图 6-26　滚动刷

8）地板刷（鬃刷）：用于涂刷冷底子油、乳化沥青防水涂料、氯丁胶防水涂料等，如图6-27所示。

9）磅秤或杆秤：常用磅秤为50kg，杆秤为30kg，如图6-28所示。

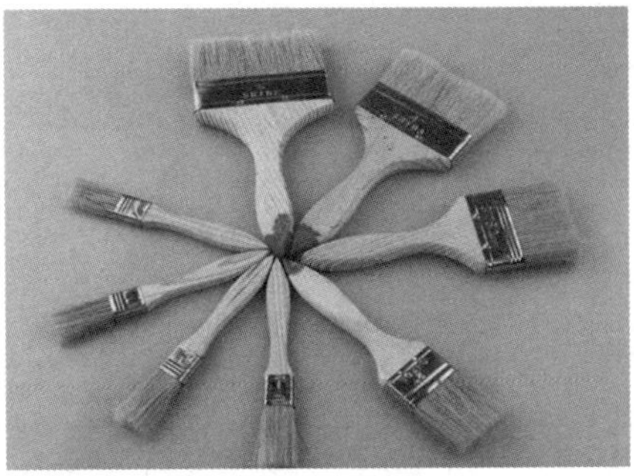

图6-27　地板刷

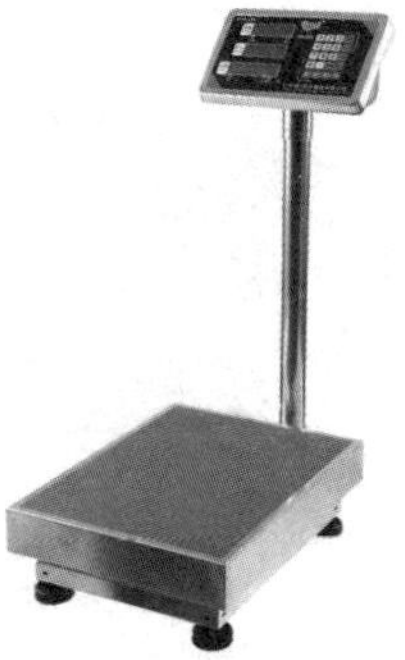

图6-28　磅秤

10）刮板：木刮板、铁皮刮板、胶皮刮板三种，用于刮涂混合浆料如聚氨酯、“堵漏灵”等，胶皮刮板不能刮涂含溶剂的材料，如图6-29所示。

11）镏子：用于密封材料表面修整及热熔卷材时使用，按需要自制。

12）皮卷尺、钢卷尺（图6-30）：用于施工放样。皮卷尺有：10m、15m、20m、30m、50m；钢卷尺有：1m、2m、3m、5m。

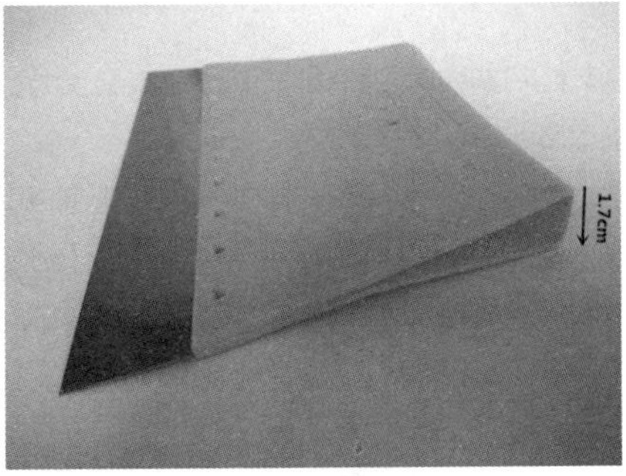

图6-29　铁皮刮板

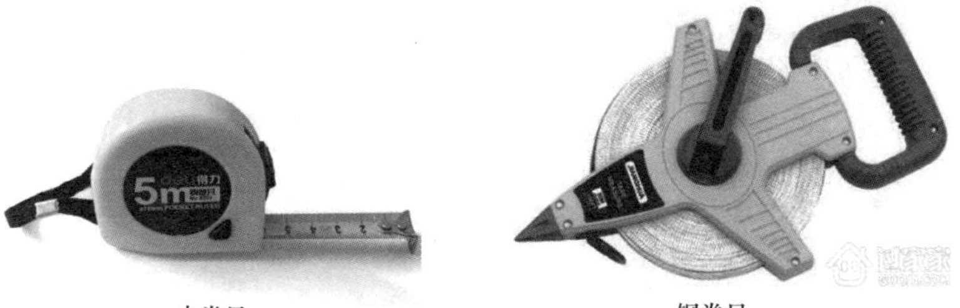

皮卷尺　钢卷尺

图6-30　卷尺

13）剪刀、壁纸刀（图6-31）：用于裁剪卷材、玻纤布。

2. 热熔卷材施工机具

1）喷灯（图6-32）。其用于热熔卷材。一般要求喷灯口距加热面30cm左右，这样用喷灯施工时，操作工人必须蹲下或弯腰，劳动强度大。目前，用于热熔卷材施工的专用

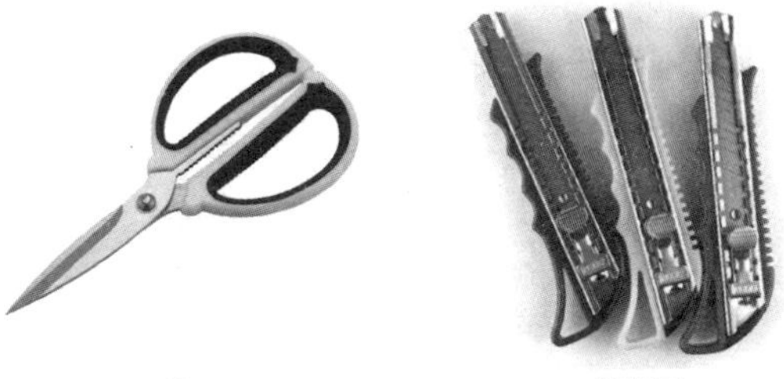

剪刀　壁纸刀

图6-31　剪刀、壁纸刀

加热器具已基本定形。喷灯携带方便仅用于复杂部位及小面积的施工。

2）热熔卷材专用加热器。热熔卷材专用加热器的燃料有汽油和液化气两种。用液化气作燃料的加热器如图 6-33 所示。

图 6-32　喷灯

图 6-33　液化气作燃料的加热器

以上两种加热器的使用方法及安全注意事项详见厂家使用说明书。

3. 堵漏施工机具

堵漏施工一般是用注浆泵把化学浆液注入各种建筑物的裂缝中去，浆液遇水膨胀（单组分）或起化学反应（双组分）封堵漏水处，达到止水堵漏的目的。

手压式注浆泵如图 6-34 所示。电动式注浆泵如图 6-35 所示。

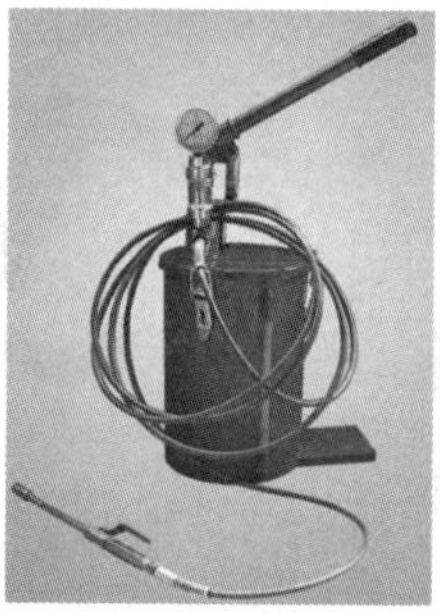

图 6-34　手压式注浆泵

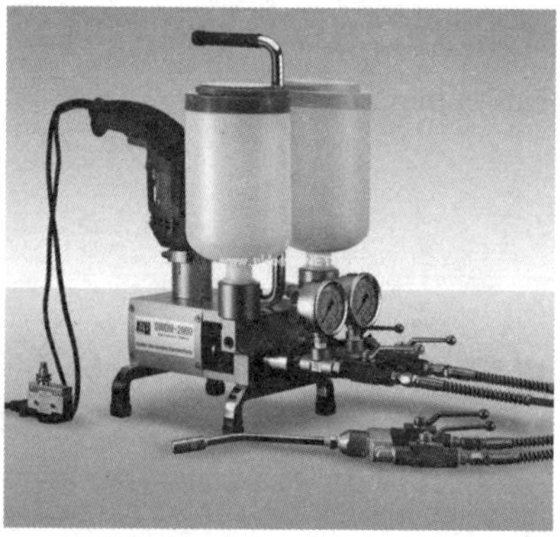

图 6-35　电动式注浆泵

引导问题 3：屋面及防水工程施工人力的选择和配备是什么？

运用知识： 以项目经理为首，进行施工组织设计、组织施工生产。在项目经理部的领导下，充分利用劳务公司的专业优势，由专业技术工种组成各施工队组，确保完成任务。

选择劳务操作人员的原则为：具有良好的质量、安全意识，具有较高的技术等级，具有类似工程施工经验的人员。人员配备通常见表 6-1。

表 6-1　防水工程人员配备

序号	工种	工作内容
1	技术负责人	编制方案、制定措施
2	施工员	技术交底、现场质量控制
3	质检员	质量监督、工程验收
4	测量人员	放线
5	采购人员	材料供应及时通知检验
6	防水施工队组	清理基层，表面处理，防水施工
7	机械维修工	维修所有机械、小工具等

引导问题 4：屋面及防水工程施工运输条件的选择是什么？

运用知识：

1）防水卷材和防水涂料的品种、规格、型号、质量、技术性能必须符合施工和施工规范要求，并应复试达到合格。

2）卷材胶粘剂、基层处理剂，应与卷材配套，并与卷材的材性相容。

3）防水卷材和防水涂料要达到合格证、准用证、测试认证齐全。防水材料进场，应有产品合格证和性能检测报告，并在监理见证下由专职取样员进行抽样复验，经检验合格后，进场堆放在指定地点，按项目部要求办理入库手续，不合格的材料不得在工程中使用。

防水卷材的存放要求：①防水卷材应贮存在阴凉通风的室内，严禁接近火源；②油毡必须直立堆放，高度不宜超过两层，不得横放、斜放；③应按标号、品种分类堆放。

二、教师审查每个小组的工作方案并提出整改建议

整改建议记录：

三、各小组进一步优化方案并确定最终工作方案

最终工作方案记录：

实践成果

1）实践作业。

2）工作情境模拟操作。

典型任务 4　屋面卷材防水工程施工和质量监督工作

知识点：

1. 能够按照《建筑施工手册》监督屋面及防水分项工程施工工艺流程符合工艺标准。

2. 能够填写屋面及防水分项工程施工监督报告。

能力（技能）点：

1. 屋面及防水工程竣工验收标准、规范。

2. 屋面及防水工程施工记录。

实践目的

1）以实际应用为主，培养实际操作能力，提高动手能力。

2）通过现场具体操作训练，获得生产技能和施工方面实际知识，理解并系统掌握防水工程施工工艺流程、质量检验的主要内容。

实践分解任务

1）根据施工实际情况选择屋面卷材防水工程合理的施工流程。

2）根据建筑工程质量验收方法及验收规范进行常规屋面卷材防水工程的质量检验。

3）填写屋面卷材防水工程质量验收记录。

实践分组

以小组为单位（6～8 人为一组），在规定时间内完成以上任务。

实践场地

实训室、机房。

实践实施过程

一、每个学生提出自己的工作计划和方案并进行小组讨论

引导问题 1：屋面卷材防水工程施工工艺流程是什么？

运用知识：

1）找坡层工艺流程：基层清理→灰饼找坡（坡度 2%，最薄处 30mm）→设置排气道→1∶8 陶粒找坡层铺设、压紧→刮平→找平。

2）水泥砂浆找平层工艺流程：基层清理→挂线或做标志→水泥砂浆面层铺设→压光→养护。

3）热熔法铺贴卷材工艺流程：清理基层→涂刷基层处理剂→定位弹线确定铺贴方向、

顺序、搭接方向→热熔铺贴卷材→蓄水试验→保护层施工→检查验收。

4）细石混凝土刚性防水层工艺流程：挂线或做标志→细石混凝土振捣→压光→养护。

引导问题2：主要工序施工工艺控制应注意哪些要点？

运用知识：

1. 找坡层施工

1）基层清理：事先检查基层，现浇混凝土结构层表面过于凹凸的部位，高出的部分须剔平，凹处用水泥砂浆分层填实，基层表面的杂物、灰尘、污垢等必须事先用铁锹、扫帚对基层整体清理一遍，如图6-36所示。

2）灰饼找坡：按设计坡度及流水方向，找出屋面坡度走向，确定找坡层的厚度范围，如图6-37所示。

图6-36　基层清理

图6-37　灰饼找坡

3）找坡层铺设、压紧：分层铺设，压实适当，表面平整，找坡正确。水泥、页岩陶粒与基层之间必须粘接牢固，不得有空鼓、起泡、裂缝、漏压等缺陷。

4）接茬处平整，表面光滑整洁。

2. 水泥砂浆找平层施工

1）表面应清扫干净，残留的灰浆硬块及突出部分应清除掉，整平修整抹平。

2）找平层施工前，屋面的找坡层已进行检查验收，并办理验收手续。根据设计要求的标高、坡度，找好规矩并弹线，水泥砂浆必须按设计要求挂线或做标志。

3）水泥砂浆应采用机械搅拌，搅拌不少于2min，要求拌合均匀，颜色一致，其稠度不应大于3.5cm。

4）水泥砂浆面层压光一定要严格控制在初凝到终凝之间。基层与突出屋面的结构相连接的阴角，要抹成均匀一致和平整圆滑的小圆角，与水落口等连接处的转角，应抹成光滑的圆弧形，其半径一般在100～150mm，如图6-38所示。

5）水泥砂浆面层成活24h后，浇水养护不少于7d。

图6-38　转角抹成光滑的圆弧形

3. 铺贴卷材

（1）清理基层

1）用铁锹对基层整体清理一遍，铲除杂物、突出物并用扫帚清理干净。用平铲、錾子、锤子等剔除细节部位的突出物、水泥块等杂物并清扫干净，如图 6-39 所示。

2）用吹尘器把基层吹扫干净，确保基层洁净、平整。基层牢固、表面无明显的开裂、突出、凹陷、起皮、起砂等现象，如图 6-40 所示。

图 6-39　清理基层

图 6-40　清理后基层表面

3）用 2m 靠尺和塞尺检查平整度，表面平整光滑，并检查排水坡度符合图样要求。

4）基层无明水，且含水率要求不大于 9%。将一块 $1m^2$ 卷材平坦干铺在找平层上，静置 3 ~ 4h 后掀开检查，找平层覆盖部位无水印即可铺设，如图 6-41 所示。

（2）涂刷基层处理剂

1）用滚刷在漆料桶里蘸取基层处理剂。

2）按照由远及近的涂刷顺序开始在基层均匀滚刷第一层处理剂，要求涂刷薄厚一致不露底，厚度均匀，如图 6-42 所示。

图 6-41　检查基层含水率

图 6-42　涂刷基层处理剂

3）雨落口处涂刷时先刷女儿墙阴角处，然后用油漆刷蘸取基层处理剂，均匀涂刷水落口四周及内外侧，不得有遗漏。

4）对不排气屋面的分隔缝，用毛刷和吹风机清扫干净，用平铲镶填油膏，油膏应饱满密实，如图6-43所示。

图6-43　分隔缝镶填

（3）热熔铺贴卷材附加层　基层处理好后所有节点、细部构造等部位如女儿墙、水落口、管根、檐口、孔洞、阴阳角先施工，增做附加层（具体操作参照防水工程细部放样）。

1）女儿墙。

① 根据女儿墙的长度裁剪500mm宽防水卷材，尽量减少搭接接头，且搭接宽度不小于150mm。

② 将卷材横向铺在女儿墙根部，上下各250mm。

③ 卷材铺好后，用汽油喷灯烘烤卷材四边，边烘烤边用抹子抹平封边，与基层粘贴牢固，如图6-44所示。

2）水落口。

① 先根据洞口大小裁剪一块矩形卷材。

② 将卷成U形塞入水落口50mm。

③ 用喷灯烘烤塞入部分的卷材，待卷材热熔后用手掌用力压按卷材使卷材与水落口内壁基层粘接牢固，如图6-45所示。

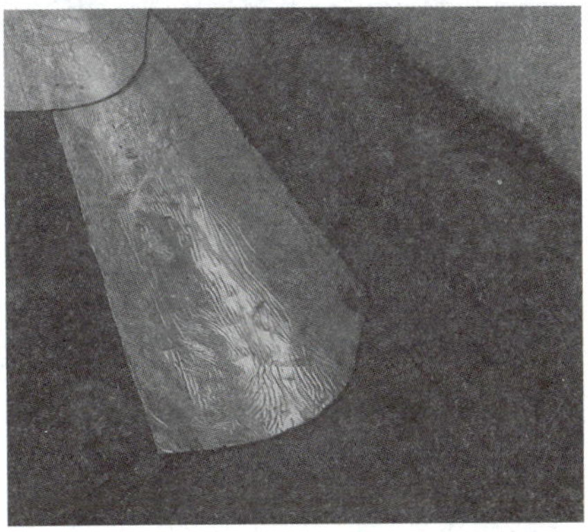

图6-44　天沟防水施工

图6-45　水落口防水施工

3）管根。

① 裁剪一块方形卷材，边长比管道直径大400mm。

② 根据出屋面管道直径，用裁纸刀在卷材中心部位划开，形成“米”字形，并剪开一道缺口。

③ 将卷材套在管子根部，然后用喷灯热熔卷材，与屋面基层粘贴牢固。

④ 用喷灯烘烤“米”字形部位，热熔后与管子粘贴牢固。

⑤ 裁剪一块矩形的管根外套卷材，卷材长度大于管道周长100mm，宽度为250mm，并在卷材长边一侧划出几道长度为50mm的口子，口子间距20mm。

⑥ 有口子一侧的卷材朝下，将矩形卷材缠绕在管子根部。

⑦ 用喷灯热熔卷材后用手掌按压，使卷材与管子粘贴牢固，口子部位与屋面基层粘贴牢固，如图6-46所示。

图 6-46　管根卷材施工

（4）卷材防水卷材铺贴　本工程采用 4mm 厚 SBS 高聚物改性沥青防水卷材，大面卷材铺贴无特殊要求应采用满粘法施工。

1）根据卷材宽度在基层上弹出基准线，卷材搭接宽度 80mm。

2）根据基准线位置，在水流方向的低处（一般在女儿墙根部）铺开第一幅卷材，调整卷材定位后将卷材重新卷起。平行于屋脊铺贴时，应从天沟或檐口开始向上逐层铺贴，两幅卷材的长边搭接（压边）应顺流水方向搭接，如图 6-47 所示。

图 6-47　按基准线位置铺设卷材

3）起始端卷材铺贴：将卷材置于起始位置，对好搭接缝，向前展开卷材 1000mm 左右，揭开已展开的卷材，开启喷灯点火，将火焰对准卷材与基层交接部位烘烤，喷灯与卷材距离保持在 50～100mm，与基层成 45°角。加热至热熔胶层出现黑色光泽、稍微有起泡出现为止，逐渐放下卷材平铺在基层，同时用压辊滚压卷材，排除卷材底部空气，使卷材与基层粘贴牢固，如图 6-48 所示。

4）起始端卷材铺贴完成后，两名操作工人分别在卷材两侧就位，一人点燃火焰喷灯，手持喷灯根据火焰大小距离卷材底部高度 0.3～0.5m，在卷材宽度范围内往返烘烤卷材与基层交接部位，使卷材底部沥青熔化，溢出的改性沥青宽度以 2mm 左右为宜。火焰加热应均匀，过分加热会烧穿卷材，加热不足会使卷材与基层粘接不牢固，如图 6-49 所示。

图 6-48　起始端卷材铺贴

图 6-49　加热卷材

5）另一人根据加热速度向前滚动卷材，同时用压辊滚压卷材，排除卷材底部空气，使卷材与基层粘贴牢固，如图 6-50 所示。

图 6-50　滚压卷材

6）铺贴到女儿墙部位时，自平面连续铺贴到女儿墙上的凹槽内。用喷灯烧烤凹槽内的卷材，封边处理。

7）用沥青膏嵌严凹槽，并用含胶的水泥砂浆封闭收头。

8）重复上述步骤完成每幅卷材铺贴。

9）铺完所有卷材后，用抹刀挑开卷材搭接缝处，在卷材 100mm 宽范围内用喷灯烘烤，火焰的方向与施工人员前进方向相反，即边退边烘烤，用抹刀将外溢出的沥青胶抹平压实，如图 6-51 所示。

10）用喷灯烘烤接缝处，并用抹刀抹平压实。

11）卷材防水施工完毕，用橡皮圈把水落口封堵后（或用防水卷材将水落口封闭），最浅水深不小于 2cm 进行检验，蓄水时间不小于 24h。斜屋面或其他无法进行蓄水的屋面，进行淋水试验，淋水时间不少于 2h，如图 6-52 所示。

图 6-51　卷材搭接缝处连接

图 6-52　蓄水试验

4. 挤塑聚苯乙烯泡沫板保温层施工

1）挤塑板的铺贴方式采用干铺。

2）挤塑板不应破碎、缺棱角，铺设时遇有缺棱掉角、破碎不齐的，应锯平拼接使用。

3）板与板之间要错缝、挤密，不得有缝隙。若因挤塑板裁剪不方正或裁剪不直而形成缝隙，应用挤塑板条塞入并打磨平。

5. 细石混凝土刚性防水层（保护层）

1）分格缝留置：分格缝应设置在结构屋面板的支承端、屋面转折处、防水层与突出屋面结构的交接处等，并应按纵横不大于 6.0m 间距进行分格，缝宽以 10～20mm 为宜，如图 6-53 所示。

图 6-53　分格缝留置

2）钢筋网施工：钢筋网铺设按设计要求，直径为 4mm、间距为 150mm 双向钢丝网片。

网片采用绑扎或焊接，其位置以居中偏上为宜，保护层不小于 10mm。绑扎钢丝的搭接长度必须大于 250mm；焊接搭接长度不小于 25 倍直径，在一个网片的同一断面内接头不超过钢丝断面积的 25%。分格缝处钢丝要断开。为保证钢丝位置的准确，可采用先在隔离层上满铺钢丝绑扎成形后，再按分格缝位置剪断的方法施工，如图 6-54 所示。

3）混凝土浇筑：浇筑混凝土前，应将隔离层表面浮渣、杂物清理干净；检查隔离层质量及平整度、排水坡度和完整性；支好分格缝模板，标出混凝土浇捣厚度。混凝土的浇筑按“先远后近、先高后低”的原则进行。一个分格缝范围内的混凝土必须一次浇捣完成，不得留施工缝。混凝土采用机械振捣。混凝土收水初凝后，及时取出分格缝隔板，用铁抹子压实抹光，并及时修补分格缝的缺损部分，做到平直整齐；待混凝土终凝前进行第二次压实抹光，抹压时，不得洒干水泥或干水泥砂浆。混凝土终凝后，用麻袋覆盖后浇水养护不少于 14d，养护期间要保证覆盖材料的湿润，并禁止闲人上屋面踩踏或在屋面上继续施工，如图 6-55所示。

图 6-54　钢筋网施工

图 6-55　混凝土浇筑找平

4）分格缝处理：分格缝下部填砂，上部填专用密封膏，如图 6-56 所示。

6. 保护层施工

1）防水层上的保护层施工，应待卷材铺贴完成，并经检验合格后进行。

2）用块体材料做保护层时，宜设置分格缝，分格缝纵横间距不应大于 10m，分格缝宽度宜为 20mm。

3）块体材料、水泥砂浆或细石混凝土保护层与女儿墙和山墙之间，应预留宽度为 30mm 的缝隙，缝内宜填塞聚苯乙烯泡沫塑料，并应用密封材料嵌填密实，如图 6-57 所示。

图 6-56　分格缝处理

图 6-57　块体材料保护层

二、教师审查每个小组的工作方案并提出整改建议

整改建议记录：

三、各小组进一步优化方案并确定最终工作方案

最终工作方案记录：

实践成果

1）实践作业。

2）工作情境模拟操作。

典型任务5 屋面及防水工程施工记录填写工作

知识点：

1. 屋面及防水工程竣工验收标准、规范。
2. 屋面及防水工程施工记录。

能力（技能）点：

能够按照《建筑工程竣工验收资料标准》填写屋面及防水工程施工记录。

实践目的

1）以实际应用为主，培养实际操作能力，提高动手能力。

2）通过现场具体操作训练，获得生产技能和施工方面实际知识，理解并系统掌握防水工程工艺流程、质量检验的主要内容。

实践分解任务

1）熟悉屋面及防水工程竣工验收标准、规范。

2）能够按照《建筑工程竣工验收资料标准》填写屋面及防水工程施工记录。

实践分组

以小组为单位（6~8人为一组），在规定时间内完成以上任务。

实践场地

实训室、机房。

实践实施过程

一、每个学生提出自己的工作计划和方案并进行小组讨论

引导问题1：屋面防水工程检查的一般规定是什么？

运用知识：

1）施工单位应取得建筑防水和保温工程相应等级的资质证书，作业人员应持证上岗。

2）施工单位应建立健全施工质量的检验制度，严格工序管理，做好隐蔽工程的质量检查和记录。

3）屋面工程施工前应通过图样会审，施工单位应掌握施工图中的细部构造及有关技术要求；施工单位应编制屋面工程专项施工方案，并应经监理单位或建设单位审查确认后执行。

4）屋面工程施工时，应建立各道工序的自检、交接检和专职人员检查的“三检”制度，并应有完整的检查记录。每道工序施工完成后，应经监理单位或建设单位检查验收，并

应在合格后再进行下道工序的施工。

5）当进行下道工序或相邻工程施工时，应对屋面已完成的部分采取保护措施。伸出屋面的管道、设备或预埋件等，应在保温层和防水层施工前安设完毕。屋面保温层和防水层完工后，不得进行凿孔、打洞或重物冲击等有损屋面的作业。

6）屋面防水工程完工后，应进行观感质量检查和雨后观察或淋水、蓄水试验，不得有渗漏和积水现象。

7）屋面防水工程各子分部工程和分项工程的划分，应符合表6-2的要求。

表6-2　屋面防水工程各子分部工程和分项工程的划分

分部工程	子分部工程	分项工程
屋面工程	基层与保护	找坡层，找平层，隔汽层，隔离层，保护层
	防水与密封	卷材防水层，涂膜防水层，复合防水层，接缝密封防水
	细部构造	檐口，檐沟和天沟，女儿墙和山墙，水落口，变形缝，伸出屋面管道，屋面出入口，反梁过水孔，设施基座，屋脊，屋顶窗

引导问题2：屋面防水工程的找坡层和找平层的验收要点是什么？

运用知识：

1）找坡层宜采用轻骨料混凝土；找坡材料应分层铺设和适当压实，表面应平整。

2）找平层宜采用水泥砂浆或细石混凝土；找平层的抹平工序应在初凝前完成，压光工序应在终凝前完成，终凝后应进行养护。

3）找平层分格缝纵横间距不宜大于6m，分格缝的宽度宜为5～20mm。

4）找坡层和找平层的排水坡度，应符合设计要求，如图6-58所示。

图6-58　找坡方向示意图

检验方法：坡度尺检查。

5）找坡层和找平层一般项目

① 找平层应抹平、压光，不得有酥松、起砂、起皮现象，如图6-59所示。

检验方法：观察检查。

② 卷材防水层的基层与突出屋面结构的交接处，以及基层的转角处，找平层应做成圆弧形，且应整齐平顺，如图6-60所示。

检验方法：观察检查。

图 6-59　找平层起砂、起皮现象

③ 找平层分格缝的宽度和间距，均应符合设计要求。

检验方法：观察和尺量检查。

④ 找坡层表面平整度的允许偏差为7mm，找平层表面平整度的允许偏差为5mm。

检验方法：2m 靠尺和塞尺检查。

6）找坡层和找平层质量验收表见表6-3。

图 6-60　基层转角处圆弧

表 6-3　找坡层和找平层质量验收表

<table>
<tr><td colspan="2">工程名称</td><td colspan="3">某中学教学楼</td><td>子分部工程名称</td><td>卷材防水屋面</td><td>验收部位</td><td>屋面</td></tr>
<tr><td colspan="2">施工班组</td><td colspan="3">—</td><td>班组长</td><td colspan="3">—</td></tr>
<tr><td colspan="3">施工执行标准名称及编号</td><td colspan="6">《屋面工程质量验收规范》（GB 50207—2012）</td></tr>
<tr><td colspan="6">施工质量验收规范规定</td><td>检查方法</td><td>班组检查评定记录</td><td>项目验收记录</td></tr>
<tr><td rowspan="5">检测项目</td><td rowspan="5">1</td><td rowspan="5">交接处和转角处细部处理/mm</td><td colspan="3">做成圆弧形，且整齐平顺</td><td rowspan="5">观察、尺量检查</td><td>√</td><td rowspan="5">合格</td></tr>
<tr><td rowspan="3">圆弧半径</td><td>沥青防水卷材</td><td>100～150</td><td>—</td></tr>
<tr><td>高聚物改性沥青防水卷材</td><td>50</td><td>√</td></tr>
<tr><td>合成高分子防水卷材</td><td>20</td><td>—</td></tr>
<tr><td colspan="3">内部排水的水落口周围，找平层做成略低的凹坑</td><td>√</td></tr>
</table>

（续）

<table>
<tr><th colspan="6">施工质量验收规范规定</th><th>检查方法</th><th colspan="10">班组检查评定记录</th><th>项目验收记录</th></tr>
<tr><td rowspan="6">检测项目</td><td rowspan="2">2</td><td rowspan="2">找平层表面质量要求</td><td>水泥砂浆、细石混凝土</td><td colspan="2">平整、压光、不得有酥松、起砂、起皮现象</td><td rowspan="5">观察和尺量检查</td><td colspan="10">√</td><td rowspan="6">合格</td></tr>
<tr><td>沥青砂浆</td><td colspan="2">不得有拌合不均、蜂窝现象</td><td colspan="10">—</td></tr>
<tr><td rowspan="3">3</td><td rowspan="3">找平层分格缝的位置和间距</td><td>设计要求</td><td colspan="2">符合设计要求</td><td colspan="10">√</td></tr>
<tr><td rowspan="2">分格缝最大间距</td><td>水泥砂浆或细石混凝土</td><td>不宜大于6mm</td><td colspan="10">√</td></tr>
<tr><td>沥青砂浆</td><td>不宜大于4mm</td><td colspan="10">—</td></tr>
<tr><td>4</td><td colspan="3">找平层表面平整度</td><td>允许偏差：5mm</td><td>用2m靠尺和楔形塞尺检查</td><td>2</td><td>5</td><td>1</td><td>1</td><td>4</td><td>2</td><td>5</td><td>4</td><td>3</td><td>3</td></tr>
<tr><td colspan="2">班组检查评定结果</td><td colspan="4">项目满足规范要求，本检验批符合要求
班组长：
年 月 日</td><td colspan="2">项目验收结论</td><td colspan="10">项目满几乎规范要求，本检验批合格
施工员：
年 月 日</td></tr>
</table>

引导问题3：屋面防水工程的防水层验收要点是什么？

运用知识：

1. 一般规定

1）防水层施工前，基层应坚实、平整、干净、干燥。

2）基层处理剂应配比准确，并应搅拌均匀；喷涂或涂刷基层处理剂应均匀一致，待其干燥后应及时进行卷材、涂膜防水层和接缝密封防水施工。

3）防水层完工并经验收合格后，应及时做好成品保护。

2. 卷材防水层验收

本工程为4mm厚SBS高聚物改性沥青防水卷材，屋面排水坡度3%，热熔法施工。

（1）卷材铺贴方向及搭接要求

1）卷材铺贴方向应平行屋脊方向。

2）平行屋脊的卷材搭接缝应顺流水方向，卷材搭接宽度应符合表6-4的规定。

表 6-4　卷材搭接宽度

卷材类别		搭接宽度/mm
合成高分子防水卷材	胶粘剂	80
	胶粘带	50
	单缝焊	60，有效焊接宽度不小于 25
	双缝焊	80，有效焊接宽度 10×2＋空腔宽
高聚物改性沥青防水卷材	胶粘剂	100
	自粘	80

相邻两幅卷材短边搭接缝应错开，且不得小于 500mm，如图 6-61 所示。

图 6-61　相邻两幅卷材短边搭接缝宽度

（2）热粘法铺贴卷材的规定

1）熔化热熔型改性沥青胶结料时，宜采用专用导热油炉加热，加热温度不应高于 200℃，使用温度不宜低于 180℃。

2）粘贴卷材的热熔型改性沥青胶结料厚度宜为 1.0～1.5mm。

3）采用热熔型改性沥青胶结料粘贴卷材时，应随刮随铺，并应展平压实。

4）火焰加热器加热卷材应均匀，不得加热不足或烧穿卷材。

5）卷材表面热熔后应立即滚铺，卷材下面的空气应排尽，并应辊压粘贴牢固。

6）卷材接缝部位应溢出热熔的改性沥青胶，溢出的改性沥青胶宽度宜为 8mm。

7）铺贴的卷材应平整顺直，搭接尺寸应准确，不得扭曲、皱折。

8）厚度小于 3mm 的高聚物改性沥青防水卷材，严禁采用热熔法施工。

（3）卷材防水层不得有渗漏和积水现象　检验方法：雨后观察或淋水、蓄水试验，如图 6-62 所示。

蓄水试验时应将所有孔洞封堵严密，水位高度以浸没屋面最高点 20mm 为宜，蓄水试验

图 6-62 屋面蓄水试验

时间不少于24h，屋面淋水、蓄水试验记录见表6-5。

表 6-5 屋面淋水、蓄水试验记录

<table>
<tr><td colspan="7">试验日期：</td></tr>
<tr><td colspan="2">工程名称</td><td>某中学教学楼</td><td>屋面面积</td><td>650 m²</td><td>屋面设计坡度</td><td>3 %</td></tr>
<tr><td rowspan="4">试验方法
及情况</td><td rowspan="3">淋水试验
及情况</td><td colspan="5">人工淋水的部位 ，面积 m²，持续淋水 h</td></tr>
<tr><td colspan="5">自然淋水的雨量程度为 大雨、中雨、小雨</td></tr>
<tr><td colspan="5">经淋水试验：
1. 未发现渗漏：
2. 出现渗漏 处，具体部位为</td></tr>
<tr><td>蓄水试验
及情况</td><td colspan="5">蓄水最低深度 30 mm，蓄水时间为 5 日10:00时至 6 日10:00时，共计 24h
经蓄水试验：
1. 未发现渗漏；
2. 出现渗漏 处，具体部位为</td></tr>
<tr><td>处理意见</td><td colspan="6"></td></tr>
<tr><td>结论</td><td colspan="6">试验合格</td></tr>
<tr><td>施工班组</td><td colspan="2">班组长：
年 月 日</td><td>项目部</td><td colspan="3">年 月 日</td></tr>
</table>

（4）卷材防水层构造要求 卷材防水层在檐口、檐沟、天沟、水落口、泛水、变形缝和伸出屋面管道的防水构造，应符合设计要求。

检验方法：观察检查。

（5）卷材防水层验收的一般项目

1）卷材的搭接缝应粘结或焊接牢固，密封应严密，不得扭曲、皱折和翘边，如图 6-63 所示。

图 6-63　检查卷材的搭接缝应粘结

检验方法：观察检查。

2）卷材防水层的收头应与基层粘结，钉压应牢固，密封应严密。

检验方法：观察检查。

3）卷材防水层的铺贴方向应正确，卷材搭接宽度的允许偏差为 -10mm，如图 6-64 所示。

图 6-64　测量卷材搭接宽度

检验方法：观察和尺量检查。

（6）屋面卷材防水层验收记录（表 6-6）。

3. 隔离层

1）块体材料、水泥砂浆或细石混凝土保护层与卷材、涂膜防水层之间，应设置隔离层。

2）隔离层可采用干铺塑料膜、土工布、卷材或铺抹低强度等级砂浆，本工程采用隔离层为 0.4mm 厚 PE 膜。

3）隔离层不得有破损和漏铺现象。

检验方法：观察检查。

4）一般项目

① 塑料膜、土工布、卷材应铺设平整，其搭接宽度不应小于 50mm，不得有皱折。

检验方法：观察和尺量检查。

② 低强度等级砂浆表面应压实、平整，不得有起壳、起砂现象。

检验方法：观察检查。

表 6-6 屋面卷材防水层验收记录

工程名称	某中学教学楼	子分部工程名称	卷材防水屋面	验收部位	屋面
施工班组	—	班组长	—		
施工执行标准名称及编号	《屋面工程质量验收规范》(GB 50207—2012)				

				施工质量验收规范规定	检查方法	班组检查评定记录	项目验收记录
检测项目	1	卷材防水层	搭接缝	粘（焊）结牢固，密封严密，不得有皱折、翘边或鼓泡等缺陷	观察检查	√	合格
			收头质量	与基层粘结并固定牢固，缝口封严，不得翘边		√	
	2	保护层	卷材防水层应做保护层		观察和尺量检查	√	合格
			撒布材料、浅色涂料	铺撒或涂刷均匀，粘结牢固		√	
			刚性保护层及分格缝留置	设计要求：分格缝设置符合设计要求		√	
				设计无要求时：水泥砂浆：表面抹平压光，分格面积宜为 $1m^2$		—	
				设计无要求时：块体材料：分格面积≤$100m^2$，分格缝宽≥20mm		—	
				设计无要求时：细石混凝土：混凝土密实，表面抹平压光，分格面积≤$36m^2$		√	
			刚性保护层与女儿墙之间预留宽度 30mm 的缝隙，并用密封材料嵌填严密			√	
			水泥砂浆、块材或细石混凝土保护层与卷材防水层间应设置隔离层			√	
	3	排汽屋面汽道留置		纵横贯通，不得堵塞。排汽管安装牢固，位置正确，封闭严密	观察检查	—	合格
	4	卷材铺贴方向		铺贴方向正确	观察和尺量	√	
		搭接宽度允许偏差		−10mm		−6, −5, −6, −1, −8, −4, −7, −6, −5, −3	

班组检查评定结果	项目满足规范要求，本检验批符合要求 班组长： 年 月 日	项目验收结论	项目满几乎规范要求，本检验批合格 施工员： 年 月 日

4. 保护层

本工程防水卷材层上设。8～10mm 厚防滑地砖铺平拍实，缝宽 5～8mm，1∶1 水泥砂浆填缝（掺建筑胶），25mm 厚 1∶3 干硬性水泥砂浆；60mm 厚 C20 细石混凝土，内配钢筋双向Φ4@150。

1）防水层上的保护层施工，应待卷材铺贴完成或涂料固化成膜，并经检验合格后进行。

2）用块体材料做保护层时，宜设置分格缝，分格缝纵横间距不应大于10m，分格缝宽度宜为20mm，分格缝必须用耐候密封胶嵌缝。

3）用细石混凝土做保护层时，混凝土应振捣密实，表面应抹平压光，分格缝纵横间距不应大于6m。分格缝的宽度宜为10～20mm，混凝土中钢筋应在混凝土中上部，随分格缝断开。

4）块体材料、水泥砂浆或细石混凝土保护层与女儿墙和山墙之间，应预留宽度为30mm的缝隙，缝内宜填塞聚苯乙烯泡沫塑料，并应用密封材料嵌填密实。

5）用细石混凝土做保护层时，混凝土应振捣密实，表面应抹平压光，分格缝纵横间距不应大于6m。分格缝的宽度宜为10～20mm，混凝土中钢筋应在混凝土中上部，随分格缝断开，如图6-65所示。

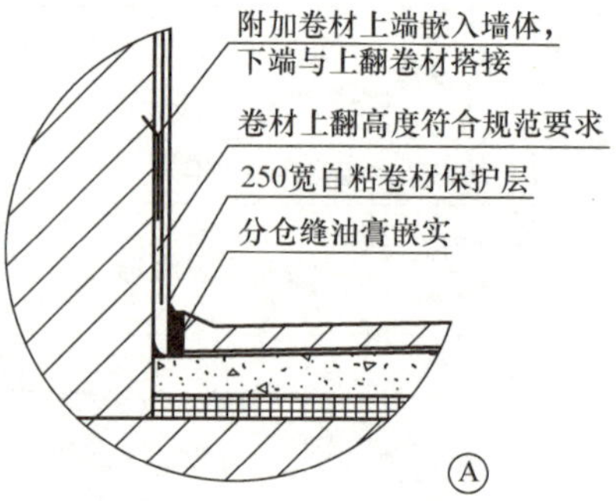

图6-65　保护层与女儿墙之间的做法

6）保护层的排水坡度，应符合设计要求。

检验方法：坡度尺检查。

7）块体材料保护层表面应干净，接缝应平整，周边应顺直，镶嵌应正确，应无空鼓现象。

检查方法：小锤轻击和观察检查。

8）水泥砂浆、细石混凝土保护层不得有裂纹、脱皮、麻面和起砂等现象。

检验方法：观察检查。

9）保护层的允许偏差和检验方法应符合表6-7的规定。

表6-7　保护层的允许偏差和检验方法

项目	允许偏差/mm			检验方法
	块体材料	水泥砂浆	细石混凝土	
表面平整度	4.0	4.0	5.0	2m靠尺和塞尺检查
缝格平直	3.0	3.0	3.0	拉线和尺量检查
接缝高低差	1.5	—	—	直尺和塞尺检查
板块间隙宽度	2.0	—	—	尺量检查
保护层厚度	设计厚度的10%，且不得大于5mm			钢针插入和尺量检查

引导问题4：屋面防水工程细部构造工程验收要点是什么？

运用知识：

1. 细部构造工程一般规定

1）细部构造工程各分项工程每个检验批应全数进行检验。

2）细部构造所使用卷材、涂料和密封材料的质量应符合设计要求，两种材料之间应具有相容性。

3）屋面细部构造热桥部位的保温处理，应符合设计要求。

2. 檐沟和天沟

（1）主控项目

1）檐沟、天沟的防水构造应符合设计要求。

检验方法：观察检查。

2）檐沟、天沟的排水坡度应符合设计要求；沟内不得有渗漏和积水现象。

检验方法：坡度尺检查和雨后观察或淋水、蓄水试验。

（2）一般项目

1）檐沟、天沟附加层铺设应符合设计要求。

检验方法：观察和尺量检查。

2）檐沟防水层应由沟底翻上至外侧顶部，卷材收头应用金属压条钉压固定，并应用密封材料封严；涂膜收头应用防水涂料多遍涂刷。

检验方法：观察检查。

3）檐沟外侧顶部及侧面均应抹聚合物水泥砂浆，其下端应做成鹰嘴或滴水槽。

检验方法：观察检查。

3. 女儿墙和山墙

1）女儿墙和山墙的防水构造应符合设计要求。

检验方法：观察检查。

2）女儿墙和山墙的压顶向内排水坡度不应小于5%，压顶内侧下端应做成鹰嘴或滴水槽。

检验方法：观察和坡度尺检查。

3）女儿墙和山墙的根部不得有渗漏和积水现象。

检验方法：雨后观察或淋水试验。

4）女儿墙和山墙的泛水高度及附加层铺设应符合设计要求。

检验方法：观察和尺量检查。

5）女儿墙和山墙的卷材应满粘，卷材收头应用金属压条钉压固定，并应用密封材料封严。

检验方法：观察检查。

6）女儿墙和山墙的涂膜应直接涂刷至压顶下，涂膜收头应用防水涂料多遍涂刷。

检验方法：观察检查。

4. 水落口

1）水落口的防水构造应符合设计要求。

检验方法：观察检查。

2）水落口杯上口应设在沟底的最低处；水落口处不得有渗漏和积水现象。

检验方法：雨后观察或淋水、蓄水试验。

3）水落口的数量和位置应符合设计要求；水落口杯应安装牢固。

检验方法：观察和手扳检查。

4）水落口周围直径500mm范围内坡度不应小于5%，水落口周围的附加层铺设应符合设计要求。

检验方法：观察和尺量检查。

5）防水层及附加层伸入水落口杯内不应小于50mm，并应粘结牢固。

检验方法：观察和尺量检查。

5. 伸出屋面管道

1）伸出屋面管道的防水构造应符合设计要求。

检验方法：观察检查。

2）伸出屋面管道根部不得有渗漏和积水现象。

检验方法：雨后观察或淋水试验。

3）伸出屋面管道的泛水高度及附加层铺设，应符合设计要求。

检验方法：观察和尺量检查。

4）伸出屋面管道周围的找平层应抹出高度不小于30mm的排水坡。

检验方法：观察和尺量检查。

5）卷材防水层收头应用金属箍固定，并应用密封材料封严；涂膜防水层收头应用防水涂料多遍涂刷。

检验方法：观察检查，如图6-66所示。

图6-66　伸出屋面管道的卷材防水层收头

6. 屋面出入口

1）屋面出入口的防水构造应符合设计要求。

检验方法：观察检查。

2）屋面出入口处不得有渗漏和积水现象。

检验方法：雨后观察或淋水试验。

3）屋面垂直出入口防水层收头应压在压顶圈下，附加层铺设应符合设计要求。

检验方法：观察检查。

4）屋面水平出入口防水层收头应压在混凝土踏步下，附加层铺设和护墙应符合设计要求。

检验方法：观察检查。

5）屋面出入口的泛水高度不应小于250mm。

检验方法：观察和尺量检查。

7. 屋面防水细部构造质量验收记录（表6-8）。

表6-8　屋面防水细部构造质量验收记录

<table>
<tr><td colspan="3">工程名称</td><td>某中学教学楼</td><td>子分部工程名称</td><td>卷材防水屋面</td><td>验收部位</td><td>屋面</td></tr>
<tr><td colspan="3">施工班组</td><td>—</td><td>班组负责长</td><td colspan="3">—</td></tr>
<tr><td colspan="3">施工执行标准名称及编号</td><td colspan="5">《屋面工程质量验收规范》（GB 50207—2012）</td></tr>
<tr><td colspan="4">施工质量验收规范规定</td><td>检查方法</td><td colspan="2">班组检查评定记录</td><td>项目验收记录</td></tr>
<tr><td rowspan="5">检查项目</td><td rowspan="5">1</td><td rowspan="5">天沟、檐沟</td><td>排水坡度符合设计要求</td><td>用水平仪（水平尺）、拉线和尺量检查</td><td colspan="2">√</td><td rowspan="5">合格</td></tr>
<tr><td>沟内附加层在天沟、檐沟与屋面交接处空铺，空铺的宽度≥200mm</td><td rowspan="4">观察和检查施工记录</td><td colspan="2">√</td></tr>
<tr><td>卷材防水层由底翻上至沟外檐顶部，卷材收头用水泥钉固定，并用密封材料封严</td><td colspan="2">√</td></tr>
<tr><td>涂膜收头用防水涂料多遍涂刷或用密封材料封严</td><td colspan="2">√</td></tr>
<tr><td>与细石混凝土防水层交接处，留凹槽并用密封材料嵌填严密</td><td colspan="2">√</td></tr>
</table>

（续）

施工质量验收规范规定				检查方法	班组检查评定记录	项目验收记录
检查项目	2	檐口	铺贴檐口800mm范围内的卷材采用满粘法，檐口下端抹出鹰嘴和滴水槽	观察和检查隐蔽工程验收记录	√	合格
			卷材收头压入凹槽，采用金属压条钉压，并用密封材料封口		√	
			涂膜收头用防水涂料多遍涂刷或用密封材料封严		√	
	3	女儿墙泛水	铺贴泛水处的卷材采取满粘法		—	合格
			砖墙上卷材收头直接铺压在女儿墙压顶下，压顶做防水处理；也可压入砖墙凹槽内固定密封，凹槽距屋面找平层≥250mm，凹槽上部的墙体做防水处理		—	
			混凝土墙上的卷材收头采用金属压条钉压，并用密封材料封严		—	
			涂膜防水层直接涂刷至女儿墙的压顶下，收头处理用防水涂料多遍涂刷封严，压顶做防水处理		—	
	4	水落口	水落口杯上口的标高设置在沟底最低处		—	
			防水层贴入水落口杯内≥50mm		—	
			水落口周围直径500mm范围内的坡度≥5%，并采用防水涂料或密封材料涂封，厚度≥2mm		—	
			水落口杯与基层接触处留宽20mm、深20mm的凹槽嵌填密封材料		—	
	5	变形缝	泛水高度≥250mm	观察和检查施工记录	√	合格
			防水层铺贴到变形缝两侧砌体的上部		√	
			缝内填充聚苯已烯泡沫塑料，上部填放衬垫材料并用卷材封盖		√	
			缝顶部加扣混凝土或金属盖板，混凝土盖板的接缝用密封材料嵌填		√	
	6	伸出屋面管道	管道根部直径500mm范围内，找平层抹出高度≥30mm的圆台		√	合格

（续）

施工质量验收规范规定				检查方法	班组检查评定记录	项目验收记录
检查项目	6	伸出屋面管道	管道周围与找平层或细石混凝土防水层之间，预留20mm×20mm的凹槽，并用密封材料嵌填严密	观察和检查施工记录	√	合格
			管道根部四周增设附加防水层，宽度和高度≥300mm		√	
			管道上的防水层收头处用金属箍紧固，并用密封材料封严		√	
	7	卷材或涂膜防水层在天沟、檐沟与屋面交接处、泛水、阴阳角等部位，增加卷材或涂膜附加层			√	合格
班组检查评定结果	项目满足规范要求，本检验批符合要求 班组长： 年 月 日					
项目验收结论	项目满足规范要求，本检验批合格 施工员： 年 月 日					

二、教师审查每个小组的工作方案并提出整改建议

整改建议记录：

三、各小组进一步优化方案并确定最终工作方案

最终工作方案记录：

实践成果

1）实践作业。

2）工作情境模拟操作。

学习情境七 装饰装修工程

案例引入

工程概况：

某中学教学综合楼，按施工图设计总说明，见表 7-1。

表 7-1 施工图设计总说明

房间名称	装修部位		
	地面、墙面（从上到下）	踢脚线或墙裙（从里到外）	内墙面（从里到外）
图书室、准备室、教研室、会议室、各类实验室、劳动技术教室、美术教室、书法教室	1）8～10mm 防滑砖，规格：600mm×600mm 2）地面做法参照《平屋面》（15ZJ001）（27 页）（地 201） 3）地面做法由下到上： 8～10mm 防滑砖，规格：600mm×600mm 20mm 厚水泥砂浆 钢筋混凝土楼板	300mm×450mm 抛光砖墙裙，高 1.5m 1）15mm 厚 1:3 水泥砂浆 2）素水泥浆结合层一遍 3）4～5mm 厚 1:1 水泥砂浆加水重 20% 白乳胶镶贴 4）8～10mm 厚抛光砖，白水泥浆擦缝	1）素水泥浆结合层一 2）20mm 厚 1:1:6 水泥石灰砂浆 3）消刮腻子 2～3mm 厚，内墙涂料两道
阶梯教室大会议室	1）8～10mm 防滑砖，规格：600mm×600mm 2）地面做法参照《平屋面》（15ZJ001）（27 页）（地 201） 3）楼面做法由下到上：8～10mm 防滑砖，规格：600mm×600mm 20mm 厚水泥砂浆 30mm 厚细石混凝土（双向Φ4@150） 5mm 厚减振垫板 钢筋混凝土楼板	300mm×450mm 抛光砖墙裙，高 1.5m 1）15mm 厚 1:3 水泥砂浆 2）素水泥浆结合层一遍 3）4～5mm 厚 1:1 水泥砂浆加水重 20% 白乳胶镶贴 4）8～10mm 厚抛光砖，白水泥浆擦缝	玻璃棉毡穿孔铝板吸声墙面 做法详见《平屋面》（15ZJ001）（第 68 页）（内墙 35）
消防控制室	1）架空复合水地板 2）地面做法参照《平屋面》（15ZJ001）（39 页）（地 307）	150mm 高复合木踢脚 做法详见《平屋面》（15ZJ001）（第 57 页）（38）	玻璃棉毡穿孔铝板吸声墙面 做法详见《平屋面》（15ZJ001）（第 68 页）（内墙 35）
电井、水井等管道井； 电梯机房、设备房	1）水泥砂浆防潮地面 2）地面做法参照《平屋面》（15ZJ001）（22 页）（地 101） 3）梯面做法参照《平屋面》（15ZJ001）（22 页）（楼 101）	水泥砂浆踢脚： 1）素水泥浆打底一遍 2）做法详见《平屋面》（15ZJ001）（第 47 页）（踢 1）	1）素水泥浆结合层一遍 2）20mm 厚 1:1:6 水泥石灰砂浆 3）消刮腻子 2～3mm 厚，内墙涂料两道

（续）

房间名称	装修部位		
	地面、墙面（从上到下）	踢脚线或墙裙（从里到外）	内墙面（从里到外）
卫生间	1）8～10mm 防滑砖，规格：300mm×300mm 2）地面做法参照《平屋面》（15ZJ001）（29 页）（地 201） 3）楼面做法参照《平屋面》（15ZJ001）（29 页）（楼 201）	300mm×450mm 抛光砖墙裙，贴至天棚顶 1）15mm 厚 1:3 水泥砂浆 2）素水泥浆结合层一遍 3）4～5mm 厚 1:1 水泥砂浆加水重 20% 白乳胶镶贴 4）8～10mm 厚抛光砖，水泥浆擦缝	
走廊、门厅、入口平台、饮水处	1）8～10mm 防滑砖，规格：600mm×600mm 2）地面做法参照《平屋面》（15ZJ001）（27 页）（地 201） 3）楼面做法参照《平屋面》（15ZJ001）（27 页）（楼 201） 4）走廊扶手采用 5J403－1 附录 F	300mm×450mm 抛光砖墙裙，高 1.5m 1）15mm 厚 1:3 水泥砂浆 2）素水泥浆结合层一遍 3）4～5mm 厚 1:1 水泥砂浆加水重 20% 白乳胶镶贴	1）素水泥浆结合层一遍 2）20mm 厚 1:1:6 水泥石灰砂浆 3）消刮腻子 2～3mm 厚，内墙涂料两遍

典型任务 1 装饰装修工程定位放样测量工作

知识点：

1. 装饰装修工程细部构造放样流程。
2. 装饰装修工程标高放样流程。

能力（技能）点：

1. 能根据给定施工图，进行装饰装修工程细部构造放样工作。
2. 能根据给定施工图，进行装饰装修工程标高放样工作。

实践目的

1）以实际应用为主，培养实际操作能力，提高动手能力。

2）通过现场具体操作训练，获得生产技能和施工方面实际知识，了解装饰装修工程标高放样流程，装饰装修工程细部构造放样流程。

实践分解任务

能根据给定施工图进行标高放样，装饰装修工程细部构造放样。

实践分组

以小组为单位（6～8 人为一组），在规定时间内完成以上任务。

实践场地

实训室、机房。

实践实施过程

一、每个学生提出自己的工作计划和方案并进行小组讨论

引导问题 1：建筑轴线、标高的控制与放样中的用途是什么？

运用知识：

1. 轴线控制线的设置

基础施工完毕，在 ±0.000 首层平面上，适当位置设置与轴线平行的辅助轴线。辅助轴线距轴线 500 ~ 800mm 为宜，并在辅助轴线交点或端点处埋设标志。轴线与辅助轴线逐层投射在装饰工程中，可利用结构辅助轴线控制线对室内抹灰、贴砖进行灰饼定点，门窗洞口定位，室内规方，如图 7-1 所示。

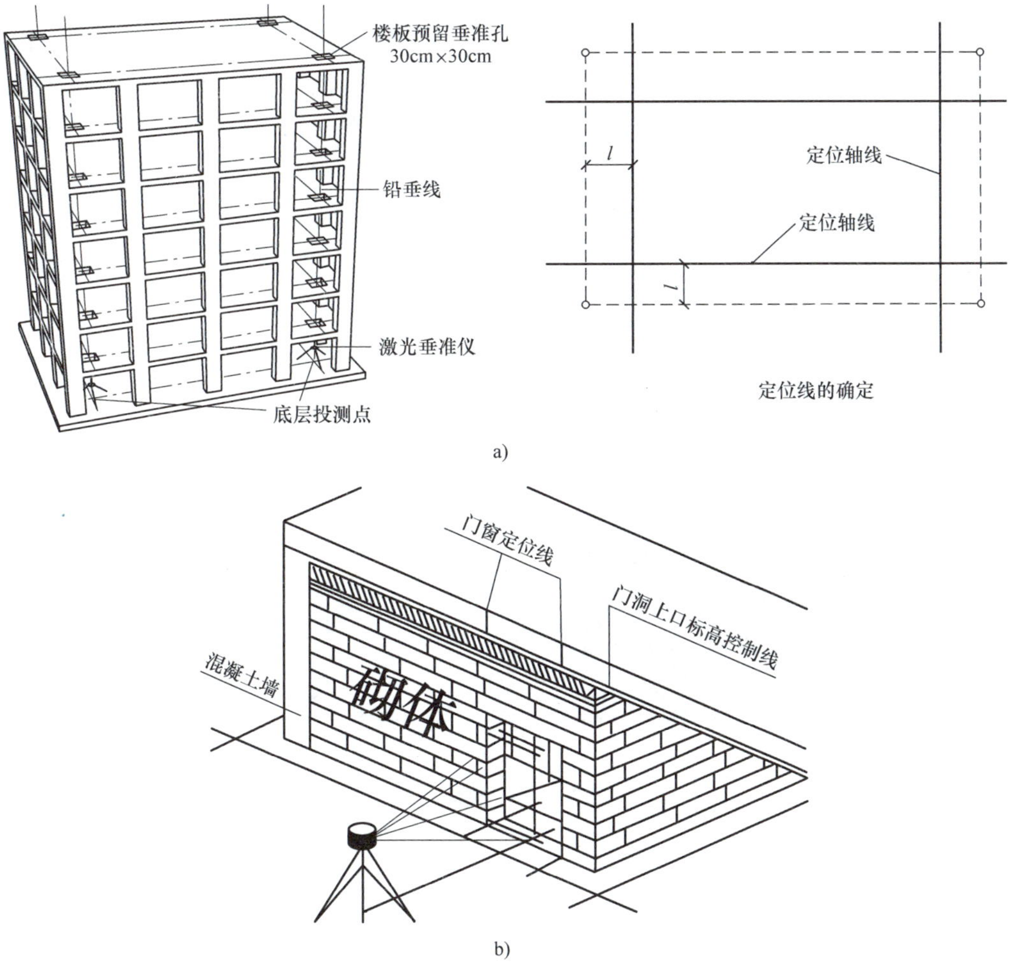

图 7-1　轴线控制线

a）逐层投射结构辅助轴线　b）利用结构辅助轴线控制线定位

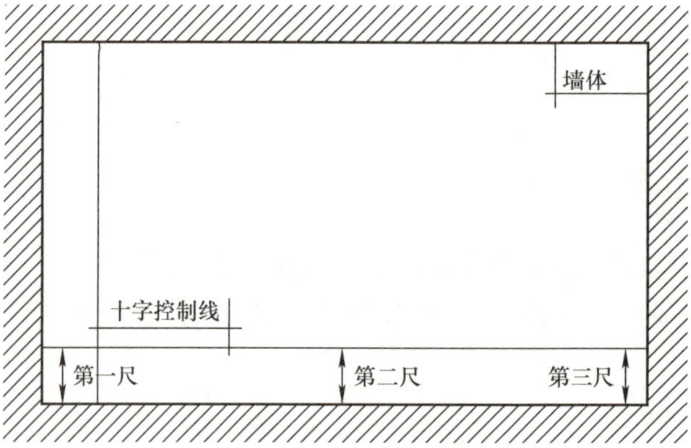

c)

图 7-1　轴线控制线（续）

c）利用结构辅助轴线控制线规方

2. 楼层标高基准线的设置

标高传递后，装饰工程进行前，一般要用水准仪在墙上放出一根 50cm 基准线（距楼面标高 50cm，俗称“50 线”），用该线上翻或下翻来控制顶棚、门窗、地面标高和墙裙、踢脚板上口水平线。如使用激光投线仪（通常距楼面标高 100cm），既可在施工阶段提供室内各类装饰工程的基准线，又可作为专业验收工具，如图 7-2 所示。

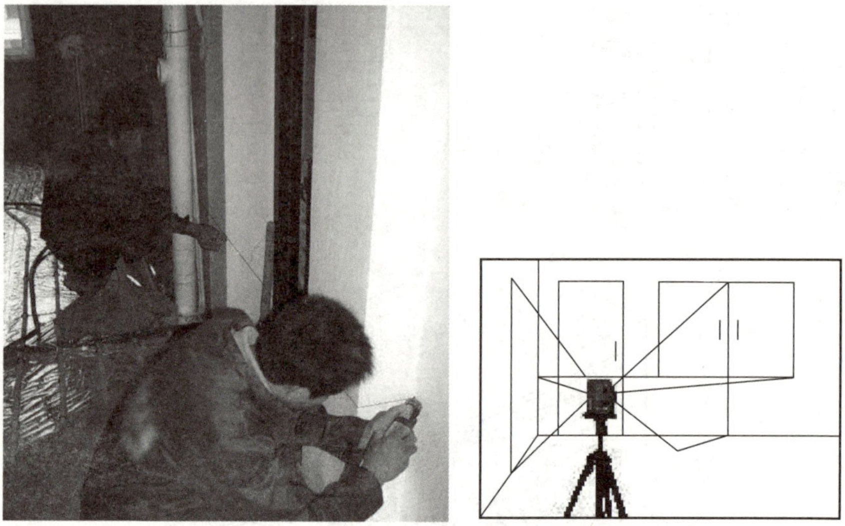

a)　　b)

图 7-2　标高基准线

a）水准仪放 50cm 基准线　b）激光投线仪放基准线

引导问题 2：装饰装修工程细部构造放样流程是什么？

运用知识：

1. 内墙墙面抹灰放样

通过轴线控制线在抹灰房间内规方，先在地上弹出十字中心线，然后按基层面平整度弹出阴角线（规方），随即在距阴角 100mm 处吊垂线并弹出铅垂线，再按地上弹出的墙角线往墙上翻引，弹出阴角和两面墙上的墙面抹灰饼厚度控制线，以此做灰饼，如图 7-3 所示。

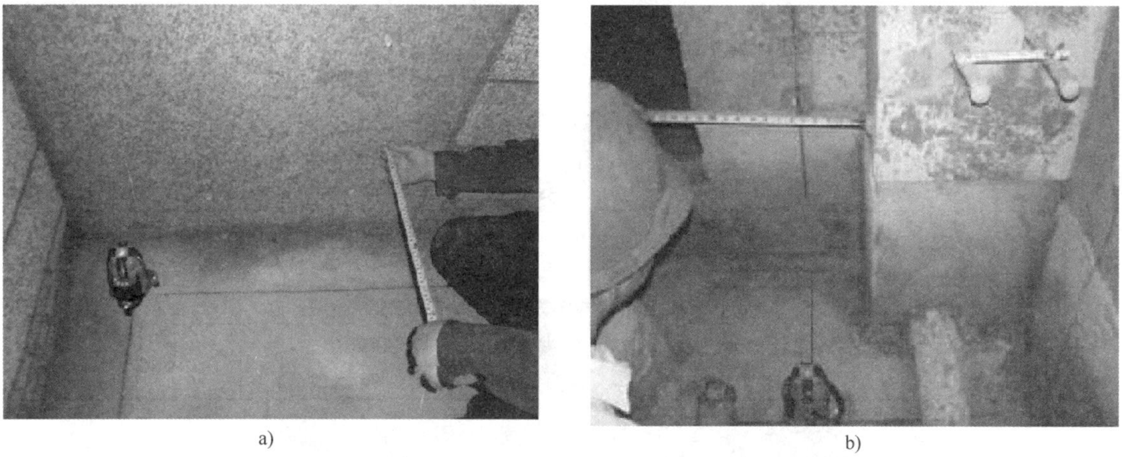

图 7-3　确定灰饼厚度

a）弹出铅垂线　b）确定灰饼厚度

根据墙面的平整度和垂直度，决定抹灰厚度（最薄处不小于 7mm），先在墙的上角各做一个标准灰饼（直径约 5cm），然后用托线板吊线做墙下角的灰饼，再挂线每隔 1.2～1.5m 加做若干标准灰饼，上下灰饼之间抹宽度约 10cm 的砂浆冲筋，用木杠刮平，如图 7-4 所示。

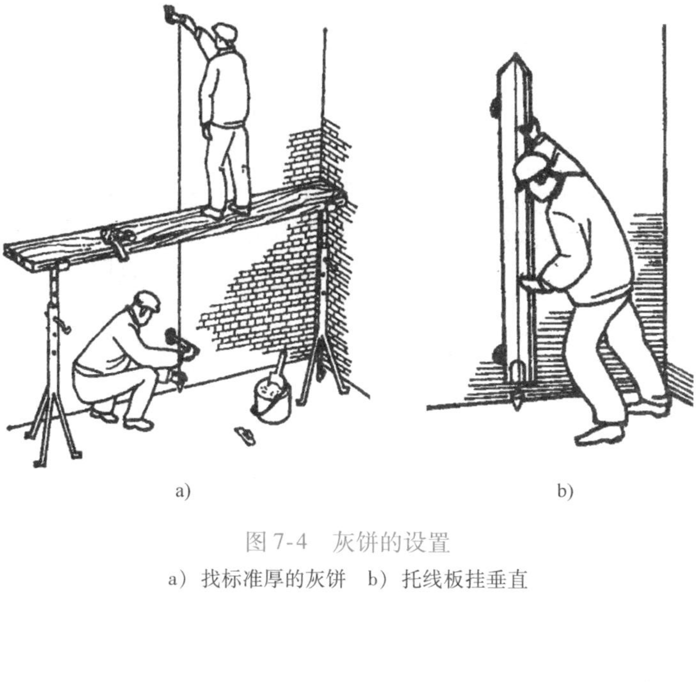

图 7-4　灰饼的设置

a）找标准厚的灰饼　b）托线板挂垂直

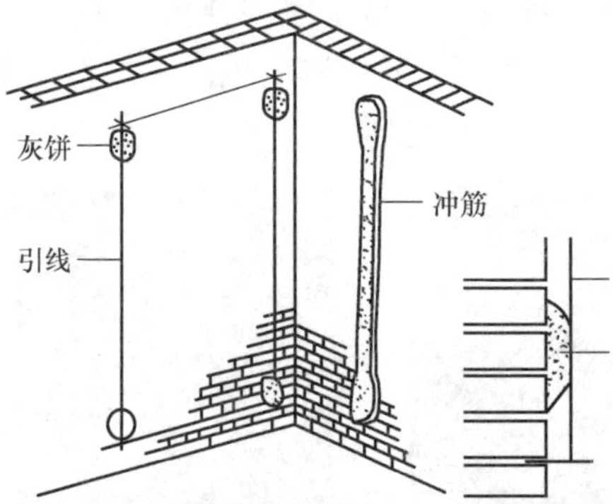

c)

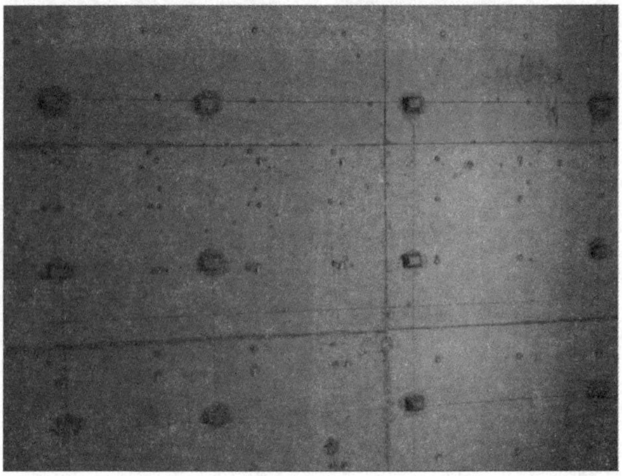

d)

图 7-4　灰饼的设置（续）
c）灰饼与冲筋　d）灰饼

2. 外墙墙面抹灰放样

1）分别在外墙转角、门窗口角、垛、墙面等处吊垂直线，控制墙体垂直度。

垂线离墙面 20cm，离转角、窗边 10cm；垂线宜用 22 号钢丝悬挂重锤球的方法，锤球的重量为 5 ~ 10kg；垂线自屋檐下吊至底层泛水，如图 7-5 所示。

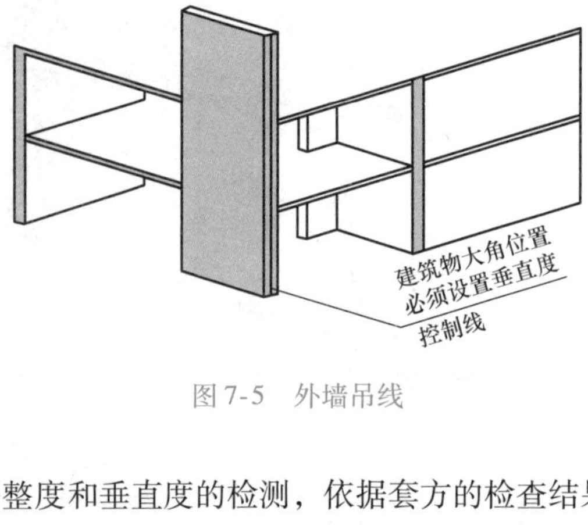

图 7-5　外墙吊线

2）自室内标高控制线逐层在外墙弹楼层水平分界线（标高控制线），如图 7-6所示。

3）套方、找规矩。套方是指对房屋四角进行测定，看其是否方正，对墙面进行平整度和垂直度的检测，依据套方的检查结果以及抹灰总厚度的规定，作出灰饼、冲筋的厚度标准。

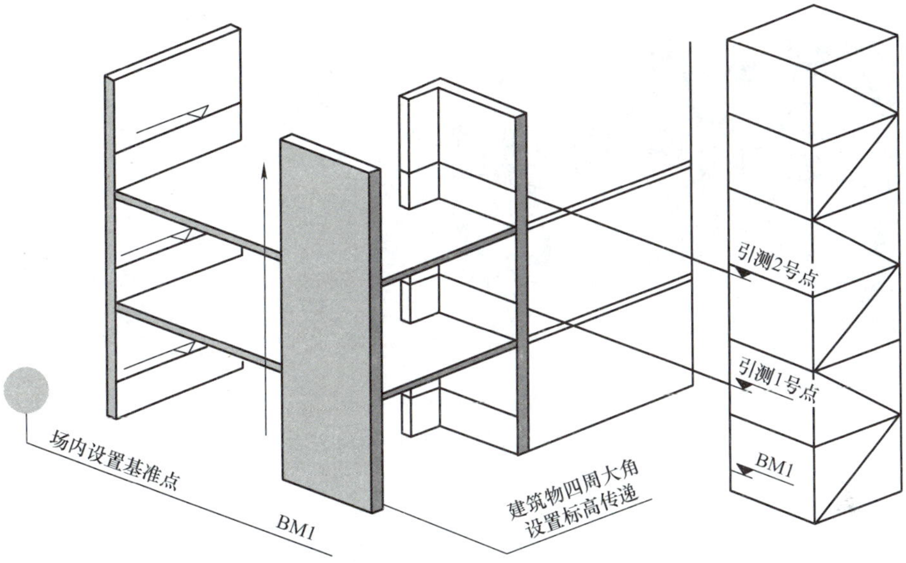

图 7-6　外墙弹楼层水平分界线

4）做灰饼。即做抹灰标志块。先在外墙转角、门窗口角、垛、墙面等处吊垂直线，全面检查墙体表面的垂直平整程度，根据检查的实际情况并兼顾抹灰总的平均厚度规定，决定墙面抹灰厚度。先在墙的两端上角（阴阳角皆要），距墙两边 100～200mm 处，用底层抹灰砂浆各做一个标准灰饼（标志块），厚度为总抹灰厚度减去面层灰厚度，大小为 50mm×50mm。

5）根据外墙标高控制线，按图样设计的要求弹线分格、粘分格条。分格条（缝）的设置应符合设计要求，粘贴牢固，宽度和深度应均匀，表面应平整光滑，棱角应整齐。根据分格线长度将分格条尺寸分好，然后用钢抹子将素水泥浆抹在分格条的背面，水平分格条宜粘在水平线的下口，垂直分格条粘贴在垂线的左侧，随后应用直尺校正，并将分格条两侧用水泥浆抹成八字形斜角，如图 7-7 所示。

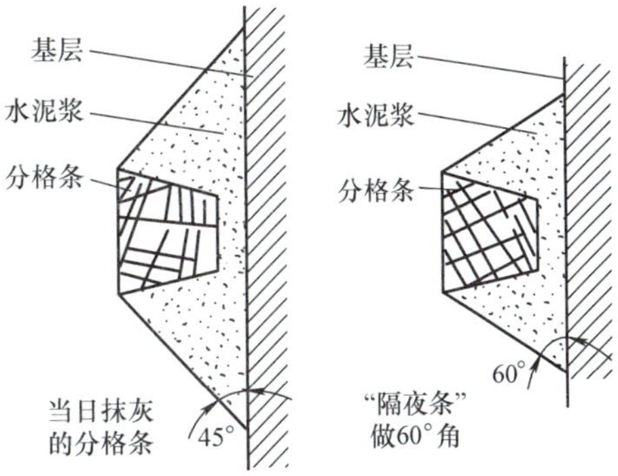

图 7-7　分格条的粘贴

3. 楼地面装饰放样

（1）整体面层

1）面层施工前，抄平弹线，统一标高。检测各个房间的地坪标高，并将离地面一定高度的水平标高线弹在各房间四壁上，最为常见的是离设计地面标高 500mm 或 1m 处，称为“50 线”或“1m 线”，即线下 500mm 作为建筑设计面层标高，如图 7-8 所示。

2）抹灰饼：根据房间四周墙上弹的水平标高控制线，确定楼层装饰标高，面层的厚度应符合设计要求（混凝土地面厚度不小于 40mm，水泥砂浆面层厚度不应小于 20mm），抹灰饼，一般每隔 2m 左右抹一个灰饼，灰饼上平面即为楼地面上标高。如果房间较大，为保证整体面层的平整度，应以灰饼的高度拉水平线做通长的冲筋来控制面层厚度。注意，有坡度

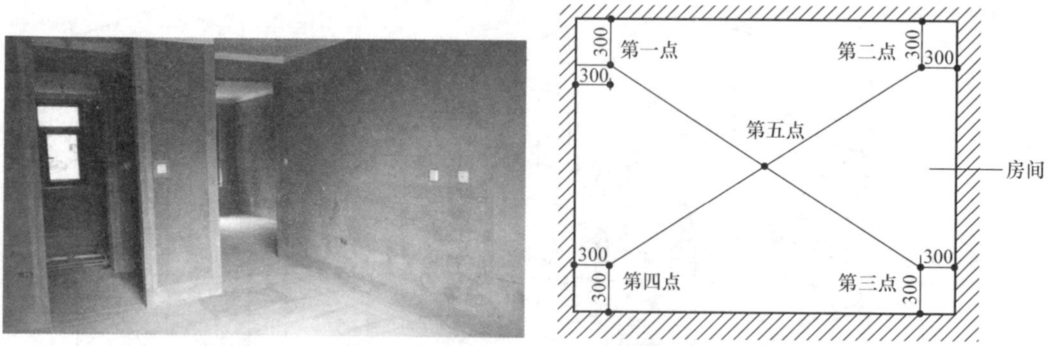

a)　　b)

图 7-8　确定地坪标高

a）水平标高弹线　b）确定面层标高

的须将流水坡度做好，抄平时要注意各室内地面与走廊高度的关系，如图 7-9 所示。

图 7-9　地坪灰饼

（2）块料面层

1）面层施工前，抄平弹线，统一标高。检测各个房间的地坪标高，并将离地面一定高度的水平标高线弹在各房间四壁上，最为常见的是离设计地面标高 500mm 或 1m 处，称为“50 线”或“1m 线”，即线下 500mm 作为建筑设计面层标高。

2）根据房间四周墙上弹的水平标高控制线，结合块料面层施工厚度在墙上弹块料面层铺贴基准线。

3）预排砖。为保证楼地面的装饰效果，预排砖是非常必要的工序。对于矩形楼地面，先在房间内拉对角线，查出房间的方正误差，以便把误差匀到两端，避免误差集中在一侧。板块的排列应符合设计要求，当设计无要求时，板块宜由房间中央向四周或从主要一侧向另一边排列，把边角料等非整砖放在周边或不明显处，板块的铺砌方向、图案等应符合设计要求，避免出现板块小于 1/4 边长的边角料，影响观感效果。

4）按铺贴基准线拉十字线控制铺贴厚度及平整度，铺基准砖，沿着十字基准线铺贴第一块基准砖，如图 7-10 所示。

图 7-10　基准砖铺贴

4. 饰面砖放样

（1）内墙饰面砖

1）施工前，统一标高。检测各个房间的地坪标高，并将离地面一定高度的水平标高线弹在各房间四壁上，最为常见的是离设计地面标高 500mm 或 1m 处，称为“50 线”，或“1m 线”，即线下 500mm 作为建筑结构面层标高。

2）预排砖。预排时应注意同一房间内墙面的横竖排列，均不得有一行以上的非整砖。非整砖行应排在次要部位或阴角处，方法是用接缝宽度调整砖行。室内镶贴釉面砖如设计无规定时，接缝宽度可在 1～1.5mm 调整，如图 7-11 所示。

3）弹线。根据设计要求和预排砖的效果，定好面砖所贴位置，在符合镶贴饰面砖要求的基面上弹出相应的水平和垂直控制线。弹出最上皮砖的上口线和最下皮砖的下口线，以及饰面砖分格线等，如图 7-12 所示。

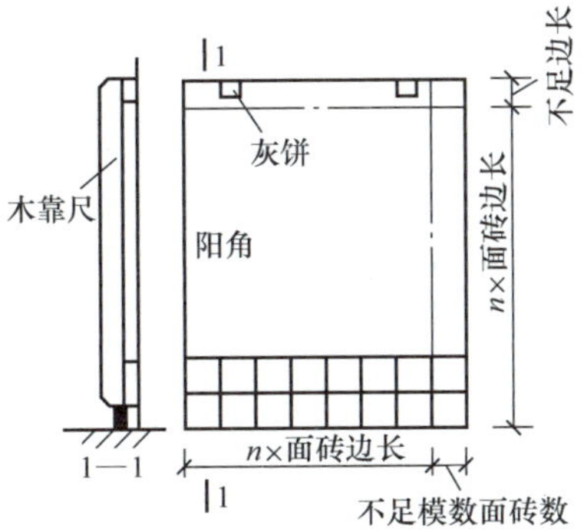

图 7-11　内墙预排砖

图 7-12　贴砖前弹线

（2）外墙饰面砖

1）吊垂线：与外墙抹灰相同。

2）弹楼层水平分界线（标高控制线）。

3）外墙釉面砖的镶贴形式由设计而定。矩形釉面砖宜竖向镶贴；釉面砖的接缝宜采用离缝镶贴，缝宽不大于 10mm；釉面砖一般应对缝排列，不宜采用错缝排列。

4）外墙面贴釉面砖应从上而下分段，每段内应自下而上镶贴。

5）在整个墙面两头各弹一条垂直线，如墙面较长，在墙面中间部位再增弹几条垂直线，垂直线之间距离应为釉面砖宽的整倍数（包括接缝宽），墙面两头垂直线应距墙阳角（或阴角）为一块釉面砖的宽度，垂直线作为竖行标准，如图 7-13 所示。

6）在各分段分界处各弹一条水平线，作为贴釉面砖横行标准。各水平线的距离应为釉面砖高度（包括接缝）的整倍数，如图 7-14 所示。

7）每个分段中宜先沿水平线贴横向一行砖，再沿垂直线贴竖向几行砖，从下往上第二横行开始，应在垂直线处已贴的釉面砖上口间拉上准线，横向各行

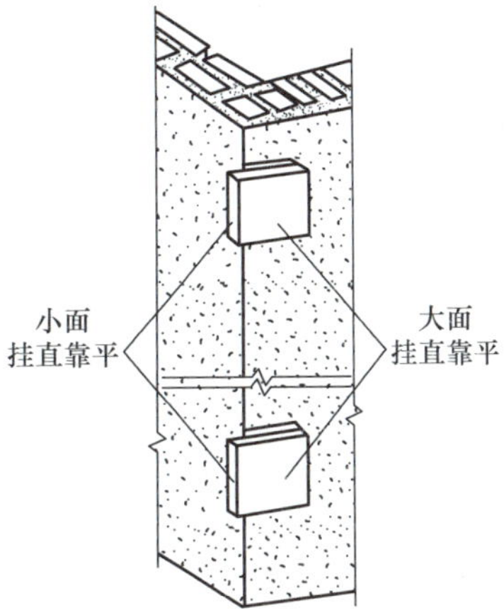

图 7-13　阳角标志砖

釉面砖依准线镶贴，如图 7-15 所示。

图 7-14　按水平分段线贴标志砖

图 7-15　分段中的标志砖

二、教师审查每个小组的工作方案并提出整改建议

整改建议记录：

三、各小组进一步优化方案并确定最终工作方案

最终工作方案记录：

实践成果

1）实践作业。

2）工作情境模拟操作。

典型任务2 装饰装修工程尺寸参数核对工作

知识点：
1. 能够应用图样、图集、规范对装饰部位等参数进行核对。
2. 能够应用图样、图集、规范对装饰标高等参数进行核对。
3. 能够应用图样、图集、规范对装饰尺寸等参数进行核对。

能力（技能）点：
1. 装饰装修工程装饰部位等参数核对。
2. 装饰装修工程装饰标高等参数核对。
3. 装饰装修工程装饰尺寸等参数核对。

实践目的

1）以实际应用为主，培养实际操作能力，提高动手能力。

2）通过现场具体操作训练，获得生产技能和施工方面实际知识，了解装饰装修工程装饰标高、尺寸等参数核对。

实践分解任务

能根据给定施工图进行装饰装修工程装饰部位标高、尺寸等参数核对。

实践分组

以小组为单位（6~8人为一组），在规定时间内完成以上任务。

实践场地

实训室、机房。

实践实施过程

一、每个学生提出自己的工作计划和方案并进行小组讨论

引导问题1：装饰装修工程装饰部位等参数核对有哪些？

运用知识：在装饰工程中，建筑施工图是装饰施工的依据，因为装饰工程所包含的分项工程众多，所以在施工前一定要仔细识读建筑施工图并根据施工图、施工总说明及各类项目汇总表，了解不同部位所涉及的各类分项工程，以本工程为例涉及的装饰汇总表见表7-2、表7-3。

表 7-2　室内装修一览表

房间名称	装修部位		
	地面、墙面（从上到下）	踢脚线或墙裙（从里到外）	内墙面（从里到外）
图书室、准备室、教研室、会议室、各类实验室、劳动技术教室、美术教室、书法教室	1）8~10mm 防滑砖，规格：600mm×600mm 2）地面做法参照《平屋面》（15ZJ001）（27 页）（地 201） 3）地面做法由下到上 8~10mm 防滑砖，规格：600mm×600mm 20mm 厚水泥砂浆	300mm×450mm 抛光砖墙裙，高 1.5m 1）15mm 厚 1:3 水泥砂浆 2）素水泥浆结合层一遍 3）4~5mm 厚 1:1 水泥砂浆加水重 20% 白乳胶镶贴 4）8~10mm 厚抛光砖，白水泥浆擦缝	1）素水泥浆结合层一遍 2）20mm 厚 1:1:6 水泥石灰砂浆 3）消刮腻子 2~3mm 厚，内墙涂料两道

表 7-3　外墙面工程做法表

类别	编号	名称	工程做法
外	外墙	生态外墙板（从外至内）	1）生态外墙板（材质纹理按立面图），粘接剂粘接 2）5mm 厚专用抗裂砂浆 3）20mm 厚 1:2 水泥砂浆 4）240mm 厚烧结页岩多孔砖 5）35mm 厚无机保温砂浆 6）5mm 厚抗裂砂浆

以本工程室内装饰为例，如图 7-16 所示。

建筑平面图中包含教室、前室、楼梯间、卫生间、走廊等不同功能分区，其中对应的是不同的分项装饰工程，根据室内装饰表得到的信息如下。

1. 楼地面工程

1）识读需要铺设地砖的区域，图书室、准备室、教研室、会议室、各类实验室、劳动技术教室、美术教室、书法教室、阶梯教室、大会议室、走廊、卫生间等为楼地面砖镶贴区域；电井、水井等管道井、电梯机房、设备房为水泥砂浆防潮楼地面；消防控制室为架空复合木地板。

2）识读每个地砖镶贴区域所选用的材料及规格，如图书室、准备室，教研室、会议室、各类实验室、劳动技术教室、美术教室、书法教室、阶梯教室、大会议室、走廊等满铺 8~10mm 防滑砖，规格 600mm×600mm；卫生间满铺 8~10mm 防滑砖，规格300mm×300mm。

2. 内墙装饰

识读不同的内墙面装饰区域，图书室、准备室，教研室、会议室、各类实验室、劳动技术教室、美术教室、书法教室、走廊，为高 1.5m、300mm×450mm 抛光砖墙裙，墙面混合砂浆抹灰、腻子，涂乳胶漆面层；阶梯教室、大会议室，为高 1.5m、300mm×450mm 抛光砖墙裙，玻璃棉毡穿孔铝板吸声墙面；电井、水井管道井、电梯机房等为混合墙面抹灰，卫生间为 300mm×450mm 抛光砖镶贴至顶。

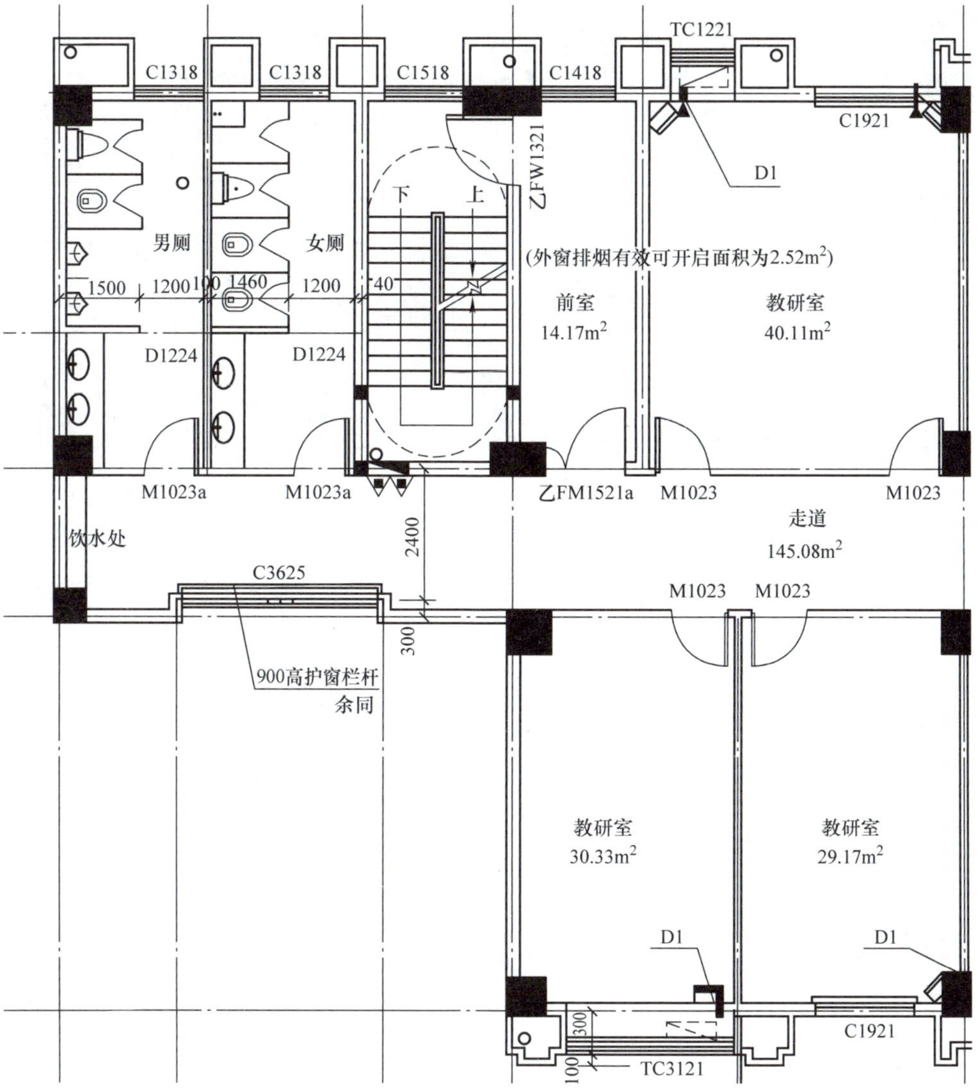

图 7-16　室内建筑平面图

引导问题 2：楼面砖装修工程装饰标高等参数核对应注意哪些内容？

运用知识：识读不同空间镶贴后的高差标高等基本信息，以 12 层建筑施工图为例，如图 7-17所示。

1. 已知条件：12 层建筑标高为 44.1m（即完成贴砖后的楼面标高），如图 7-17b 所示。通过“案例引入”可知结构板降低值，室内房间、楼梯（电梯）过厅：结构标高为 $H-30$mm；走廊：结构标高为 $H-50$mm；公共厨房、卫生间：结构楼板 $H-350$mm（净空）；卫生间、洗消、厨房隔墙有混凝土反边 200mm 高，同墙宽。

2. 室内房间、楼梯（电梯）过厅楼面砖的镶贴标高

12 层楼室内房间、楼梯（电梯）过厅板面结构标高为(44.1－0.03)m＝44.07m。室内房间、楼梯（电梯）过厅楼面砖的镶贴标高为（44.07＋0.02＋0.01)m＝44.1m。

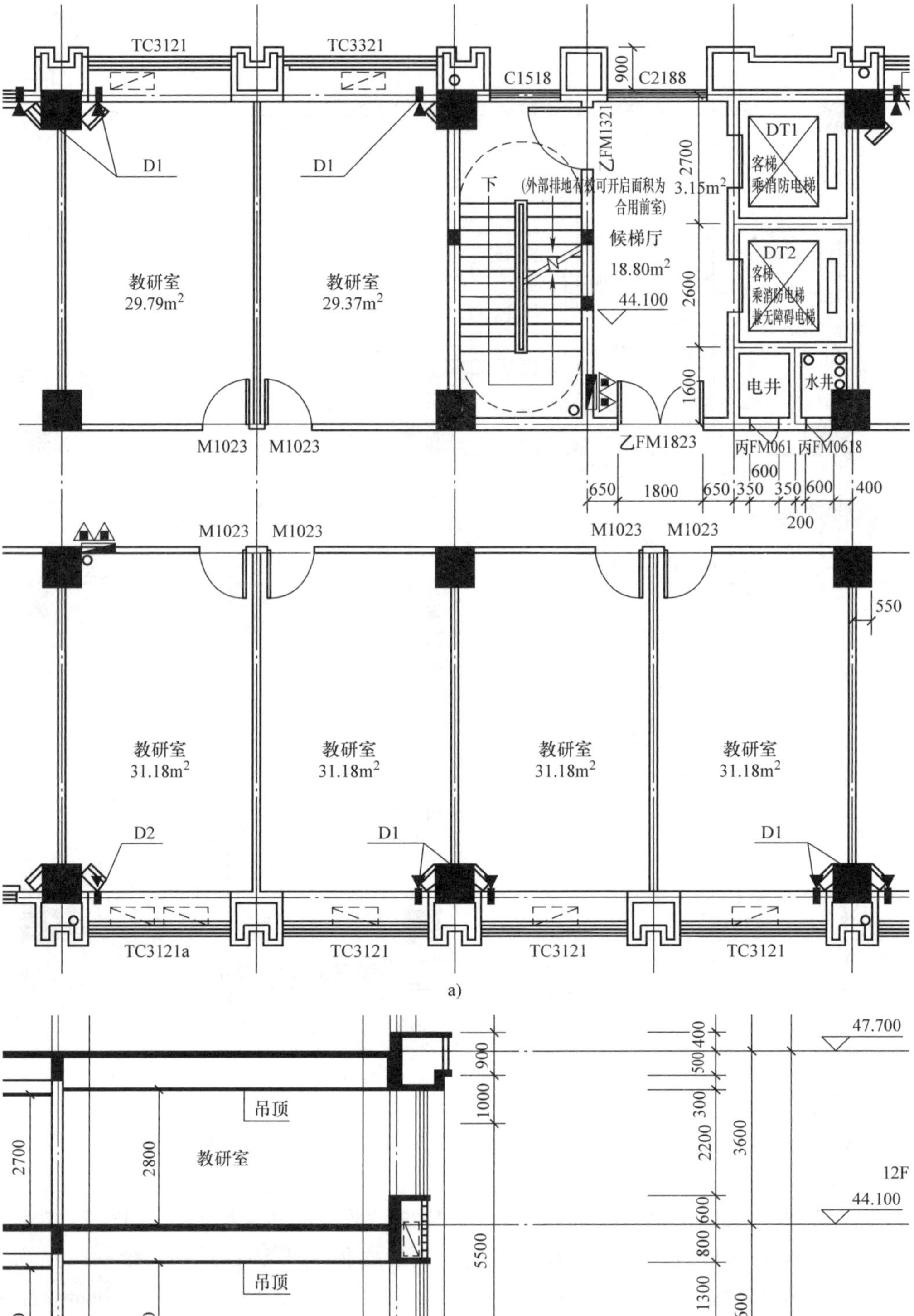

图 7-17　建筑施工图

a）平面图　b）剖面图

3. 走廊楼面砖的镶贴标高

走廊建筑标高未注明，根据 12 层板配筋图，结合建筑总说明（走廊结构标高为 H − 50mm）可知 12 层走廊板面标高为（44.1 − 0.05）m = 44.05m，参照表 7-1 走廊楼面砖做法：楼面做法参照《平屋面》（15ZJ001）（27 页）（楼 201），走廊楼面砖的镶贴标高为（44.05 + 0.01 + 0.02）m = 44.08m。

4. 卫生间楼面砖的镶贴标高

按图 7-17、图 7-18 所示，卫生间与走廊相邻，走廊楼面砖的镶贴标高为 44.08m，卫生间外厅楼面砖的镶贴标高为（44.08 − 0.015）m（ > 15mm） = 44.065m 与大样图(44.10 − 0.035)m = 44.065m，卫生间内厅楼面砖的镶贴标高为(44.10 − 0.055)m = 44.045m。

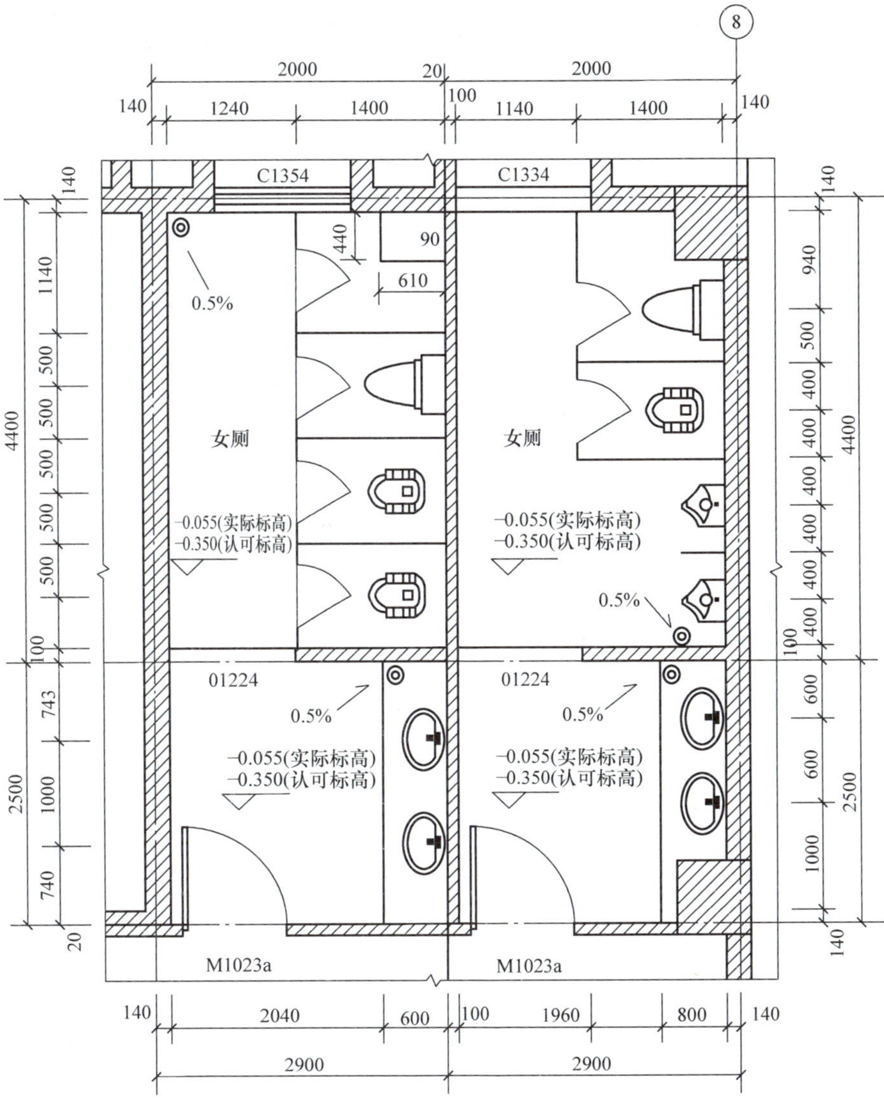

② 卫生间大样图二 1:50

图 7-18　卫生间大样图

引导问题3：装饰装修工程装饰尺寸等参数核对有哪些？

运用知识： 建筑平面图、立面图、剖面图是建筑施工图中表达房屋的最基本的图样，由于其比例小，无法把所有详细内容表达清楚。建筑详图可以用较大比例详尽表达局部的详细构造，如形状、尺寸大小、材料和做法。也可以说，建筑详图是建筑平面图、立面图、剖面图的补充图样。就民用建筑而言，应绘制建筑详图的部位很多，如不同部位的外墙详图、楼梯间详图、室内固定设备布置（卫生间、厨房等）的详图。另外还有大量的建筑构件、配件采用了标准图集说明详图构造，在施工图中可以简化或用代号表示，而在施工中必须配合相应标准图集才能阅读清楚。以室内楼地面砖镶贴为例：

1）室内房间、楼梯（电梯）过厅楼面砖的镶贴尺寸参数，可在建筑施工图室内装饰一览表中直接查出：①8～10mm防滑砖，规格600mm×600mm；②地面做法参照《平屋面》（15ZJ001）（27页）（地201）；③楼面做法由下到上：8～10mm防滑砖，规格600mm×600mm；20mm厚水泥砂浆；钢筋混凝土楼板（刷素水泥浆一道）。

2）走廊楼面砖的镶贴尺寸参数，如建筑施工图室内装饰一览表中所示：①8～10mm防滑砖，规格600mm×600mm；②地面做法参照《平屋面》（15ZJ001）（27页）（地201）；③楼面做法参照15ZJ001（27页）（楼201）。查《平屋面》（15ZJ001）（27页）（楼201），见表7-4。

表7-4　建筑施工室内装饰一览表

编号	名称	用料做法	参考指标	附　注
地201 楼201	陶瓷地砖地面/楼面	1. 8～14mm厚防滑地砖铺实拍平，水泥浆擦缝 2. 20mm厚1：3干硬性水泥砂浆 3. 素水泥浆一遍 4. 80mm厚C15混凝土 5. 基土压（夯）实	总厚度：114/34 自重：0.65kN/m^2	1. 地砖规格、品种详单项工程设计 2. 地砖如窗离缝铺贴应在单项工程设计中注明，并用1:1水泥砂浆填缝 3. EPS保温板，密度：>30kg/m^3，导热系数：0.041W/(m·K) XPS保温板，密度：>35kg/m^3，导热系数：0.030W/(m·K) 泡沫玻璃保温板，密度：>150kg/m^3，导热系数：0.062W/(m·K) 4. 保温材料的压缩强度或抗压强度应符合单项工程设计的要求 5. 厚度h根据单项工程节能计算确定

可得出地砖镶贴尺寸参数以图样选用8～10mm防滑砖，规格600mm×600mm；20mm厚1:3干硬性水泥砂浆；素水泥浆一道。

3）卫生间楼面砖的镶贴尺寸参数，如建筑施工图室内装饰一览表中所列：①8～10mm防滑砖，规格300mm×300mm；②地面做法参照《平屋面》（15ZJ001）（29页）（地201）；③楼面做法参照《平屋面》（15ZJ001）（29页）（楼201）。查《平屋面》（15ZJ001）（29页）（楼201），见表7-5。

表 7-5 楼地面做法一览表

编号	名称		用料做法	参考指标	附 注
地 201 楼 201	陶瓷地砖地面/楼面	XF（下沉式卫生间防水地面/楼面）	1. 8~14 厚防滑地砖铺实拍平，水泥浆擦缝 2. 25 厚 1∶2 水泥砂浆 3. 1.5 厚聚氨酯防水涂料 4. 20 厚 1∶3 水泥砂浆找平 5. *h* 厚 C10 轻骨料混凝土填充层找坡，坡向地漏 6. 0.7 厚聚乙烯丙纶防水卷材（芯材厚度 >0.5）用 1.3 厚专用配套粘结料满粘 7. 20 厚 1∶3 水泥砂浆找平 8. 80 厚 C15 混凝土 9. 基土压（夯）实	总厚度： 163 + h/83 + h	1. 地砖规格、品种详单项工程设计 2. 地砖如需离缝铺贴应在单项工程设计中注明，并用 1∶1 水泥砂浆填缝 3. 防水材料施工时，应涂刷配套基层处理剂，防水涂料应薄涂，多遍施工，前后两遍涂刷方向应相互垂直，最后一遍施工时可在涂层表面撒粘适量细砂 4. 防水层在墙柱交接处翻起高度不小于 250 5. 填充找坡层厚度、坡度单项工程设计确定，地面可采用基土找坡

卫生间楼面砖的镶贴尺寸参数由上向下为：①8~10mm 厚防滑地砖铺实拍平，水泥浆擦缝（规格 300mm × 300mm）；②25mm 厚 1∶2 水泥砂浆；③1.5mm 厚聚氨酯防水涂料；④20mm厚 1∶3 水泥砂浆找平；⑤h 厚 C10 轻骨料混凝土填充层找坡，坡向地漏，（h 的厚度计算为：由建筑施工图总说明已知卫生间楼板面为该层建筑标高 −350mm，卫生间建筑标高为 −55mm，h = （350 − 55 − 10 − 25 − 1.5 − 20） mm = 238.5mm）；⑥0.7mm 厚聚乙烯丙纶防水卷材（芯材厚度 >0.5mm）用 1.3mm 厚专用配套粘结料满粘；⑦20mm 厚1∶3水泥砂浆找平；⑧现浇钢筋混凝土楼板。

二、教师审查每个小组的工作方案并提出整改建议

整改建议记录：

三、各小组进一步优化方案并确定最终工作方案

最终工作方案记录：

实践成果

1）实践作业。

2）工作情境模拟操作。

典型任务3 装饰装修工程施工机械、人力、运输协调工作

知识点：

1. 装饰装修工程施工施工机械的选择和配备。
2. 装饰装修工程施工人力的选择和配备。
3. 装饰装修工程施工运输条件的选择。

能力（技能）点：

1. 能够根据施工交底协调施工机械进行装饰装修工程施工。
2. 能够根据施工交底协调人力进行装饰装修工程施工。
3. 能够根据施工交底协调运输进行装饰装修工程施工。

实践目的

1）以实际应用为主，培养实际操作能力，提高动手能力。

2）通过现场具体操作训练，获得生产技能和施工方面实际知识，了解装饰装修工程施工施工机械的选择和配备。

实践分解任务

能根据给定施工图选择和配备屋面及防水工程施工的施工机械。

实践分组

以小组为单位（6~8人为一组），在规定时间内完成以上任务。

实践场地

实训室、机房。

实践实施过程

一、每个学生提出自己的工作计划和方案并进行小组讨论

引导问题1：装饰装修施工的施工机械应如何选择和配备？

运用知识：

1. 砂浆搅拌机

砂浆搅拌机是用于搅拌水泥砂浆、混合砂浆、石灰砂浆的机械，如图7-19所示。自落式搅拌机用于搅拌水泥砂浆、混合砂浆、石灰砂浆及混凝土。

2. 纤维—白灰混合磨碎机（图7-20）

由搅拌筒和小钢磨两部分组成，前者起粗拌作用，后者起细磨用，经磨碎机搅拌后的灰

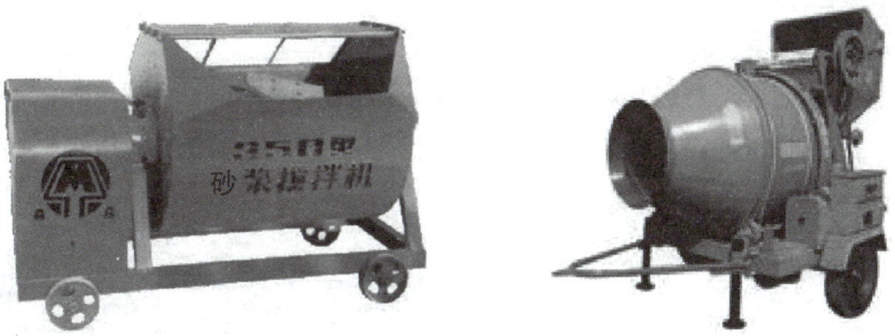

a)　　　　b)

图 7-19　搅拌机

a）砂浆搅拌机　b）自落式搅拌机

浆进入小钢磨磨细使用。

3. 粉碎淋灰机（图 7-21）

粉碎淋灰机是淋制抹灰、粉刷及砌筑砂浆用的石灰膏的机具。

图 7-20　纤维—白灰混合磨碎机

图 7-21　粉碎淋灰机

4. 手持工具

（1）抹子

1）铁抹子：用于抹底子灰及水刷石、水磨石面层等。

2）钢皮抹子：外形与铁抹子相似，但比较薄，弹性较大，用于抹水泥砂浆面层等，如图 7-22 所示。

3）压子：圆头铁抹子，大压子用于水泥砂浆面层压光，小压子用于外墙贴砖，如图 7-23所示。

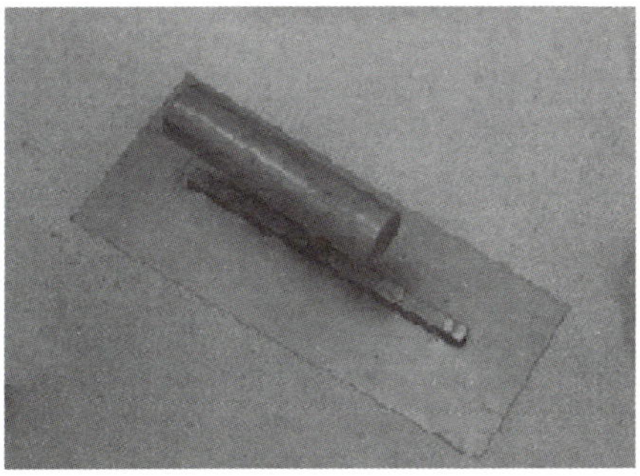

图 7-22　钢皮抹子

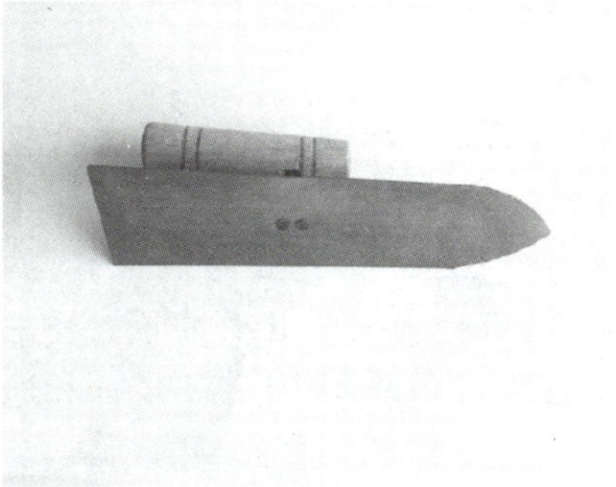

图 7-23　压子

4）塑料抹子：用塑料板做成，用于压光面层，如图7-24所示。

5）木抹子：用于搓平底子灰表面，如图7-25所示。

6）阴角抹子：用于压光阴角，分为尖角及小圆角两种，如图7-26所示。

7）阳角抹子：用于压光阳角，分为尖角及小圆角两种，如图7-26所示。

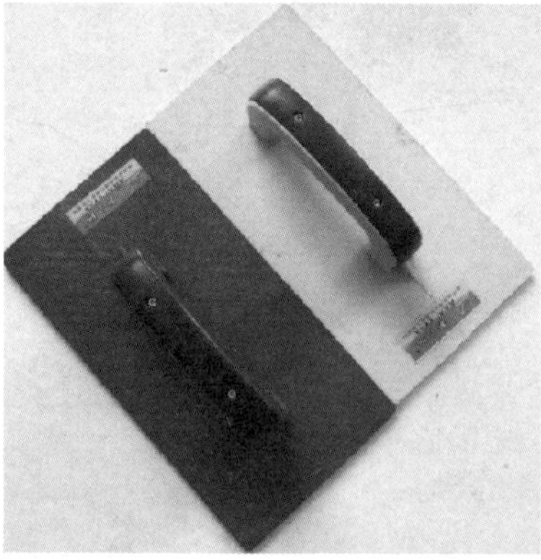

图7-24 塑料抹子

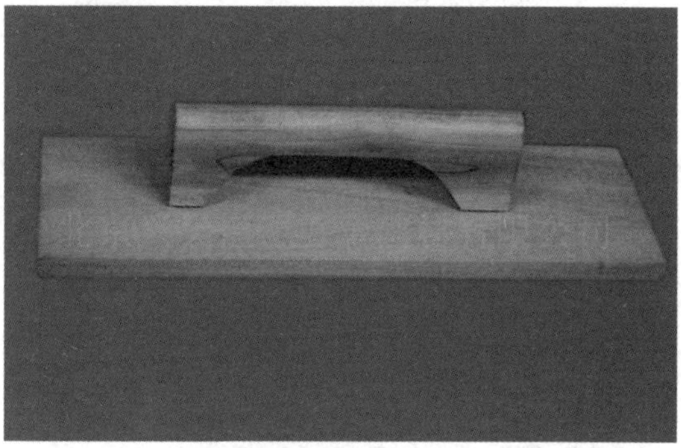

图7-25 木抹子

（2）斩假石（剁斧石）工具

1）剁斧：除用于斩假石外，也用于清理混凝土基层，如图7-27所示。

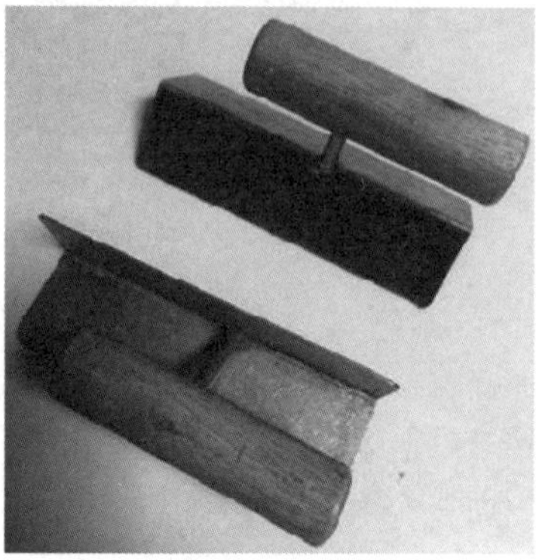

图7-26 阴角抹子、阳角抹子

图7-27 剁斧

2）花锤如图7-28所示。

图7-28 花锤

（3）其他

1）托灰板：用于抹灰操作时承托砂浆，如图7-29所示。

2）木杠（图7-30）：分为长、中、短三种。长杠为250～350cm，一般用于冲筋；中杠为200～250cm，短杠为150cm，用于刮平墙面和地面，现多用铝合金材质。

图 7-29 托灰板

图 7-30 木杠

3）方尺：用于测量阴阳角方正，如图 7-31 所示。

4）八字靠尺板及钢筋卡子：一般为做棱角用的工具。钢筋卡子用于卡八字靠尺，常用直径 8 ~ 10mm 钢筋。靠尺多为 1cm × 5cm 的木条，如图 7-32 所示。

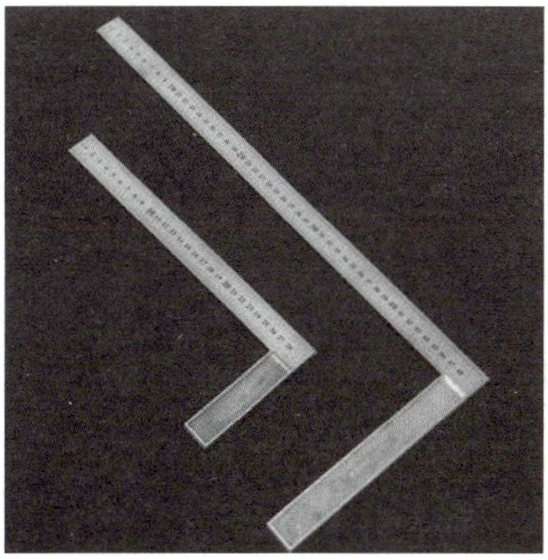

图 7-31 方尺

图 7-32 钢筋卡子与靠尺抹门边框灰

5）托线板（俗称担子板）：主要用于挂垂直，板中间有标准线，附有线坠，如图 7-33 所示。

6）筛子：用于筛分砂子，常用筛孔有 10mm、8mm、5mm、3mm、1.5mm、1mm 六种，如图 7-34 所示。

7）墨斗：找规矩弹线的用具，如图 7-35 所示。

8）橡胶锤：镶贴饰面砖时使用，如图 7-36 所示。

图 7-33　用托线板做墙下角灰饼

图 7-34　筛子

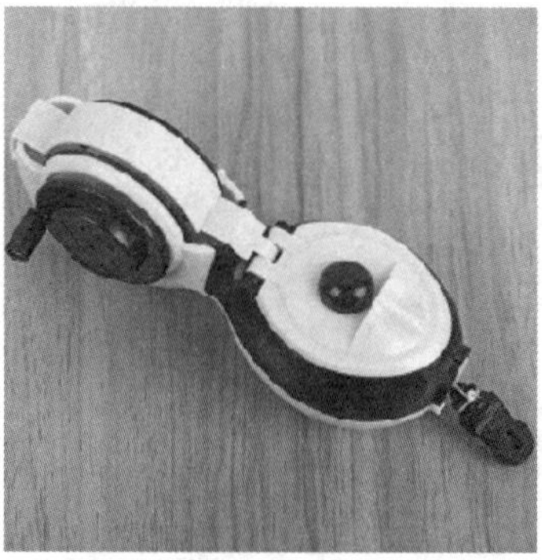

图 7-35　墨斗

图 7-36　橡胶锤

9）水准尺：镶贴饰面砖时检查水平度、垂直度，如图 7-37 所示。

10）手动瓷砖切割机如图 7-38 所示。

11）手持电动瓷砖切割机如图 7-39 所示。

引导问题 2：装饰装修工程施工人力的选择和配备是什么？

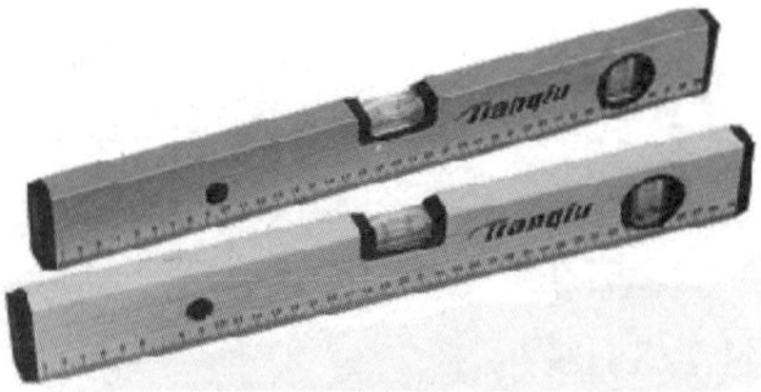

图 7-37　水准尺

运用知识：装饰装修工程分项工程繁多，涉及多工种交叉作业，在施工人力的安排上通常以项目经理为首，进行施工组织设计、组织施工生产。在项目经理部的领导下，充分利用劳务公司的专业优势，由专业技术工种组成各施工队组，确保完成任务。

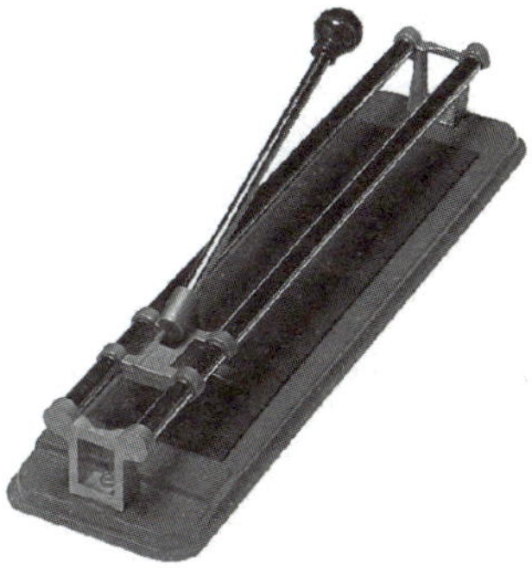

图 7-38　手动瓷砖切割机

图 7-39　手持电动瓷砖切割机

选择劳务操作人员的原则为：具有良好的质量、安全意识，具有较高的技术等级，具有类似工程施工经验的人员。

劳务层的调配由项目劳资部根据月度劳动力计划，进行合理调配，同时确保进场所有人员的各项素质达到项目的要求。

投入装饰工程的人员数量，根据施工总进度计划网络图的劳动力动态曲线确定，根据不同专业工、不同种施工施工段划分，确定高峰期总人数。每层各项目完成后，相应工种退场。

引导问题 3：装饰装修工程施工顺序的选择是什么？

运用知识：装饰工程施工前，必须组织材料进场，并对其进行检查、加工和配制；必须做好机械设备和施工工具的准备；必须做好图样审查、制定施工顺序与施工方法、进行材料试验和试配工作、组织结构工程验收和工序交接检查进行技术交底等有关技术准备工作；必须进行预埋件、预留洞的埋设和基层的处理等。

装饰工程的施工顺序对保证施工质量起着控制作用。室外抹灰和饰面工程的施工，一般应自上而下进行；高层建筑采取措施后，可分段进行；室内装饰工程的施工，应待屋面防水工程完工后，并在不致被后续工程损坏和污染的条件下进行；室内抹灰在屋面防水工程完工前施工时，必须采取防护措施。室内吊顶、隔墙的罩面板和花饰等工程，应待室内地（楼）面湿作业完工后施工。室内装饰工程的施工顺序，应符合下列规定：

1）抹灰、饰面、吊顶和隔断工程，应待隔墙、钢木门、窗框、暗装管道、电线管和电器预埋件、预制钢筋混凝土楼板灌缝完工后进行。

2）钢木门窗及其玻璃工程，根据地区气候条件和抹灰工程的要求，可在湿作业前进行；铝合金、塑料、涂色镀锌钢板门窗及其玻璃工程，宜在湿作业完工后进行，如需在湿作业前进行，必须加强保护。

3）有抹灰基层的饰面板工程、吊顶及轻型花饰安装工程，应待抹灰工程完工后进行。

4）涂料、刷浆工程以及吊顶、隔断、罩面板的安装，应在塑料地板、地毯、硬质纤维等地（楼）面的面层和明装电线施工前，管道设备试压后进行。木地（楼）板面层的最后一遍涂料，应待裱糊工程完工后进行。

5）裱糊工程，应待顶棚、墙面、门窗及建筑设备的涂料和刷浆工程完工后进行。

二、教师审查每个小组的工作方案并提出整改建议

整改建议记录：

三、各小组进一步优化方案并确定最终工作方案

最终工作方案记录：

实践成果

1）实践作业。

2）工作情境模拟操作。

典型任务4 抹灰工程施工和质量监督工作

知识点：

1. 抹灰工程施工工艺流程。
2. 抹灰工程分项工程施工工艺标准。
3. 抹灰工程分项工程施工质量监督。

能力（技能）点：

1. 能够按照《建筑施工手册》，监督抹灰工程施工工艺流程符合工艺标准。
2. 能够填写内墙抹灰工程施工监督报告。

实践目的

1）以实际应用为主，培养实际操作能力，提高动手能力。

2）通过现场具体操作训练，获得生产技能和施工方面实际知识，了解抹灰的工艺流程、工艺标准，进行工艺质量监督。

实践分解任务

根据能根据给定施工图选择抹灰的工艺流程，根据工艺标准指导施工并进行工艺质量监督。

实践分组

以小组为单位（6～8人为一组），在规定时间内完成以上任务。

实践场地

实训室、机房。

实践实施过程

一、每个学生提出自己的工作计划和方案并进行小组讨论

引导问题1：抹灰施工工艺流程是什么？

运用知识：交接检验→基层处理→找规矩→做灰饼→做标筋→做护角→抹底层、中层、罩面层抹灰→刮腻子。

引导问题2：抹灰工程主要工序控制是什么？

运用知识：

1. 交接检验

交接检验即对上一道工序进行检查、验收、交接，检验主体结构表面垂直度、平整度、尺寸等，若不符合设计要求，应进行修补。

2. 基层处理

1）清理基层表面。抹灰前将基层表面的尘土、污垢、油渍等清除干净，然后洒水润湿；对混凝土结构表面、砖墙表面应在抹灰前 1 ~ 2d 浇水湿润，一般用软管或胶皮管或喷壶顺墙自上而下浇水湿润，如图 7-40所示。

图 7-40　浇水湿润

2）剔平明显凸的部位，补平明显凹的部位。检查基层表面是否平整，凸出部分剔除，如混凝土构件胀模处等表面凸出部分剔平。对凹陷部分或有蜂窝、麻面、露筋、疏松部分的混凝土表面剔到实处，并刷素水泥浆一遍。然后用 1∶2 或 1∶3 水泥砂浆分层补平压实。

3）混凝土基体光滑处表面凿毛，或在表面涂刷掺有适量胶粘剂的水泥砂浆（掺用水量 20% 的 108 胶素水泥浆），或用混凝土界面处理剂处理。墙面越粗糙，粘结力和摩擦力就越大，如图 7-41、图 7-42 所示。

图 7-41　人工刮涂 108 胶素水泥浆

图 7-42　机械喷涂界面砂浆

4）嵌填脚手孔洞、管线沟槽及门窗框缝隙。检查门窗框及需要埋设的配电管、接线盒、管道套管等是否安装准确（图 7-43）、固定牢固，脚手孔洞或连接缝隙应用 1∶3 水泥砂浆或水泥混合砂浆（加少量麻刀）分层嵌塞密实，并事先将门窗框包好。抹灰工程施工前应先安装钢木门窗框、护栏等，并应将墙上的施工孔洞堵塞密实。

5）不同材料基体交接处表面的抹灰，应采取防止开裂的加强措施，当采用加强网时，加强网与各基体的搭接宽度不应小于 100mm，如图 7-44 所示。

图 7-43　抹灰前线盒位置检查

3. 套方、找规矩

套方是指对房屋四角进行测定，看看其是否方正，对墙面进行平整度和垂直度的检测，依据套方的检查结果以及抹灰总厚度的规定，作出灰饼、标筋。

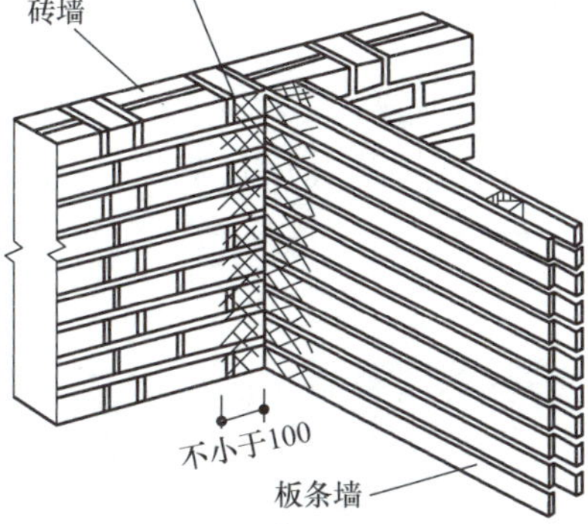

a)

b)

图 7-44　抹灰前挂网

a）不同材料基体交接处挂网示意图　b）内墙砖墙与梁交接处挂网

4. 做灰饼

做灰饼即做抹灰标志块。如图 7-45所示，先用托线板全面检查墙体表面的垂直平整程度，根据检查的实际情况并兼顾抹灰总的平均厚度规定，决定墙面抹灰厚度。先在墙的两端上角，距墙两边 100 ~ 200mm 处，用底层抹灰砂浆各做一个标准灰饼（标志块），厚度为总抹灰厚度减去面层灰厚度，大小为 50mm × 50mm。然后用托线板吊线做墙下角的灰饼，其位置在踢脚板上口，使上下两个标志块在一条垂直线上；再挂线，每隔 1.2 ~ 1.5m 加做中间的若干个标准灰饼。

a)

b)

图 7-45　做灰饼

a）墙上角做灰饼　b）墙下角做灰饼

5. 做标筋

做标筋也称为“冲筋”，就是在上下（或左右）两个灰饼之间抹出一宽度约 100mm、厚度与灰饼相平的长条梯形灰埂，作为墙面抹灰填平的标准。标筋用砂浆应与抹灰底层砂浆相同。一般情况下，待标筋砂浆有七八成干后，即可在两标筋间抹满墙面砂浆，先用长刮尺两头靠着标筋进行刮灰，再用木抹来回抹平，去高补低。如果标筋太软，容易将其刮坏产生凹凸不平现象；标筋太干，有强度后再抹墙面砂浆，待墙面砂浆收缩后，会使标筋高于墙面，产生抹灰面不平的现象。

6. 做护角

在室内墙面、柱面和门窗洞口的阳角抹灰要线条清晰、挺直，并应防止碰撞损坏。因此，凡是与人、物经常接触的内墙面、柱面和门洞口处的阳角部位，都需要做护角，做法应符合设计要求；无设计规定的条件下，应采用 1∶2 水泥砂浆做护角，其高度不低于 2m，每侧宽度不应小于 50mm，如图 7-46 所示。

7. 抹底层、中层灰

水泥砂浆和水泥混合砂浆的抹灰层，应待前一层抹灰层凝结后方可涂抹后一层。待标筋砂浆有七八成干后，就可以进行底层砂浆抹灰，抹底层灰可用托灰板（大板）盛砂浆，用力将砂浆推抹到墙面上，一般应从上而下进行，将砂浆抹于墙面两条标筋之间，底层要低于标筋的 1/3，由上而下抹灰，如图 7-47 所示。

图 7-46 护角

图 7-47 抹底层灰

底层灰凝结后再抹中层灰，中层砂浆抹灰时，应先在底层灰上洒水，待其收水后，即可将中层砂浆抹上去，一般应从上而下、自左向右涂抹，不用再做标志及标筋。

面层灰应待底层灰凝固后才能进行，先洒水湿润，将面层砂浆均匀地抹上去，一般应从上而下、自左向右涂抹整个墙面，整个墙面抹满后，然后用长、短木杠按标筋刮平，经过去高填低、搓磨，使表面达到平整密实。用木抹来回搓抹，去高补低，再用铁抹压抹一遍，使抹灰层平整、厚度一致，根据灰饼、标筋厚度装满砂浆为准。抹灰厚度如超过 35mm 需重新挂网做加强处理，如图 7-48 所示。

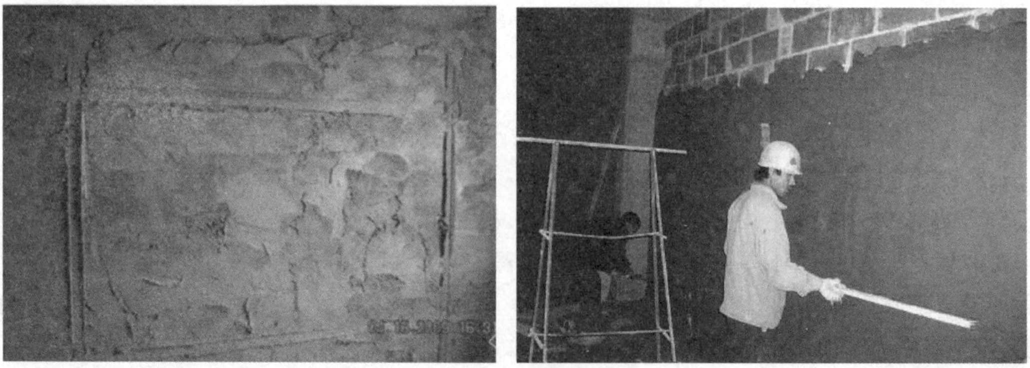

a) b)

图 7-48 面层抹灰

a）按标筋刮平 b）刮灰

最后，即用铁抹分遍压抹，使面层灰平整、光滑，厚度一致。铁抹运行方向应注意：最后一遍抹压宜是垂直方向，每一遍之间应互相垂直抹压。墙面上半部与墙面下半部面层灰接头处应压抹理顺，不留抹印，如图 7-49 所示。

两墙面相交的阴角、阳角抹灰，用木阴角器压住抹灰层并上下搓动，使阴角处抹灰基本上达到直角。用木阳角器压住抹灰层并上下搓动，使阳角处抹灰基本上达到直角。再用阳角抹子上下抹压，使阳角线垂直。在阴角、阳角处底层灰凝结后，洒水湿润，将面层灰抹于阴角、阳角处，分别用阴角抹、阳角抹上下抹压，使中层灰达到平整光滑。阴、阳角找方应与墙面抹灰同时进行，即墙面抹底层灰时，阴、阳角抹底层找方，如图 7-50 所示。

图 7-49　墙面压光

图 7-50　阴、阳角处理

8. 顶棚抹灰

1）钢筋混凝土楼板顶棚抹灰前，应用清水润湿并刷素水泥浆（水灰比 0.4～0.5）一道。

2）抹灰前应在四周墙上弹出水平线，以墙上水平线为依据，先抹顶棚四周，圈边找平。

3）灰线抹灰应符合下列规定：

① 抹灰线用的模子，其线形、棱角等应符合设计要求，并按墙面、柱面找平后的水平线确定灰线位置。

② 简单的灰线抹灰，应待墙面、柱面、顶棚的中层砂浆抹完后，顶棚抹灰前进行。

4）顶棚表面应顺平，并压光压实，不应有抹纹和气泡、接搓不平等现象，顶棚与墙面相交的阴角，应成一条直线。

9. 腻子

内墙面的面层可以抹罩面灰，也可采用刮腻子，面层刮腻子一般不少于两遍，总厚度 1mm 左右，头道腻子刮后，在基层需修补部位应进行嵌补找平，待腻子干透后，用砂纸磨平，扫净浮灰，头道腻子干燥后，再刮第二遍，如图 7-51 所示。

图 7-51　刮腻子

二、教师审查每个小组的工作方案并提出整改建议

整改建议记录：

三、各小组进一步优化方案并确定最终工作方案

最终工作方案记录：

实践成果

1）实践作业。

2）工作情境模拟操作。

典型任务5　楼面装饰工程施工和质量监督工作

知识点：

1. 楼面装饰工程施工工艺流程。
2. 楼面装饰工程分项工程施工工艺标准。
3. 楼面装饰工程分项工程施工质量监督。

能力（技能）点：

1. 能够按照《建筑施工手册》，监督楼面装饰工程施工工艺流程符合工艺标准。
2. 能够填写楼面装饰工程施工监督报告。

实践目的

1）以实际应用为主，培养实际操作能力，提高动手能力。

2）通过现场具体操作训练，获得生产技能和施工方面实际知识，了解楼面装饰工程的工艺流程、工艺标准，进行工艺质量监督。

实践分解任务

根据能根据给定施工图选择楼面装饰工程施工工艺流程，按施工工艺标准指导施工。

实践分组

以小组为单位（6~8人为一组），在规定时间内完成以上任务。

实践场地

实训室、机房。

实践实施过程

一、每个学生提出自己的工作计划和方案并进行小组讨论

引导问题1：楼面装饰工程施工工艺流程是什么？

运用知识：水泥混凝土（砂浆）面层：抄平弹线→基层处理→设置分格缝→设置灰饼和冲筋→刷结合层→铺水泥混凝土（砂浆）面层→搓平压光→养护。

砖面层：清扫整理基层地面→弹线、定位→选砖→预排砖→铺设结合砂浆层→铺贴地砖→处理砖缝→清洁、养护。

单块（张）的铺贴工艺流程为：搅拌干硬性砂浆→铺干硬性砂浆→搓平→干铺砖面层→砖背面抹水泥膏→铺贴砖面层。

引导问题2：楼面装饰工程主要工序控制是什么？

运用知识：

1. 水泥混凝土（砂浆）面层

（1）抄平弹线，确定面层标高　面层施工前，测定地平面层标高，校正门框；在室内墙面上弹好水平基准线，一般采用“建筑 50 线”，即线下 500mm 作为水泥混凝土面层标高，如图 7-52 所示。

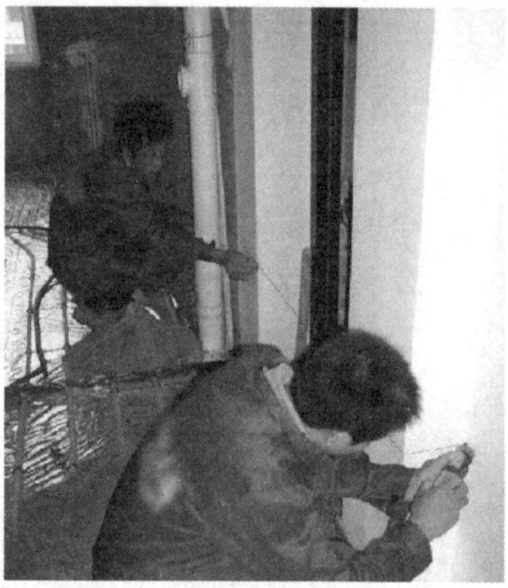

图 7-52　弹水平基准线

（2）基层处理　清除表面灰尘，铲掉基层上的浆皮、落地灰、清刷油污等杂物，修补基层达到要求，提前 1～2d 浇水湿透，可有效避免面层空鼓，如图 7-53 所示。

（3）设置分格缝　楼地面面积较大时，要按设计要求设置分格缝，一般留在梁的上部、门口、结构变化处等位置（最大面积不超过 6m×6m）。

a)　b)

图 7-53　基层处理

a）清理基层　b）基层浇水

（4）贴灰饼和冲筋层　根据房间四周墙上弹的水平标高控制线抹灰饼，控制面层厚度符合设计要求，混凝土地面不小于 40mm（水泥砂浆面层的厚度应符合设计要求，且不应小于 20mm），一般每隔 2m 左右抹一个灰饼，灰饼上平面即为楼地面上标高。如果房间较大，为保证整体面层的平整度，应以灰饼的高度拉水平线做通长的标筋来控制面层厚度。有坡度的须将流水坡度做好，抄平时要注意各室内地面与走廊高度的关系，如图 7-54 所示。

（5）刷结合层　水泥砂浆面层铺设前，宜涂刷界面剂或水灰比 0.4～0.5 的水泥浆一层，增强面层与基层的粘结，如图 7-54 所示。要求：随涂刷结合剂、随铺水泥砂浆面层，水泥砂浆用刮尺赶平、用木抹子压实。切忌采用在基层上浇水后洒干水泥的方法。

（6）铺水泥混凝土（砂浆）面层　刷结合层后，然后铺水泥混凝土面层，简单找平后，用表面振动器振捣密实，然后用刮尺以灰饼和冲筋为基准赶平，以控制面层厚度。当施工间隙超过允许时间规定时，应对接槎处进行处理。当采用掺有水泥拌合料做踢脚线时，不得用石灰砂浆打底，如图 7-55 所示。

（7）搓平压光　木刮杆刮平后，立即用木抹子将面层在水泥初凝前搓平压实，以内向外退着操作，并随时用 2m 靠尺检查其平整度，偏差不应大于 5mm。初凝后，面层压光宜用铁抹子分三遍完成，大面积施工可采用地面抹光机压光，由于机械压光压力较大，较人工而言，需稍硬一点，必须掌握好间隔时间，过早，容易挠动面层造成空鼓；过晚，达不到压光效果。另外，采用 C15 混凝土时，可采用随捣随抹的方法，要在压光前加适量的 1:2 或 1:2.5的水泥砂浆干料。混凝土面层应在水泥初凝前完成抹平工作，水泥终凝前完成压光工作，如图 7-56 所示。

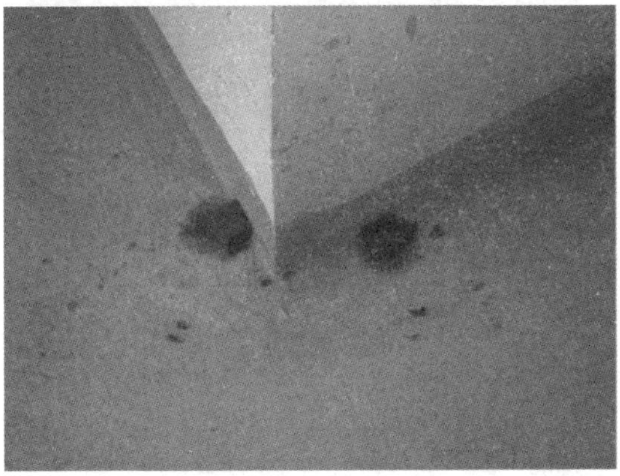

图 7-54　水泥灰浆地面灰饼

图 7-55　铺水泥混凝土面层

a)　　b)

图 7-56　水泥砂浆

a）搓平　b）压光

(8) 面层养护　混凝土面层浇捣完毕后，应在 12h 内加以覆盖和浇水，养护初期最好为喷水养护，浇水养护日期不少于 7d。通常浇水次数以保持混凝土具有足够湿润状态为准。也可采用覆盖塑料布或盖细砂等方法保水养护。当混凝土抗压强度达 5MPa 后方准上人行走，抗压强度达到设计要求后方可正常使用，并注意后期的成品保护，确保面层的完整和不被污染，如图 7-57所示。

图 7-57　水泥砂浆地面浇水养护

2. 砖面层

(1) 基层处理。对楼地面有起砂、空鼓、裂缝等要剔除修补，基层应清扫干净、洒水湿润，如图 7-58 所示。厨房和卫生间地面防水验收，预埋管线固定。

(2) 弹线、定位　在地砖定位前弹好标高 +50cm 水平控制线和各房间中心“十”字线

（图 7-59）及拼花分隔线。若房间内、外铺贴不同地砖，其交接处应在门扇下中间位置。

图 7-58　清扫基层

图 7-59　弹房间中心“十”字线

（3）选砖　铺贴前，对地砖的规格、尺寸、色泽、外观质量等应进行预选，以确定符合设计要求的地砖，然后根据材质决定是否要浸水，若要浸水，应浸泡不少于 2h 后取出晾干至表面无明显水待用。

（4）预排砖　为保证楼地面的装饰效果，预排砖是非常必要的工序。对于矩形楼地面，先在房间内拉对角线，查出房间的方正误差，以便把误差匀到两端，避免误差集中在一侧。板块的排列应符合设计要求，当设计无要求时，板块宜由房间中央向四周或从主要一侧向另一边排列，把边角料等非整砖放在周边或不明显处。

（5）刷结合层　在铺贴前，宜涂刷界面剂处理或涂刷水灰比为 0.4～0.5 的水泥浆一层，且随刷随铺，一定将基层表面的水分清除，切忌采用在基层上浇水后撒干水泥的方法，如图 7-60 所示。

（6）铺贴地砖　根据已定铺贴方案先镶贴控制砖（图 7-61），一般纵横五块面砖设置一道控制线，根据控制线先铺贴好左右靠边近基准行的地砖，然后根据基准行由内向外挂线逐行铺贴。

图 7-60　刷结合层

图 7-61　铺贴地砖

（7）单块（张）的铺贴　采用人工或机械拌制干硬性水泥砂浆，拌合要均匀，以手握成团不泌水，手捏能自然散开为准，配合比按设计要求，用量要根据需要随拌随用，在水泥初凝前用完。

1）干硬性水泥砂浆结合层应用刮尺及木抹子压平打实，如图7-62所示。

2）将地砖干铺在结合层上，调整结合层的厚度和平整度，使地砖与控制线吻合，与相邻地砖缝隙均匀、表面平整，如图7-63所示。

图7-62　铺干硬性水泥砂浆

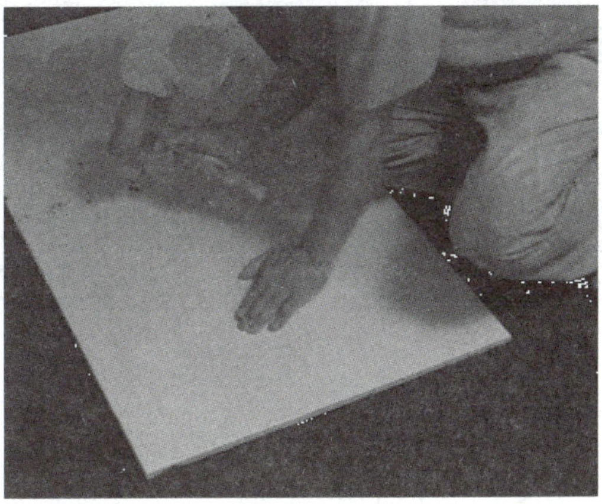
图7-63　干铺地砖

3）把地砖取出，用约3mm厚的水泥膏满涂地砖背面（图7-64），对准挂线及缝隙，将地砖铺贴上，用木锤或橡胶锤适度用力敲击至正确位置（图7-65），并且一边铺贴一边用水平尺检查校正，挤出的水泥膏及时清理干净，如图7-66所示。

图7-64　水泥膏满涂地砖背面

（8）嵌缝　待粘贴水泥膏凝固后，应采用同品种、同强度等级、同颜色的水泥或用专门的嵌缝材料填平缝子，要求缝内填缝料密实、平整、光滑，随勾随将溢出的填缝料清走、擦净，如图7-67所示。

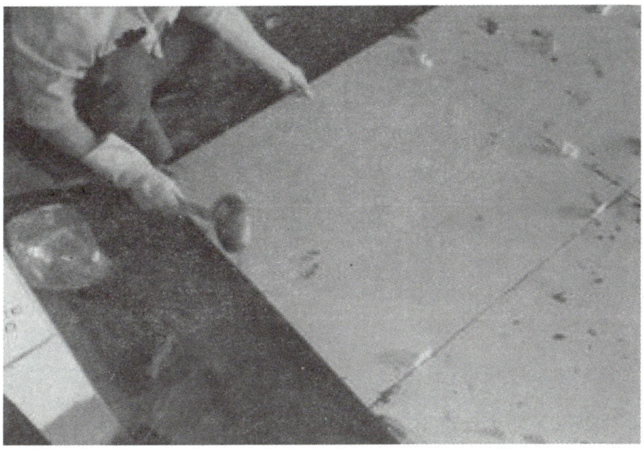
图7-65　铺贴地砖

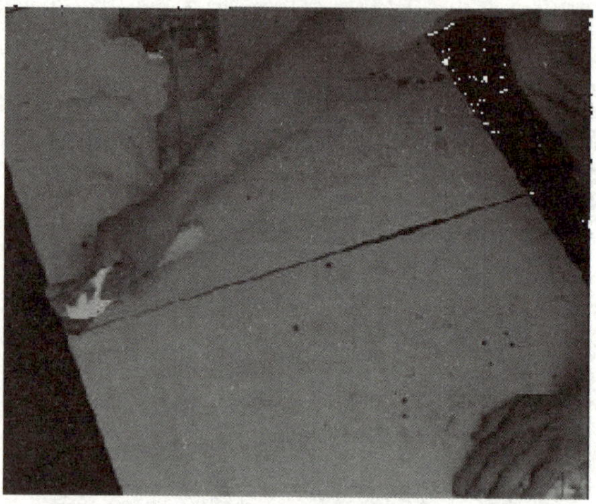

图 7-66　清理砖缝

图 7-67　嵌缝

（9）养护　在面层铺设或填缝后，表面应覆盖、保湿，其养护时间不应少于 7d。

二、教师审查每个小组的工作方案并提出整改建议

整改建议记录：

三、各小组进一步优化方案并确定最终工作方案

最终工作方案记录：

实践成果

1）实践作业。

2）工作情境模拟操作。

典型任务 6　墙面砖装饰装修工程施工和质量监督工作

知识点：

1. 墙面砖工程施工工艺流程。
2. 墙面砖工程分项工程施工工艺标准。
3. 墙面砖工程分项工程施工质量监督。

能力（技能）点：

1. 能够按照《建筑施工手册》，监督墙面砖工程施工工艺流程符合工艺标准。
2. 能够填写墙面砖工程施工监督报告。

实践目的

1）以实际应用为主，培养实际操作能力，提高动手能力。

2）通过现场具体操作训练，获得生产技能和施工方面实际知识，了解墙面砖工程的工艺流程、工艺标准，进行工艺质量监督。

实践分解任务

能根据给定施工图选择墙面砖工程施工工艺流程，按施工工艺标准指导施工。

实践分组

以小组为单位（6～8 人为一组），在规定时间内完成以上任务。

实践场地

实训室、机房。

实践实施过程

一、每个学生提出自己的工作计划和方案并进行小组讨论

引导问题 1：墙面砖工程施工工艺流程是什么？

运用知识：工艺流程：基层处理→抹底层灰、中层灰并找平→选砖、浸砖→预排砖→弹线→做标志块→垫托木→面砖铺贴→勾缝→养护及清理。

引导问题 2：内墙面砖工程主要工序控制是什么？

运用知识：

1. 基层处理和找平层砂浆

与抹灰基本相同。光滑的基层表面已凿毛或喷涂界面剂，达到平整粗糙。

1）光滑的基层表面应凿毛，清洗干净。

2）基层表面明显凸凹处，应事先用1∶3水泥砂浆找平或剔平。不同材料的基层表面相接处，应先铺钉金属网，方法与抹灰工程相同。门窗口与立墙交接处，应用水泥砂浆嵌填密实。

3）为使基层能与找平层粘结牢固，可在抹找平层前先洒聚合水泥浆（108胶∶水=1∶4的胶水拌水泥）处理。找平层砂浆抹法与装饰抹灰的底、中层做法相同。抹1∶3水泥砂浆粘结层及1：找平层，找平层抹后应及时浇水养护，贴砖前提前浇水，清理、湿润。

2. 选砖

根据设计要求和采用的镶贴方法，准备好各种饰面砖以及粘结材料（包括胶粘剂）和辅助材料（如金属网等）。为保证镶贴质量，必须在镶贴前按颜色深浅、尺寸大小的不同进行分选。要求挑选的面砖规格一致，形状平整方正，无缺棱掉角、开裂和脱釉，无凹凸扭曲、颜色不均匀等缺陷。经过分选的面砖应分别存放。

3. 浸砖

按材质确定是否需浸泡，若需浸泡，饰面砖粘贴前应放入清水中浸泡，一般2h以上，以不显气泡为准。浸泡后取出晾干，阴干的时间视气温而定，一般半天左右，以饰面砖表面有潮湿感，手按砖背无水迹时方可粘贴，如图7-68所示。

4. 预排砖

按照设计要求及砖的情况预排面砖，以确定面砖的墙面布置位置及块数，作为弹线和细部做法的依据，如图7-69所示。饰面砖镶贴前应预排，预排要注意同一墙面的横竖排列，均不得有一行以上的非整砖。非整砖行应排在次要部位或阴角处，纵向不足整块部分，留在最下一皮与地面连接处。

图7-68　浸砖

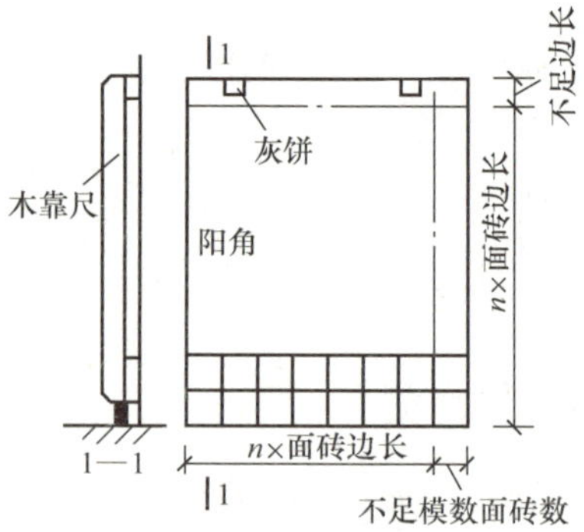

图7-69　预排砖大样图

室内镶贴釉面砖如设计无规定时，接缝宽度可在1~1.5mm调整。在管线、灯具、卫生设备支承等部位，应用整砖套割吻合，不得用非整砖拼凑镶贴，以保证饰面的美观。对于外墙面砖则根据设计图尺寸，进行排砖分格并要绘制大样图，一般要求水平缝应与窗顶、窗台齐平；竖向要求阳角及窗口处都是整砖，分格按整块分均，并根据已确定的缝子大小做分格条和画出皮数杆。对窗心墙、墙垛等处要事先测好中心线、水平分格线、阴阳角垂直线。

5. 弹线

根据设计要求和预排砖的效果，定好面砖所贴位置，在符合镶贴饰面砖要求的基面上弹出相应的水平控制线和垂直控制线。如弹出最上皮砖的上口线和最下皮砖的下口线，以及饰面砖分格线等，如图 7-70 所示。

6. 做标志

为了控制整个镶贴饰面砖表面的平整度，正式镶贴前，在墙上粘贴小块的饰面砖作为标志块，上下用托线板挂直，作为粘贴厚度的依据，横向每隔 1.5m 左右做一个标志块，用拉线或靠尺校正其平整度，如图 7-71 所示。

图 7-70　墙面弹线

图 7-71　做标志

7. 垫托木

以所弹地平控制线为依据，设置支撑面砖的地面木托板。加木托板的目的是为了防止面砖因自重向下滑移，木托板上表面应加工平整，如图 7-72 所示。

8. 面砖铺贴

1）在釉面砖背面均匀铺满结合浆料（水泥砂浆厚 6 ~ 10mm，水泥浆厚 2 ~ 3mm），四周刮成斜面，注意边角满浆、贴于墙面的面砖就位后应用力按压，并用灰铲木柄或橡皮锤轻击砖面，使面砖紧密粘于墙面。

2）整砖的镶贴，从木托板开始自下而上进行。每行宜从阳角处开始镶贴，把非整砖留在阴角处，如图 7-73 所示。

3）细部处理：应先贴大面，后贴阴阳角、凹槽等难度较大、耗工较多的部位。

4）铺贴完整行的面砖后，需再用长靠尺横向校正一次。对高于标志块的应轻轻敲击，使其平整；若低于标志块时，应取下面砖，重新抹满结合浆料铺贴，不得在砖口处塞浆，以免产生空鼓。然后依次按以上方法往上铺贴。

5）保证饰面砖间的缝隙宽度，应采取措施防止饰面砖因自重下滑，如用小钉、木片（棍）、塑料十字架等，如图 7-74 所示。

图 7-72　垫托木

图 7-73　整砖镶贴

9. 勾缝

墙面面砖的缝隙常用专用嵌缝材料或水泥浆（常用白色）擦嵌密实，如图 7-75 所示。

10. 擦洗清理

勾缝后用抹布将砖面擦净。如砖面污染严重，可用稀盐酸清洗后用清水冲洗干净，如图 7-76所示。

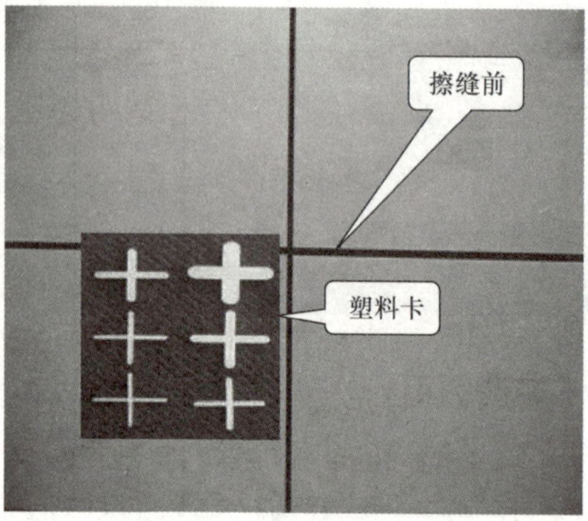

图 7-74　塑料卡

图 7-75　勾缝

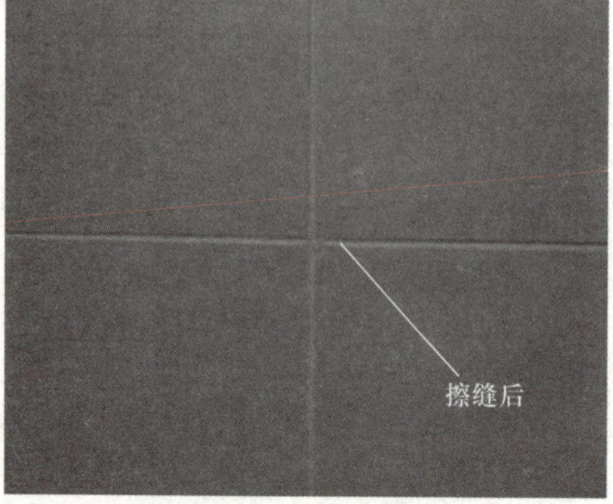

图 7-76　墙面清理

二、教师审查每个小组的工作方案并提出整改建议

整改建议记录：

三、各小组进一步优化方案并确定最终工作方案

最终工作方案记录：

实践成果

1）实践作业。

2）工作情境模拟操作。